“十二五”职业教育国家规划教材
经全国职业教育教材审定委员会审定
高等职业教育机械制造与自动化专业系列教材
国家示范性高职院校建设项目成果

异形件制造

第2版

主　编　陈晓英
副主编　林畅江
参　编　安雨青　谭印书
主　审　贾建华

机械工业出版社

本书是“十二五”职业教育国家规划教材，经全国职业教育教材审定委员会审定；也是国家示范性高职院校重点建设专业——机械制造与自动化专业的核心教材之一。

本书以异形件的制造项目为载体，按照异形件实际工艺实施的流程编排内容。全书共六个项目，主要内容包括：异形件的机械加工工艺过程设计、异形件机械加工设备及工艺装备的选择、异形件机械加工工艺文件的编制、专用夹具的设计、异形件加工质量控制和异形件制造的生产计划管理。

本书适用于高等职业院校机械制造与自动化专业，也可作为高等职业院校相关专业教学及企业培训用参考书，并可供有关工程技术人员参考。

本书配有电子课件，凡使用本书作为教材的教师可登录机械工业出版社教育服务网 www.cmpedu.com 注册后下载。咨询邮箱：cmpgaozhi@sina.com。咨询电话：010-88379375。

图书在版编目（CIP）数据

异形件制造/陈晓英主编. —2 版. —北京：机械工业出版社，2016.9（2022.1 重印）

“十二五”职业教育国家规划教材　经全国职业教育教材审定委员会审定　高等职业教育机械制造与自动化专业系列教材　国家示范性高职院校建设项目成果

ISBN 978-7-111-54657-3

Ⅰ.异…　Ⅱ.①陈…　Ⅲ.①机械元件-制造-高等职业教育-教材　Ⅳ.①TH16

中国版本图书馆 CIP 数据核字（2016）第 200035 号

机械工业出版社（北京市百万庄大街 22 号　邮政编码 100037）

策划编辑：刘良超　责任编辑：焦　峰　刘良超

封面设计：路恩中　责任校对：陈秀丽

责任印制：郜　敏

北京富资园科技发展有限公司印刷

2022 年 1 月第 2 版·第 3 次印刷

184mm×260mm·12.75 印张·317 千字

3 801—4 300 册

标准书号：ISBN 978-7-111-54657-3

定价：39.80 元

电话服务　　网络服务

客服电话：010-88361066　　机 工 官 网：www.cmpbook.com

010-88379833　　机 工 官 博：weibo.com/cmp1952

010-68326294　　金 书 网：www.golden-book.com

　机工教育服务网：www.cmpedu.com

序

2006年，教育部启动了以重点专业建设为主要任务的国家示范性高等职业院校建设计划，目的是通过示范建设，全面推进高等职业教育的专业建设水平，探索并形成中国的高职教育特色。专业建设改革的主要内容是人才培养模式改革、课程体系构建、课程建设与教学模式改革。其中，人才培养模式是指导性的原则，人才培养方案与课程体系是实施性的支撑，课程建设与教学模式改革是基础性的保障，其根本的出发点是提高技能型人才的培养质量。

工艺在振兴装备制造业中起着基础性作用，浙江省的一些中小制造企业由于工艺管理不善、工艺纪律松弛、工艺技术相对落后，制约了企业的快速发展。鉴于此，浙江机电职业技术学院机械制造与自动化专业构建了“夯实机械基础、强化工艺实施、启迪创新思维、注重技能训练”的能力递进专业课程体系，为浙江省中小企业培养未来的生产一线“机械制造工艺师”。

示范建设过程中，在浙江省机械工业联合会的行业专家和杭州前进齿轮箱集团有限公司、浙江杭叉工程机械股份有限公司、浙江联强数控机床股份有限公司等制造业企业技术专家的参与指导下，机械制造与自动化专业将工艺实施能力确定为专业人才培养的核心能力；同时，学院在浙江省人力资源与社会保障厅的支持下，开发了浙江省机械制造工艺师职业标准。通过工艺师职业岗位典型工作任务分析，设计了传动轴制造、主轴制造、箱体制造、异形件制造四门核心课程，将工艺师职业标准内容通过学、练、做一体化的项目模块课程加以实施。

四门核心课程通过对原机械制造工艺、现代加工设备、切削原理与刀具、机床夹具设计等课程的知识内容进行分解与组合，以传动轴→主轴→箱体→异形件四类零件的制造过程为载体，按照图样分析过程、工艺分析过程、工艺方案制订过程、主要工装设计过程、生产组织、产品质量检验与分析处理过程的工艺实施流程整合教学内容，但反映的典型工艺技术各有侧重，加工工艺由易到难，专业知识由浅入深；课程的部分教学外移至企业进行，同时开展企业实践。学生要了解传动轴等四类零件的整个生产流程，独立完成传动轴的加工和其他零件如主轴等若干精加工工序，对所编制工艺文件进行验证和修改，将教学与实际零件的加工过程相融合，从而提高工艺实施能力。

四门核心课程遵循能力培养的递进规律，通过每个零件制造的工艺流程循环和各类零件的学习内容循环，由浅入深、由简到繁地培养学生的工艺实施能力。该学习过程有效地改变了学生由于一门课程不合格而造成的评价考核问题，通过多次循环不断强化和巩固学生的知识和能力。

为了较好地解决知识系统化与教学实施项目化的形式冲突，机械制造与自动化专业在课程教学内容组织过程中，将以往以学科化课程为核心的教学内容组织形式改为以项目为导向的教学内容组织形式，即将相关课程内容按工艺实施工作过程的知识目标、技能目标划分成若干个教学模块，如将工艺规程编制过程中的刀具应用内容分解为：金属切削原理、刀具基础、车刀选择与应用、铣刀选择与应用、孔加工刀具选择与应用等；再将各课程教学模块根据每个加工零件的项目知识目标、技能目标及实践训练项目教学要求进行组合，构建项目课程教学内容。在实施项目化教学的过程中，结合具体零件分别将图样分析、工艺分析、刀具及夹具技术与应用、技术测量等按教学模块组织教学，一个具体零件结束后再进行下一个零件的项目教学，构成了一种纵、横配合的“坐标系”教材。每一模块均按零件工艺实施工作过程编写教学内容，形成纵向的项目形式教材，当需要进行系统知识学习时，可按横向技术方向将各项目中的相关内容组合，形成如金属切削机床、切削原理与刀具、机械制造工艺、夹具设计等知识系统化形式的教材，最终形成纵贯的传动轴、主轴、箱体、异形件四个项目的行动导向课程教学体系与横切的若干相对系统的学科知识体系。

四门核心课程以零件制造项目为载体，以工艺实施流程为线索，实现了课程教学内容的解构和重构，在实施项目化教学过程的同时也保证了知识的系统化。希望能在高职的改革大潮中，形成一定的专业特色。

屠　立

前　言

为深化高等职业教育教学改革，探索工学交替、任务驱动、项目导向、顶岗实习等有利于增强学生岗位职业能力的教学模式，加强对高职院校学生实践能力和职业技能的培养，浙江机电职业技术学院机械制造与自动化专业作为国家示范性高职院校重点建设专业，与行业、企业专家合作，构建了以机械制造工艺实施为主线的课程体系。本书是专业核心课程教材之一。

本书以培养机械制造工艺师岗位职业能力为目标，与《传动轴制造》《主轴制造》及《箱体制造》三本教材一起对原有机械制造工艺、机床设备、金属切削刀具及夹具应用技术等课程知识内容进行解构与重构，构成了全新的机械制造技术系列教材，充分体现了高等职业教育的特点。

本书重点介绍了异形件机械加工工艺的制订方法、平面加工技术、计算机辅助工艺设计、机床专用夹具设计、小批量生产管理等方面的理论知识。

本书具有以下主要特点：

1. 全书内容充分体现了项目课程的设计思想。本书以异形件制造项目为载体，以完成异形件加工的工作过程来驱动，通过选自企业实际生产的 CL6140 车床拨叉零件，按企业制造拨叉的整个工艺过程组织内容，以培养学生完整、合理地编制异形件机械加工工艺规程、设计专用夹具、组织小批量生产、进行质量检测与质量分析的应用能力。

2. 内容编排形式以项目课程原理为依据。本书按照异形件制造工艺及实施流程依次排列项目，循序渐进；在项目基础上进一步划分模块，体现内容的连续性和完整性，便于学生对异形件制造知识的掌握与应用。

3. 突出对学生综合职业能力的训练。书中每个项目首先明确教学目标，每个模块再按照教学目标、案例分析、相关知识以及针对性练习编写，既易懂、易学，又符合生产实际。理论知识和技能要求紧紧围绕完成异形件制造工作过程的需要来选取，同时又充分考虑了高等职业教育对理论知识学习的需要，融合了机械制造工艺师职业资格对知识、技能和素质的要求。

4. 体现了“新知识、新技术、新方法”等内容。本书将异形件制造过程中的新技术、新工艺和新方法及时纳入，以贴近企业实际需要和机械制造行业的发展。

本书分六个项目，项目一由浙江联强数控机床股份有限公司谭印书编写；项目二由杭州弈科机电有限公司安雨青编写；项目三、项目四由浙江机电职业技术学院陈晓英编写；项目五、项目六由浙江机电职业技术学院林畅江编写。

本书由浙江机电职业技术学院陈晓英任主编，浙江机电职业技术学院林畅江任副主编，浙江机电职业技术学院贾建华任主审。

由于编者水平有限，时间仓促，书中难免有误漏欠妥之处，恳请广大读者批评指正。

编　者

目　录

项目一　异形件的机械加工工艺过程设计

【项目内容】

本项目以浙江联强数控机床股份有限公司 CL6140 车床的拨叉零件作为典型异形件进行异形件的机械加工工艺过程设计。

按机械加工工艺过程设计的方法、步骤，将项目分为三个工作任务模块：模块 1 异形件图样的分析、模块 2 异形件毛坯的确定、模块 3 异形件机械加工工艺过程的设计。

【教学目标】

最终目标：会设计异形件的机械加工工艺过程。

促成目标：

1）能进行异形件的图样分析。

2）能确定异形件毛坯。

3）会选择异形件平面的加工方法。

4）会编制异形件的机械加工工艺过程卡。

模块 1　异形件图样的分析

一、教学目标

最终目标：会对异形件机械加工工艺过程的设计依据进行分析。

促成目标：

1）能读懂异形件零件图。

2）能掌握异形件工艺特性。

3）能进行异形件的结构工艺性分析、技术要求分析。

二、案例分析

案例精选　根据图 1-1 所示 CL6140-20029 拨叉零件图给出的相关信息，分析该零件机械加工工艺过程的设计依据。

图 1-2 所示为 CL6140-20029 拨叉零件的三维图。

1. 零件图分析的内容

在制订零件机械加工工艺过程时，首先应对零件机械加工工艺过程的设计依据进行分析，以便能够确保在一定的生产条件下，以最高的生产效率、最低的生产成本，可靠地加工出符合图样要求的零件。而在工艺过程设计依据的分析中，零件图的分析又是一项极为重要的工作。通过对零件图的分析，可以在拟订工艺规程时有针对性地采取适当的工艺措施以保证产品的加工质量。

零件图的分析内容包括零件的结构工艺性分析和技术要求分析。以下以 CL6140-20029

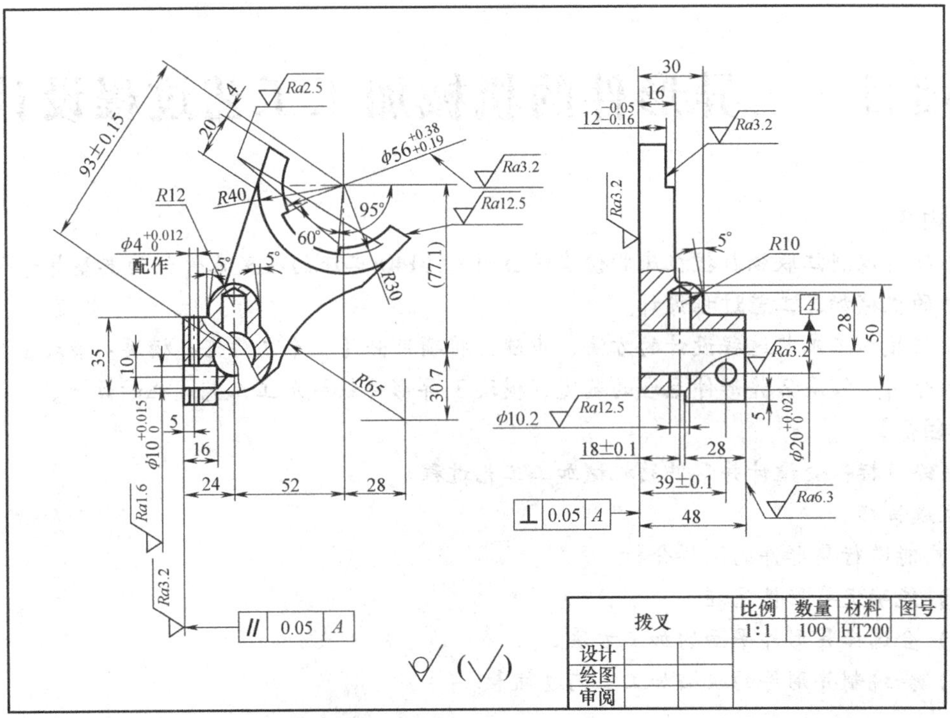

图 1-1　CL6140-20029 拨叉零件图

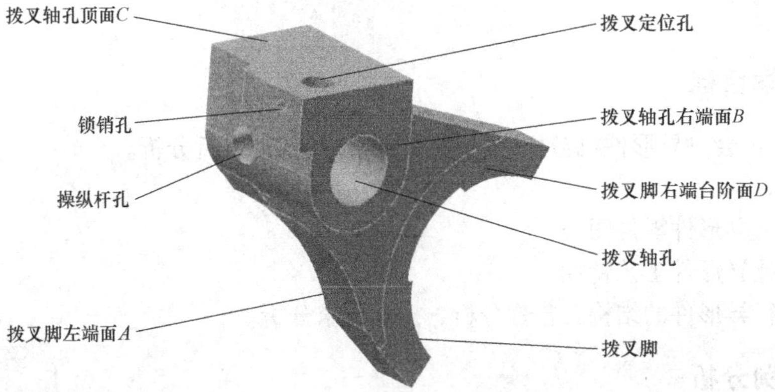

图 1-2　CL6140-20029 拨叉三维图

拨叉零件图为例进行分析。

2. CL6140-20029 拨叉零件的结构工艺性分析

CL6140-20029 拨叉用于车床主轴变速机构中。由图 1-3 所示拨叉的装配简图知，该零件是以 ϕ20H7（$^{+0.021}_{0}$）孔套在拨叉轴上，并用滚珠在弹簧作用下卡入拨叉轴定位孔上，实现拨叉准确的轴向定位。拨叉脚卡在双联齿轮的槽中，变速操纵机构通过拨叉头部的 ϕ10H7（$^{+0.015}_{0}$）孔中安装的操纵杆带动拨叉在拨叉轴上移动，拨叉脚拨动双联齿轮在外花键上滑移，就可实现主轴的变速功能，从而实现车床主轴的变速。由于拨叉在改换档位时要承受一定的弯曲应力和冲击载荷的作用，因此要求其具有一定的强度、刚度和韧性，以适应拨叉的工作条件的要求。

由零件图可知，该零件形状较为复杂，结构一般，但刚度差、易变形，给定位、夹紧、机械加工带来较大困难，在设计工艺规程时应予以重视。零件的主要工作表面为拨叉脚两端面、拨叉轴孔（ϕ20H7 孔）、操纵杆孔（ϕ10H7）和锁销孔（ϕ4mm 孔）。

拨叉轴孔两端面和拨叉脚两端面均要求切削加工，并在轴向上均高于或低于相邻表面，这样既减少了加工面积，又提高了换档时拨叉脚端面的接触刚度。ϕ20H7 孔、ϕ10H7 孔、ϕ4mm 锁销孔、ϕ10.2mm 孔的端面均为平面，可以防止加工过程中钻头钻偏，以保证孔的加工精度。其余表面加工精度均较低，不需要高精度的机床加工，通过普通铣床、车床的粗精加工就可以达到图样加工要求；而主要工作表面虽然加工精度相对较高，但也可以在正常的生产条件下，采用较经济的方法保质保量地加工出来。由此可见，该零件的结构工艺性较好。

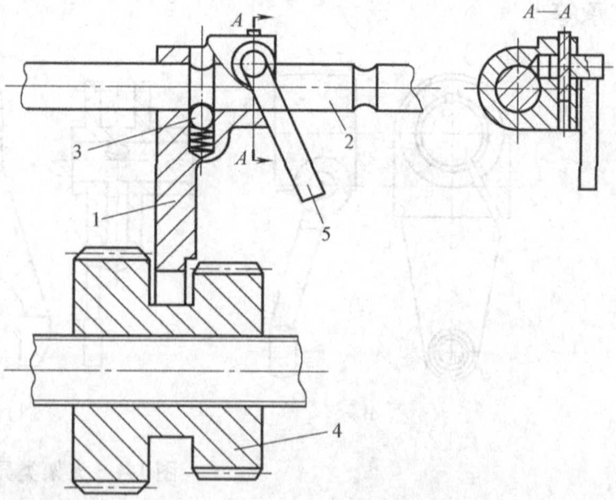

图 1-3　拨叉的装配简图

1—拨叉　2—拨叉轴　3—滚珠
4—双联齿轮　5—操纵杆

3. CL6140-20029 拨叉零件的技术要求分析

（1）拨叉轴孔　为实现换档、变速的功能，其拨叉轴孔 ϕ20H7 与拨叉轴有配合要求，因此加工精度要求较高，表面粗糙度 Ra 值为 3.2μm。

（2）拨叉定位孔　为保证拨叉在拨叉轴上有准确的位置，改换档位准确，拨叉采用滚珠定位，拨叉定位孔的孔径为 ϕ10.2mm，孔深为 50mm，表面粗糙度 Ra 值为 12.5μm，加工精度一般。

（3）拨叉脚端面　拨叉脚两端面与被拨动齿轮端面接触，且在端面与 ϕ20H7 孔轴线有垂直度要求。其厚度为 12d11（$^{-0.05}_{-0.16}$），两端面的表面粗糙度 Ra 值为 3.2μm。

（4）拨叉口　拨叉口为圆弧面，技术要求为直径 ϕ56B11（$^{+0.38}_{+0.19}$），表面粗糙度 Ra 值为 3.2μm，圆弧面轴线与拨叉轴孔轴线的距离为（93 ±0.15）mm。

（5）操纵杆孔　操纵杆孔直径为 ϕ10H7，与拨叉轴孔轴线的距离为 10mm，与拨叉轴孔端面的距离为（39 ±0.1）mm，孔深 16mm，表面粗糙度 Ra 值为 1.6μm。

（6）锁销孔　锁销孔 ϕ4mm 为配作。

综上所述，该拨叉零件的各项技术要求制订合理，符合该零件在车床主轴箱中的功用。

三、相关知识

1. 异形件的类型及功用

异形件通常指结构形状复杂而不规则的零件，其种类繁多，如叉架类、连杆类等。图 1-4 所示为叉架类异形件。常见的有机器上操纵机构的零件，如拨叉、摇臂、杠杆等及发动机的曲轴连杆，机器上的轴承支座等。其作用是通过它们的摆动、移动、支承，来实现机构的各种不同的功能，如离合器的开合、快慢档的速度变换、气门的开关、轴承的支承等。

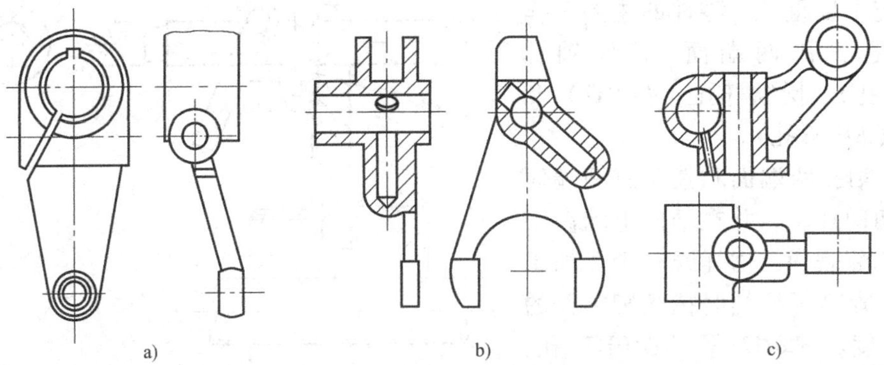

图 1-4　叉架类异形件
a）摇臂　b）拨叉　c）摇臂架

2. 异形件的工艺特点

一般叉架类零件的工作表面杆身细长，刚度较差，易变形。大多数叉架类零件的装配基准为孔，其加工精度要求较高。

四、思考与练习

1. 叉架类零件的功用与结构特点是什么？
2. 异形件的工艺特性与技术要求是什么？
3. 制订工艺规程必须具备哪些原始资料？

模块 2　异形件毛坯的确定

一、教学目标

最终目标：会确定异形件毛坯。

促成目标：

1）会确定异形件的毛坯类型。

2）会确定异形件毛坯的制造方法及精度。

二、案例分析

案例精选　图 1-1 所示为 CL6140-20029 拨叉零件图，生产纲领为 200 件/年。确定该拨叉的毛坯类型、制造方法及制造精度，并绘制毛坯图。

确定零件毛坯的基本任务是确定毛坯的类型、制造方法及制造精度。

1. 确定毛坯的类型及制造方法

在选择毛坯时，应根据零件的技术要求、结构特点、材料、生产纲领等方面的要求，合理地确定毛坯的类型和制造方法。

因 CL6140-20029 拨叉零件的材料为 HT200，所以其毛坯的类型应确定为铸件。由于零件为轻型零件且生产纲领为200件/年，故零件的生产为小批量生产，毛坯的铸造可选择金属模砂型普通铸造方法。

2. 毛坯精度的确定

CL6140-20029拨叉采用金属模砂型铸造，根据金属模砂型铸造的工艺特点、生产批量等，确定铸件的尺寸公差等级为CT11，加工余量等级按CT11－RMA－H确定。

3. 绘制毛坯余量简图

CL6140-20029拨叉毛坯图如图1-5所示。

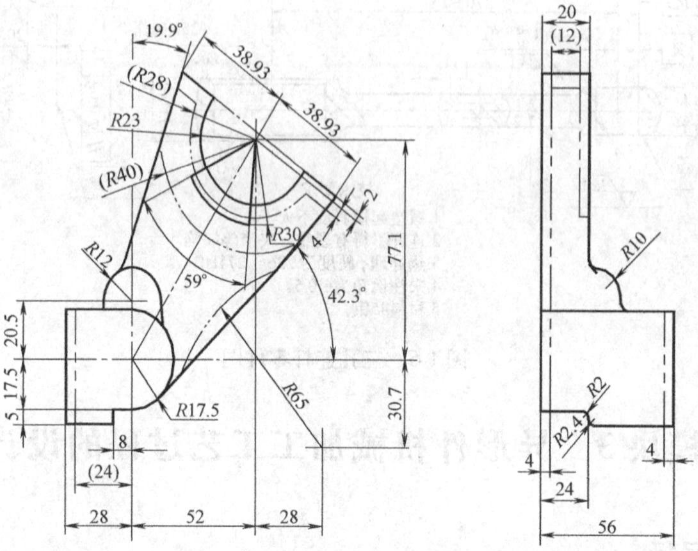

图1-5　CL6140-20029拨叉毛坯图

三、相关知识

1. 异形件毛坯类型的选择

异形件常用的材料为20钢、30钢、灰铸铁或可锻铸铁、有色金属等材料。近来，采用球墨铸铁代替钢材，大大降低了材料消耗和毛坯制造成本。

选择异形件的毛坯类型时，要综合考虑零件的材料、功用、结构形状和尺寸大小、生产纲领和现场生产条件等方面因素。

2. 异形件毛坯制造方法的确定

在单件小批量生产时，采用焊接成形、自由锻造或木模铸造；在大批量生产时，采用模锻或金属型铸造。具有半圆孔的异形件，可将其毛坯两件连在一起铸造，也可单件铸造。

四、思考与练习

1. 异形件常用的毛坯类型有哪些？

2. 在选择毛坯制造方法时，主要应考虑哪些因素？

3. 试确定图1-6所示三孔连杆的毛坯类型、毛坯制造方法及制造精度。该零件为大批量生产。

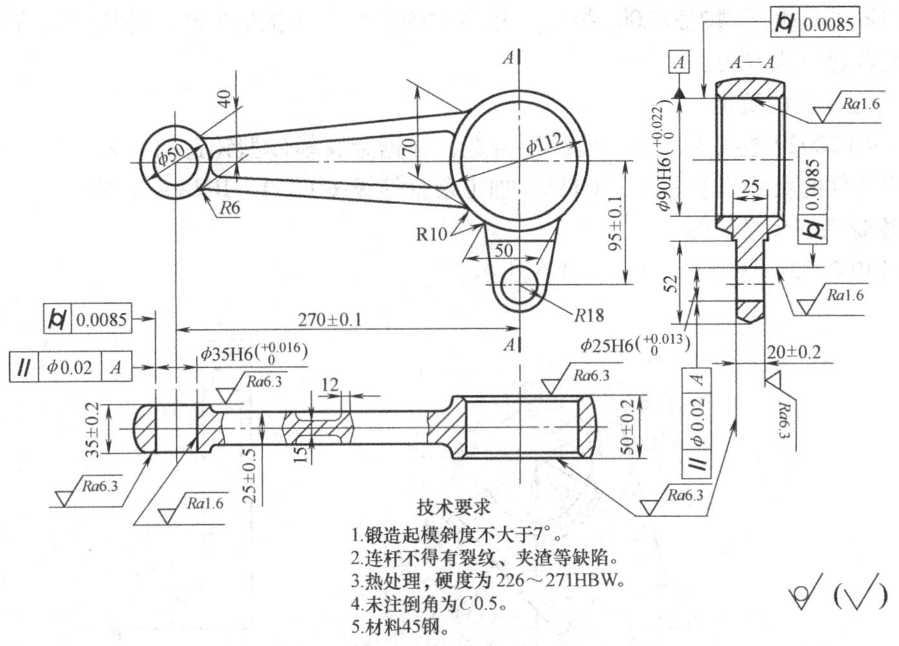

图1-6 三孔连杆零件图

模块3 异形件机械加工工艺过程的设计

一、教学目标

最终目标：会设计异形件的机械加工工艺过程。

促成目标：

1）能合理选择定位基准。

2）熟悉平面的铣削、刨削、磨削加工的特点。

3）能合理选择异形件各表面的加工方法。

4）能拟订较合理的异形件加工工艺路线，编制异形件加工工艺过程卡。

二、案例分析

案例精选 设计CL6140-20029拨叉的机械加工工艺过程。零件图如图1-1所示，材料为HT200，毛坯类型为铸件，生产类型为小批量生产。

设计零件机械加工工艺过程即为拟订工艺路线，是制订工艺规程的关键环节，其主要内容是：合理地选择定位基准；确定各加工表面的加工方案；合理地安排零件加工工序顺序，确定工序的集中与分散。

1. 定位基准的选择

拟订工艺路线的第一步是选择定位基准。为使所选的定位基准能保证整个机械加工工艺过程顺利进行，通常应先考虑如何选择精基准来加工各个表面，然后考虑如何选择粗基准把作为精基准的表面先加工出来。

(1) 精基准的选择　精基准的选择首先应该遵循“基准重合”这一精基准选择原则。

根据 CL6140-20029 拨叉零件图的技术要求和装配要求分析，拨叉轴孔 ϕ20H7 是其余加工表面的设计基准，且在装配中为装配基准，其尺寸精度、表面粗糙度要求较高，为保证主要表面间的相互位置精度要求，应选择拨叉轴孔 ϕ20H7 为精基准，这样符合基准重合原则。

选用拨叉脚左端面 *A* 为精基准，因为该拨叉在轴向方向上的尺寸多以拨叉脚的左端面 *A* 作为设计基准，所以选其作为精基准同样是遵循了“基准重合”的原则。另外，由于拨叉件壁薄，刚度较差，受力后易产生弯曲变形，为了避免在机械加工过程中产生夹紧变形，选用拨叉脚左端面为精基准并作为主要定位基面，可使定位稳定可靠，操作简单方便。

(2) 粗基准的选择　作为粗基准的表面应平整，没有飞边、毛刺或其他表面缺陷。本例选择拨叉轴孔 ϕ20H7 的外圆面和拨叉头右端面作为粗基准。采用 ϕ20H7 不加工的外圆面定位加工内孔，可保证孔的壁厚均匀；采用拨叉头右端面作为粗基准加工左端面，可为后续工序准备好基准。

2. 表面加工方案的确定

选择表面的加工方法应以零件图上的技术要求为依据，主要包括各加工表面的尺寸精度、形状精度和表面粗糙度，并综合考虑各个方面工艺因素的影响。

异形件的加工表面主要有平面、孔。这里主要分析平面加工方法和平面加工方案的确定。

(1) 确定平面加工方案时应考虑的因素　平面加工方法有车、铣、刨、磨、拉等。刨削和铣削常用作平面的粗加工和半精加工，而磨削则用作平面的精加工。此外，平面还有刮研、研磨、超精加工、抛光等光整加工方法。

在选择平面加工方法时，应根据零件的形状、尺寸、材料、技术要求、生产类型及工厂现有设备情况，同时还要充分考虑到机床的经济加工精度，以最大可能地降低生产成本。

表 1-1 给出了平面加工方法和加工方案能达到的经济精度和经济表面粗糙度，依据此表可经济、合理地确定平面加工方案。

表 1-1　平面加工方案

序号	加工方案	经济精度（公差等级表示）	经济表面粗糙度 Ra/μm	适用范围
1	粗车	IT13 ~ IT11	50 ~ 12.5	端面
2	粗车—半精车	IT10 ~ IT8	6.3 ~ 3.2	
3	粗车—半精车—精车	IT8 ~ IT7	1.6 ~ 0.8	
4	粗车—半精车—磨削	IT8 ~ IT6	0.8 ~ 0.2	
5	粗刨（或粗铣）	IT13 ~ IT11	25 ~ 6.3	一般不淬硬平面（端铣表面粗糙度 Ra 值较小）
6	粗刨（或粗铣）—精刨（或精铣）	IT10 ~ IT8	6.3 ~ 1.6	
7	粗刨（或粗铣）—精刨（或精铣）—刮研	IT7 ~ IT6	0.8 ~ 0.1	精度要求较高的不淬硬平面，批量较大时宜采用宽刃精刨方案
8	以宽刃精刨代替 7 中的刮研	IT7	0.8 ~ 0.2	

（续）

序号	加工方案	经济精度（公差等级表示）	经济表面粗糙度 $Ra/\mu m$	适用范围
9	粗刨（或粗铣）—精刨（或精铣）—磨削	IT7	0.8～0.2	精度要求高的淬硬平面或不淬硬平面
10	粗刨（或粗铣）—精刨（或精铣）—粗磨—精磨	IT7～IT6	0.4～0.025	
11	粗铣—拉	IT9～IT7	0.8～0.2	大批量生产，较小的平面（精度视拉刀精度而定）
12	粗铣—精铣—磨削—研磨	IT5 以上	0.1～0.006（或 Rz0.05）	高精度平面

（2）CL6140-20029 拨叉平面加工方案的分析　异形件外形不规则，在考虑其加工装夹时的方便性、加工效率、成本等问题时，其同一加工平面往往有多种加工方法可选，以下是对卧式车床 CL6140-20029 拨叉零件平面加工方案的分析。

CL6140-20029 拨叉零件的加工平面有：拨叉脚左端面 *A*、拨叉脚右端台阶面 *D*、拨叉轴孔右端面 *B*、拨叉轴孔顶面 *C*（操纵杆孔端面），拨叉脚顶面。

对于加工拨叉脚左端面 *A*，从加工效率考虑，可以选择铣削加工，但考虑到受工件外形的影响，在铣床上工件装夹不便，而且拨叉轴孔与端面 *A* 有垂直度要求，故选择车削加工，拨叉轴孔加工也在同一道工序车削，加工时可采用单动卡盘夹紧拨叉头右端外轮廓。

拨叉轴孔右端面 *B* 的设计基准为拨叉脚左端面 *A* 和拨叉轴孔，故可以与加工拨叉脚左端面 *A* 同一工序进行车削加工，且以拨叉脚左端面 *A* 和拨叉轴孔定位、装夹很方便。

拨叉脚顶面因加工面积小且加工精度要求不高，并考虑企业现有设备，故选择刨削加工。

对于拨叉脚右端台阶面 *D*，采用专用夹具两件同时安装，两工件台阶面 *D* 组成环状圆平面，两工件拨叉脚内侧圆弧组成圆柱面，故选用车削加工即可满足加工精度要求，又可大大提高生产效率。

拨叉轴孔顶面 *C* 选用铣削加工。

拨叉零件各表面加工方案见表 1-2。

表 1-2　拨叉零件各表面加工方案

加工表面	尺寸公差等级	表面粗糙度 $Ra/\mu m$	加工方案	备注
拨叉脚左端面 *A*	IT13	3.2	粗车—半精车	
拨叉脚右端台阶面 *D*	IT13	3.2	粗车—半精车	
拨叉轴孔右端面 *B*	IT11	3.2	粗车—半精车	
拨叉脚顶面		12.5	刨	
拨叉轴孔顶面 *C*		3.2	粗铣—半精铣	
ϕ20H7 孔	IT7	3.2	钻—扩—铰	
ϕ10H7 孔	IT7	6.3	钻—铰	
ϕ10.2mm 孔		12.5	钻	
拨叉脚内侧圆弧孔 ϕ56B11	IT11	3.2	粗车—精车	
ϕ4mm 锁销孔			钻—铰	配作

3. 加工工序的安排

（1）加工阶段的划分 若异形件加工质量要求较高，可将加工阶段划分成粗加工、半精加工和精加工几个阶段。若加工精度要求不高，则可将加工阶段划分成粗加工、半精加工两个阶段。

对于拨叉零件，在粗加工阶段首先将精基准（拨叉脚左端面 A 和拨叉轴孔）准备好，使后续工序都可采用精基准定位加工，保证其他加工表面的精度要求；然后粗车拨叉轴孔右端面，粗车拨叉脚两端面。在半精加工阶段，完成拨叉脚两端面的精车加工和操纵杆孔 ϕ10H7 的钻、铰加工。

（2）工序的集中与分散 本例按工序集中原则安排拨叉的加工工序。该拨叉的生产类型为小批量生产，可以采用通用型机床配以专用工夹具，以提高生产效率；运用工序集中原则可使工件的装夹次数少，不但可缩短辅助时间，而且在一次装夹中可加工许多表面，有利于保证各加工表面之间的相对位置精度要求。

（3）工序顺序的安排

1）机械加工工序安排

①遵循“先基准后其他”原则，首先加工精基准拨叉脚左端面和拨叉轴孔 ϕ20H7。

②遵循“先粗后精”原则，先安排粗加工工序，后安排精加工工序。

③遵循“先主后次”原则，先加工主要表面——拨叉脚左端面、拨叉轴孔 ϕ20H7 和拨叉脚右端面，后加工次要表面——操纵杆孔端面、操纵杆孔等。

④遵循“先面后孔”原则，先加工拨叉脚左端面，再加工拨叉轴孔 ϕ20H7；先铣操纵杆孔端面，再钻、铰操纵杆孔 ϕ10H7。

2）热处理工序安排。本案工件材料为铸铁，在毛坯铸造后需进行退火处理，以消除铸造内应力，改善材料的金属组织和机械加工性能。

3）辅助工序安排。大多数异形件结构形状不规则，刚度又差，加工过程和运输过程中易发生变形，影响各表面之间的相互位置精度，甚至可能使某些工序加工余量不够。为此，在毛坯铸造后及主要工序加工之前要安排校正整形工序。校正整形工序在专用辅具上进行。本案例工件刚度尚可且各表面位置精度要求不高，故可不安排校正整形工序。

4. 加工工艺路线的拟订

经以上工艺过程分析，本案例工件的加工工艺路线拟订见表 1-3。

表 1-3 拨叉加工工艺路线

工序号	工序内容
1	铸造
2	人工时效
3	涂漆
4	划线：拨叉轴孔 ϕ20H7 中心线
5	车削拨叉脚左端面，钻、铰拨叉轴孔 ϕ20H7
6	车削拨叉轴孔右端面 B
7	刨削拨叉脚顶面
8	车削拨叉脚右端面 R40mm 台阶面、拨叉脚圆弧面 ϕ56B11
9	铣拨叉轴孔顶面 C
10	钻 ϕ10. 2mm 孔
11	钻、铰 ϕ10H7 孔
12	检验
13	入库

三、相关知识

常用的平面加工方法有车、铣、刨、磨、拉等。以下介绍各种平面加工方法的工艺特点。

（一）铣削加工

1. 铣削加工的工艺范围

铣削是平面加工中应用最普遍的一种方法，是用多刃回转体刀具在铣床上对平面、沟槽、弧形面、螺旋槽、齿轮、凸轮和特形面进行加工的一种切削加工方法。不同坐标方向运动的配合联动和不同形状刀具的配合，可以实现不同类型表面的加工。图 1-7 所示为铣削加

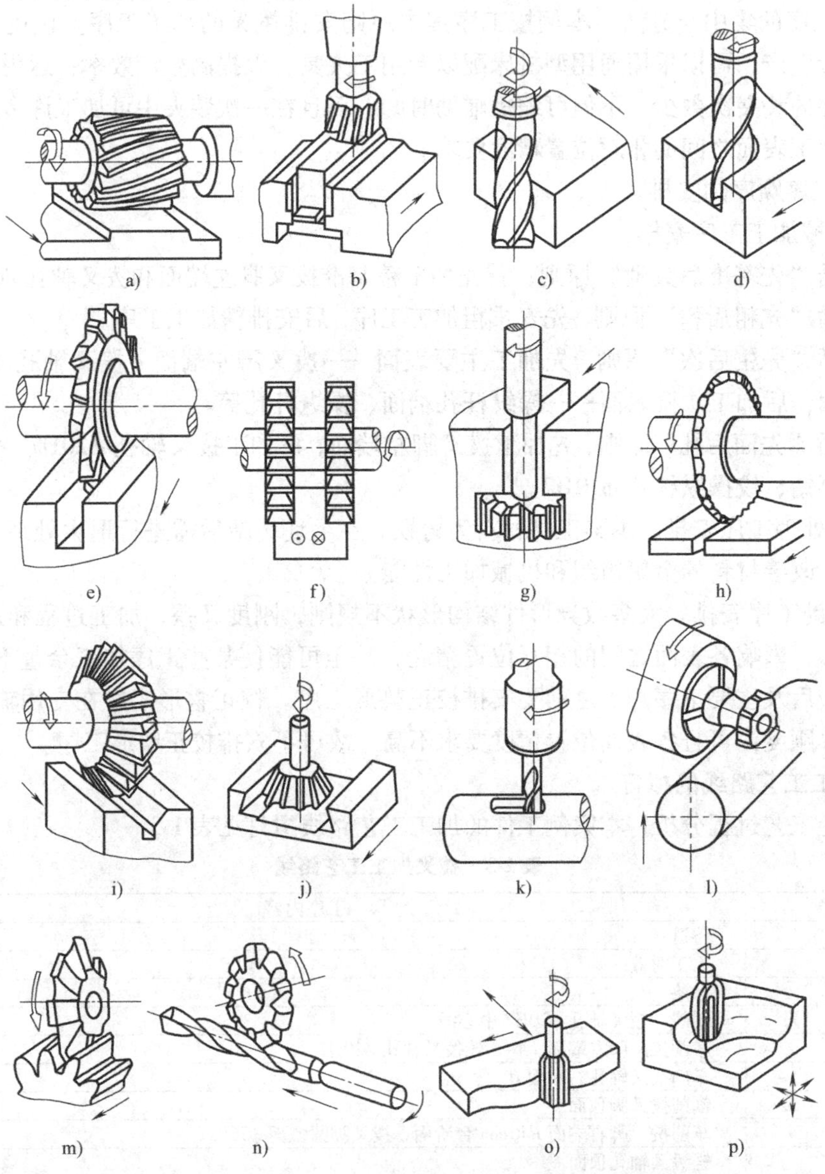

图 1-7　铣削加工应用范围

a)、b)、c) 铣平面　d)、e) 铣沟槽　f) 铣台阶　g) 铣 T 形槽　h) 铣窄槽　i)、j) 铣角　k)、l) 铣键槽　m) 铣齿形　n) 铣螺旋槽　o) 铣曲面　p) 铣立体曲面

工应用范围。铣削主要用于加工各种平面，如水平平面、垂直平面、台阶面、V形槽、T形槽、键槽等。此外，铣削还可以用来铣齿面、铣螺旋面、铣曲面及立体成形面等。

随着铣床性能的提高，刀具结构和材料的改进，加工质量有很大的改善，铣削所具有的优越性使其在切削加工中的应用越来越广泛。

2. 铣削的工艺特征

铣削分为端铣和周铣，如图1-8所示。铣刀的每一个刀齿相当于一把车刀，同时多齿参加切削，就其中一个刀齿而言，铣削加工特点与车削加工基本相同。但整体刀具的切削过程又有其特殊之处，主要表现在以下几个方面：

（1）生产效率高　由于多个刀齿参与切削，切削刃的作用总长度长，每个刀齿的切削载荷相同时，总的金属切除率高于单刃刀具切削的效率。但由于各种原因易导致刀齿负荷不均匀，磨损不一致，从而引起机床的振动，造成切削不稳，直接影响工件的表面粗糙度。

（2）断续切削　铣刀刀齿切入或切出时产生冲击，一方面使刀具的寿命下降，另一方引起周期性的冲击和振动。振动还会影响已加工表面的表面粗糙度。高速铣削时，刀齿还经受周期性的温度变化，会降低刀具的寿命。

（3）容屑和排屑　由于铣刀是多齿刀具，刀齿之间的空间有限，每个刀齿切下的切屑必须有足够的空间容纳并能够顺利排出，否则会造成刀具损坏。

周铣时，切削平面由圆沟槽形成，所以表面粗糙度值较大，如图1-9所示。此外，由于同时参加切削的刀齿数较少，切削过程中切削力波动较大，切削平稳性较差；刀齿在刚进入切削区时，切削厚度为零，刀尖与工件表面产生强烈摩擦（用圆柱铣刀逆铣时十分突出），降低了刀具寿命。这些都同时影响周铣加工的表面质量。

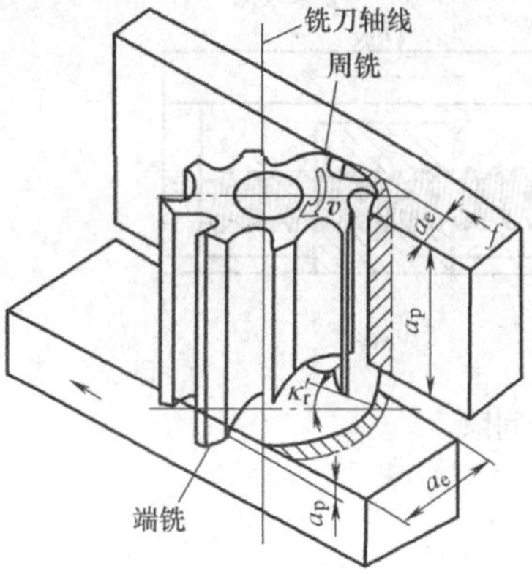

图1-8　端铣和周铣

a_p—背吃刀量　a_e—侧吃刀量

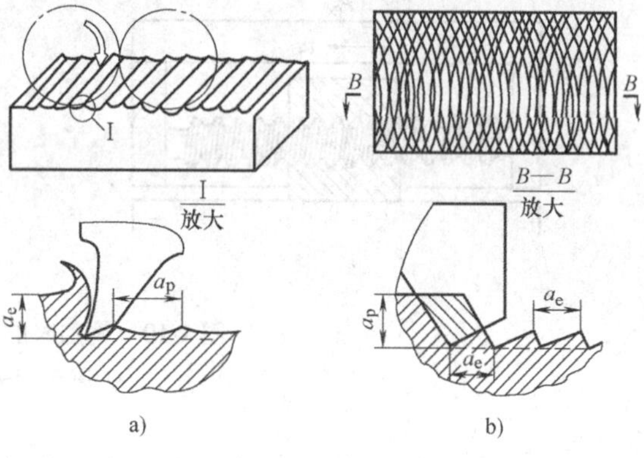

图1-9　周铣和端铣表面特征

a）周铣　b）端铣

端铣时，由于同时参加切削的刀齿数较多，切削过程中切削力的波动较小，切削比较平稳。从刀齿的工作条件来看，端铣的刀齿刚进入切削区时，切削厚度虽小，但不等于零，可以减轻刀尖与工件表面的强烈摩擦，因此端铣可提高刀具寿命。同时，端铣有副切削刃参加切削，当刀具副偏角κ_r'较小时对加工表面有修光作用，故加工质量好，生产效率高。所以在平面铣削中，尤其是大平面的铣削，大多采用端铣。

3. 顺铣和逆铣

铣削时，铣刀切入工件时的切削速度方向和工件的进给方向相反，这种铣削方式称为逆铣，如图 1-10a 所示。铣削时，铣刀切入工件时的切削速度方向与工件的进给方向相同，这种铣削方式称为顺铣，如图 1-10b 所示。

逆铣时，刀具的切削厚度从零逐渐增大至最大值。刀齿在开始切入时，由于切削刃钝圆半径的影响，刀齿在加工表面上打滑，产生挤压和摩擦，使工件表面产生较严重的冷硬层。当下一个刀齿切入时，又在冷硬层表面上挤压、滑行，更加剧了铣刀的磨损，增大了工件表面粗糙度值。此外，其铣削垂直分力 $\boldsymbol{F}_{fN}$ 的方向和大小是变化的，有挑起工件的趋势，会引起工作台的振动，从而影响工件表面粗糙度。

铣床工作台的纵向进给运动一般是依靠丝杠和螺母来实现的。螺母固定，由丝杠转动带动工作台移动。逆铣时，纵向铣削分力与驱动工作台移动的纵向力方向相反，使丝杠与螺母间的传动面始终贴紧，工作台不会发生窜动现象，铣削过程较平稳。

顺铣时，刀齿的切削厚度从最大逐渐递减至零，没有逆铣时的刀齿滑行现象，加工硬化程度大大减轻，已加工表面质量较高，刀具寿命也比逆铣高。同时，垂直方向的切削分力始终压向工作台，避免了工件的振动。

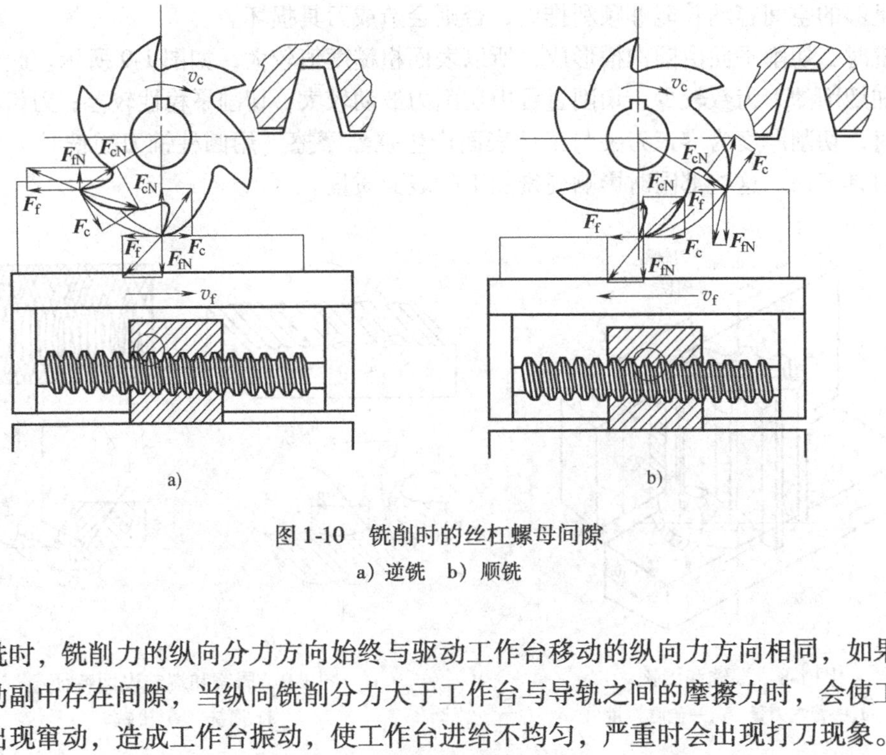

图 1-10　铣削时的丝杠螺母间隙

a）逆铣　b）顺铣

顺铣时，铣削力的纵向分力方向始终与驱动工作台移动的纵向力方向相同，如果丝杠与螺母传动副中存在间隙，当纵向铣削分力大于工作台与导轨之间的摩擦力时，会使工作台带动丝杠出现窜动，造成工作台振动，使工作台进给不均匀，严重时会出现打刀现象。

因此，如采用顺铣，必须要求铣床工作台进给丝杠螺母副有消除间隙的装置，或采取其他有效措施。否则，不宜采用顺铣。

综上所述，若切削用量较小，工件表面没有硬皮，或者机床有间歇调整装置，能将螺母、丝杠之间的间隙调整到很小，以采用顺铣有利。但在一般情况下，由于很多铣床没有间隙调整装置，还是采用逆铣法为宜。

4. 不对称端铣和对称端铣

在使用面铣刀铣削平面时，根据铣刀与工件的相对位置不同，可分为对称端铣、不对称顺铣和不对称逆铣，如图1-11所示。

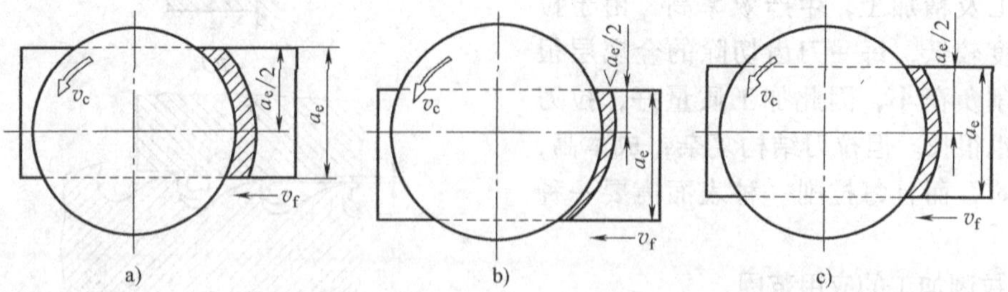

图1-11　不对称端铣和对称端铣

a）不对称顺铣　b）不对称逆铣　c）对称端铣

铣刀轴线位于铣削弧长的对称中心位置，铣刀的每个刀齿切入和切出工件时的切削厚度相等，称为对称铣削，否则称为不对称铣削。

在不对称铣削中，若切入时的切削厚度小于切出时的切削厚度，称为不对称逆铣；若切入时切削厚度大于切出时的切削厚度，则称为不对称顺铣。

（1）不对称顺铣　端铣也有顺铣和逆铣的区别，当顺铣部分大于逆铣部分时，这种铣削方式称为不对称顺铣，如图1-11a所示。这种铣削方式的特点是刀齿以最大的切削厚度切入，而以最小的切削厚度切出。它适合于加工不锈钢等中等强度和高塑性的材料。这种铣削方式可以减少逆铣时刀齿在工件表面上的滑行、挤压现象和加工表面的冷硬程度，有利于提高刀具寿命。在其他条件一定时，只要偏置距离选取合适，刀具寿命比对称端铣可提高两倍。

（2）不对称逆铣　当逆铣部分大于顺铣部分时，这种铣削方式称为不对称逆铣，如图1-11b所示。这种铣削方式的特点是刀齿以最小的切削厚度切入，而以最大的切削厚度切出。这样，切入冲击较小，它适合于加工普通碳钢和高强度低碳合金钢。采用这种铣削方式，刀具寿命比对称端铣可提高一倍以上。此外，由于刀齿接触角度较大，同时参加切削的刀齿较多，切削力变化小，切削过程较平稳，加工表面粗糙度值较小。

（3）对称端铣　当顺铣部分等于逆铣部分时，这种铣削方式称为对称端铣，如图1-11c所示。采用这种铣削方式时，由于铣刀直径大于铣削宽度，刀齿切入和切出工件时切削厚度均大于零，这样可避免下一个刀齿在前一个刀齿切过的冷硬层上切削，有利于提高刀具寿命。端铣多采用这种铣削方式。

（二）拉削加工

1. 拉削加工的工艺特征

（1）拉削加工原理　拉削就是用拉刀对工件表面进行切削加工的方法。拉削时，工件与拉刀的相对运动为主运动，一般为直线运动。拉刀是多齿刀具，后一刀齿比前一刀齿高，拉削的进给运动就是靠齿升量（前后刀齿高度差）来实现的，如图1-12所示。拉刀的齿形与工件加工表面完全吻合，在拉床上经一次行程，即可切除加工表面的全部余量，获得要求的加工表面。

（2）拉削加工的工艺特征　拉刀是一种多齿刀具，同时参加切削工作的刀齿多，能够在一次行程中完成加工表面的粗加工、半精加工及精加工，生产效率高。由于拉削的速度较低，每一刀齿切除的金属层很薄，切削负荷小，因此加工质量好，拉刀的寿命也很长。但拉刀结构复杂，成本高，制造困难，而且每拉削一种表面需要一种拉刀。

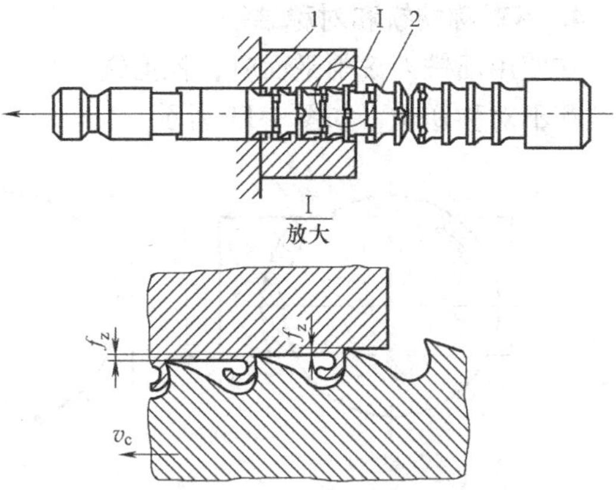

图 1-12　拉削过程
1—工件　2—拉刀

2. 拉削加工的应用范围

拉削主要应用在成批大量生产的场合。拉削加工公差等级为 IT8 ~ IT7，表面粗糙度 *Ra* 值为 3.2 ~ 0.4μm。拉削的加工范围很广，在不同的拉床上利用不同的拉刀，可加工各种贯通的内表面和外表面，如图 1-13 所示。

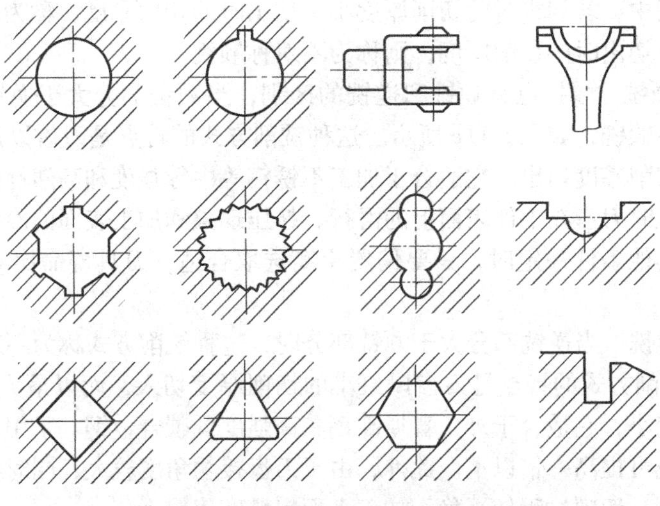

图 1-13　拉削的典型表面形状

（三）刨削加工

1. 刨削加工原理与特点

刨削加工是平面加工的基本方法之一，其加工原理如图 1-14 所示。刨削加工是以单刃刀具——刨刀相对于工件做直线往复运动为主运动、以方向与之垂直的工件（或刨刀）的间隙移动为进给运动的切削加工方法。刨削时，刨刀刀尖与工件之间的相对直线往复运动形成直母线，刀具与工件的相对移动使直母线沿直等线运动，形成平面。

刨削的主运动为直线往复运动，刀具向前直线移动时进行切削，称为工作行程。回程时不能切削，称为空行程。由于换向必须克服运动件的惯性，而且在每次工作行程开始，刀具刚碰到工件时，都要发生冲击，因此刨削的切削速度及换向速度不能太高，以免机床振动，损伤刀具，影响工件的加工精度和表面粗糙度。所以刨削生产率不高。

2. 刨削加工的应用范围

刨削主要用于平面和沟槽的粗加工、半精加工。通常刨削加工的尺寸公差等级为 IT7 ~ IT9，表面粗糙度 *Ra* 值为 12.5 ~ 1.6μm，直线度公差可达 0.04 ~ 0.12 mm/m。

由于刨削所需的机床、刀具结构简单，制造安装方便，调整容易，通用性强，故适用范围广泛。因刨削生产效率不高，故适用于单件、小批生产和修配加工，特别是加工狭长平面。刨削可以在牛头刨床或龙门刨床上进行。牛头刨床主要用于加工中小型零件，龙门刨床则用于加工大型零件或同时加工多个中型零件。

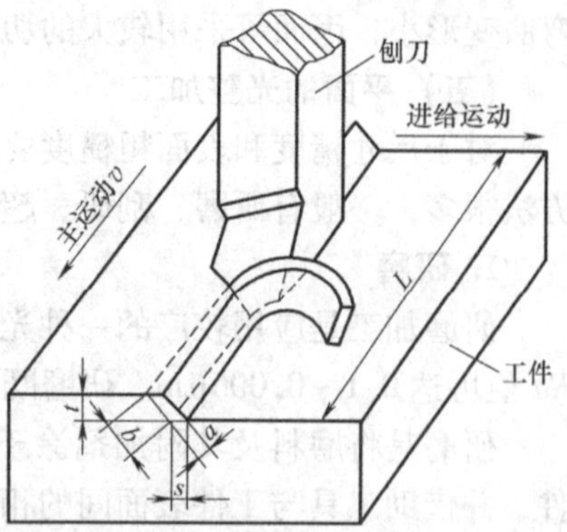

图 1-14　刨削加工原理

（四）平面磨削加工

平面磨削是用于零件平面精加工和超精加工的切削加工方法。它除能磨削普通材料外，尤其适用于一般刀具难以切削的高硬度材料的加工，如淬硬钢、硬质合金和各种宝石的加工等。

平面磨削和其他磨削方法一样，具有切削速度高，垂直进给小，尺寸精度易于控制及能获得较低的表面粗糙度值等特点，因而多用于零件的半精加工和精加工。平面磨削加工尺寸公差等级为 IT7 ~ IT5，表面粗糙度 *Ra* 值为 0.8 ~ 0.2μm 。

常见的平面磨削方式可分为两种，如图 1-15 所示。

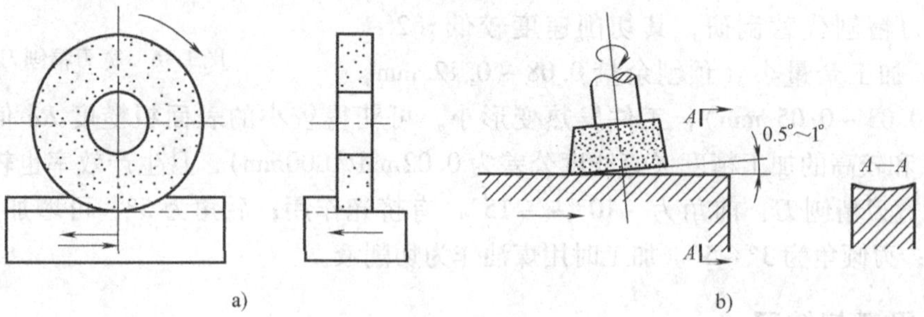

图 1-15　圆周磨削与端面磨削
a) 圆周磨削　b) 端面磨削

1. 圆周磨削

如图 1-15a 所示，砂轮的工作面是圆周表面，磨削时砂轮和工件的接触面积小，发热少，散热快，加之冷却和排屑条件好，故能获得较高的加工精度和表面质量。圆周磨削通常适用于加工精度要求较高的零件精磨。但因砂轮主轴悬伸，刚度差，不能采用较大的切削用量，且圆周磨削时参加切削的磨粒少，所以生产效率较低。

2. 端面磨削

如图 1-15b 所示，砂轮的工作表面是端面，磨削时砂轮和工件接触面积较大，易发热，散热和冷却都比较困难，且砂轮端面因沿径向各点圆周速度不等而产生不均匀磨损，故磨削精度较低。但这种磨削方式的磨床主轴悬伸长度较短，刚度好，磨头主要承受的是轴向力，弯曲变形小，因而可采用较大的切削用量，故生产效率高。

（五）平面的光整加工

对于尺寸精度和表面粗糙度要求很高的零件，一般都要进行光整加工。平面的光整加工方法很多，一般有研磨、刮研、超精加工和抛光。

1. 研磨

研磨加工是应用较广的一种光整加工方法。其加工尺寸公差等级可达 IT5，表面粗糙度 *Ra* 值可达 0.1 ~ 0.006μm。研磨既可加工金属材料，也可加工非金属材料。

研磨是将磨料及其附加剂涂于或嵌在研磨工具的表面，在一定的压力下压向被研磨工件，并借助工具与工件表面间的相对运动，从被研磨工件表面除去极薄的一层，从而使工件获得极高的精度和较小的表面粗糙度值的一种平面光整加工方法。

2. 刮研

刮研加工用于未淬火的工件，能获得较高的形状和位置精度，因此能减少相对运动表面间的磨损和增强零件接合面间的接触刚度。其加工尺寸公差等级可达 IT7 以上，表面粗糙度 *Ra* 值可达 0.8 ~ 0.1μm。刮研的表面质量是用单位面积上接触点的数目来评定的，粗刮为 1 ~ 2 点/cm^2，半精刮为 2 ~ 3 点/cm^2，精刮为 3 ~ 4 点/cm^2。

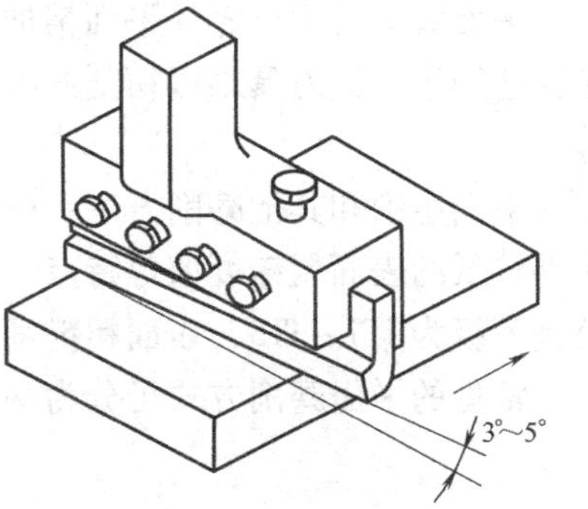

图 1-16　宽刃精刨刀

如图 1-16 所示，在进行平面精加工时，有时常采用宽刃刀精刨代替刮研，其切削速度较低（2 ~ 5m/min），加工余量小（预刨余量 0.08 ~ 0.12 mm，终刨余量 0.03 ~ 0.05 mm），工件发热变形小，可获得较小的表面粗糙度 *Ra* 值（0.8 ~ 0.25μm）和较高的加工精度（直线度公差为 0.02mm/1000mm），且生产效率也较高。图 1-16 所示为宽刃精刨刀，前角为 -10° ~ -15°，有挤光作用；后角为 5°，可增加后面支承，防止振动；刃倾角为 3° ~ 5°。加工时用煤油作为切削液。

四、思考与练习

1. 试分析铣削和刨削的工艺特点及适用场合。
2. 顺铣和逆铣两种铣削方式各有什么特点？各应用于什么场合？
3. 平面加工方法有哪些？各应用于什么场合？
4. 根据异形件的结构特点，在加工路线拟订中，应考虑哪些问题？
5. 对下面平面选用适宜的加工方法：

1）加工 100mm × 300mm，*Ra* 值为 3.2μm 的矩形平面。

2）单件小批生产齿轮内孔的键槽。

3）光轴上加工平键槽。

4）车床的导轨面。

6. 为什么铣削的加工质量一般不高？
7. 异形件的机械加工工艺路线有何特点？
8. 按中批生产拟订图 1-17 所示车床拨叉的加工工艺路线。

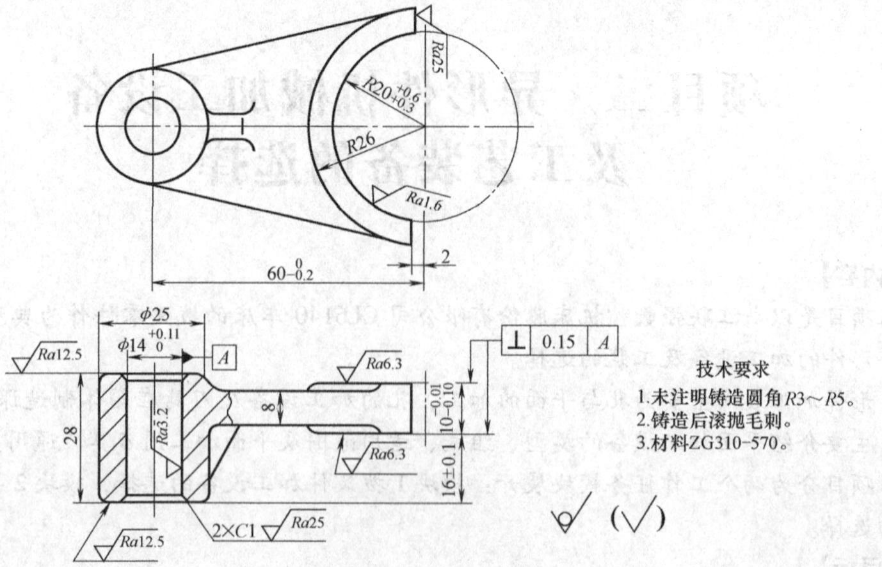
Ra25
R20+0.6 +0.3
R26
Ra1.6
60-0.2 0
2
φ25
φ14 +0.11 0
A
Ra12.5
Ra6.3
⊥ 0.15 A
技术要求
1.未注明铸造圆角R3～R5。
2.铸造后滚抛毛刺。
3.材料ZG310-570。
28
Ra3.2
8
10-0.01 -0.10
16±0.1
2×C1
Ra25
Ra12.5
(√)

图 1-17　车床拨叉

项目二　异形件机械加工设备及工艺装备的选择

【项目内容】

本项目是以浙江联强数控机床股份有限公司 CL6140 车床的拨叉零件作为典型异形件来进行异形件的加工设备及工装的选择。

异形件加工表面主要为孔与平面的加工，孔的加工设备及刀具在箱体制造课程中介绍，本项目主要介绍平面加工设备的类型、组成、适用范围及平面加工用刀具、通用夹具。

本项目分为两个工作任务模块展开：模块 1 拨叉件加工设备的选择，模块 2 异形件工艺装备的选择。

【教学目标】

最终目标：会选择异形件的加工设备及工装。

促成目标：

1）会应用加工设备的选择原则。

2）了解平面加工设备的类型及适用范围。

3）能根据平面加工要求合理地选用平面加工设备。

4）能合理选用平面加工用刀具及夹具。

模块 1　异形件机械加工设备的选择

一、教学目标

最终目标：会合理地选择异形件的加工设备。

促成目标：

1）会应用加工设备的选择原则。

2）能根据平面加工要求合理地选用加工设备。

3）了解数控铣床的组成、分类、加工特点及应用等基本知识。

二、案例分析

案例精选　根据卧式车床 CL6140-20029 拨叉零件图的结构工艺特点和零件图的分析及工艺路线的制订，选择各表面的加工设备。

根据图 1-1 所示 CL6140-20029 拨叉零件图的分析可知，拨叉轴孔两端面 *A*、*B* 面，拨叉脚右端台阶面 *D* 面、拨叉轴孔顶面 *C* 面均为平面加工。

1. 正确选择加工设备的意义与原则

（1）正确选择加工设备的意义　在制订零件加工工艺规程的过程中，正确选择机床设备是一件很重要的工作，它不但直接影响工件的加工质量，而且还影响工件的加工效率和制造成本。

选择加工设备的任务就是选择设备的类型、规格、型号。

（2）选择加工设备的原则　在制订零件的加工工艺规程时，当工件表面的加工方法确定以后，就基本上可以确定机床的类型。但每一类机床的规格型号不同，它们的工艺范围、技术规格、加工精度和表面粗糙度、生产率和自动化程度、效率等都各不相同。因此在选择加工设备时应按照设备的选择原则来进行。

1）所选机床的精度应和工件要求达到的精度相适应。这一点在大批量生产中尤为重要。机床的精度过低，满足不了加工质量要求；精度过高，又会增加零件的制造成本。当生产批量很小时，为充分利用现有机床，精度的选择可以放松些，特别是没有高精度设备来加工高精度的零件时，可以选用精度低一些的机床，而在工艺上采取措施来满足加工精度的要求。

2）所选机床的技术规格应与工件的尺寸相适应。小零件选用小机床加工，大零件选用大机床加工，做到设备合理使用。

3）所选机床的生产率和自动化程度与零件的生产纲领相适应。通常，单件、小批生产，选择工艺范围较广的通用机床；而大批量生产，选择生产率和自动化程度较高的专门化或专用机床。由于数控技术的发展，近年来数控机床已在单件、小批生产中获得普遍应用。

4）机床的选择应与现场生产条件相适应。

2. 拨叉加工设备的选择

CL6140-20029 拨叉零件的工艺过程在项目一中已制订，零件各表面加工方法见表 1-3。以下分析各工序中零件表面加工设备的选择：

（1）工序 5、6　本道工序是加工拨叉轴孔端面及拨叉轴孔。采用的是车削方法，又因工件加工精度中等，零件尺寸不大，故选用 CL6140 车床能满足加工要求。

（2）工序 7　加工拨叉脚顶面。因加工表面积较小及根据企业现有设备状况，浙江联强数控机床股份有限公司采用刨削加工，选用 B650 牛头刨床。

（3）工序 8　加工拨叉脚右端台阶面 *D*。采用专用夹具将工件装夹在车床上进行车削加工。可选择 CL6140 车床。

（4）工序 9　加工拨叉轴孔顶面。采用铣削加工，考虑工件装夹的方便，可选用立铣床 B1-400K。

（5）工序 10、11　加工 ϕ10H7、ϕ10.2mm 孔。由于钻孔直径较小，故可采用专用夹具在台式钻床上加工，可选用 Z515。

三、相关知识

常用的平面加工设备有铣床、刨床、拉床、磨床。

（一）铣床

铣床是用铣刀进行切削加工的机床。在铣床上用不同类型的铣刀，配备万能分度头、回转工作台等多种附件，可完成各种平面、沟槽及成形面的加工。因此，铣床是机械制造行业中应用十分广泛的一种机床。由于铣刀是多齿刀具，切削过程又是断续切削，所以加工精度较低、表面质量较差，一般多用于粗加工或半精加工。

铣床的类型很多，目前常用的有普通铣床、数控铣床。普通铣床的主要类型有卧式升降台铣床、立式升降台铣床、龙门铣床、工具铣床；此外还有仿形铣床、仪表铣床和各种专门化铣床（如键槽铣床、曲轴铣床）等。以下介绍各类铣床的结构组成及特点。

1. 普通铣床

（1）升降台式铣床　这类铣床最大的特点是，主轴带动铣刀旋转实现主运动，其轴线位置固定不动，工作台安装在能做垂直升降的升降台上，使工作台能在相互垂直的三个方向上调整位置或完成进给运动。升降台的结构刚度较差，工作台上不能安装过重的工件，因此这类铣床只适用于加工中小型工件。它是应用较广的一类铣床。

1）卧式升降台铣床。其主轴呈水平布置，在主轴上可安装铣刀、铣刀杆或镗刀杆。

图 2-1 所示为 X6132 卧式升降台铣床的外形图，它是目前国内应用比较广泛的一种铣床，该机床结构比较完善，变速范围大，刚度较好，操作方便。该机床带有纵向进给间隙自动调节装置，具有一定的代表性。它由床身 1、底座 2、回转盘 3、升降台 4、床鞍 5、工作台 6、主轴 7 和刀杆支架 8、悬梁 9、镗刀杆 10 组成。在铣刀杆上可安装圆柱铣刀、盘铣刀、成形铣刀和组合铣刀等，以加工平面、各种沟槽和具有直导线的曲面等。在镗刀杆上可安装镗刀加工孔。

①主要部件及其功用。

床身 1 是机床的主体，用来安装和连接各个部件，它安放在底座 2 上。在床身 1 的顶部有供悬梁 9 移动和紧固的水平燕尾槽，床身 1 正面有供升降台 4 上下移动的燕尾形垂直导轨。床身 1 后面装有电动机，内部装有主轴变速机构。底座 2 内部有空腔，是储存切削液的容器。

升降台 4 安装在床身正面的垂直导轨上，支承床鞍 5、回转盘 3 和工作台 6。升降台内部装有进给电动机及进给变速机构，也可以采用手动带动它们一起做上下移动。

回转盘 3 处在床鞍 5 和工作台 6 之间，它可以使工作台在水平面内旋转 ±45°的角度。

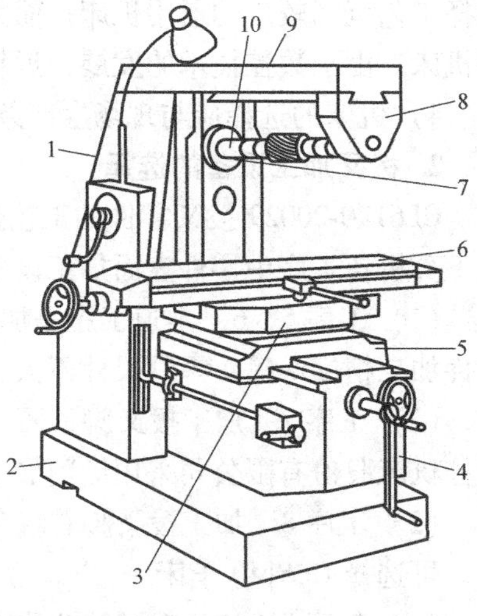

图 2-1　X6132 卧式升降台铣床
1—床身　2—底座　3—回转盘　4—升降台　5—床鞍　6—工作台　7—主轴　8—刀杆支架　9—悬梁　10—镗刀杆

工作台 6 用来安装工件与夹具，台面上有三条 T 形槽，以便用 T 形螺栓紧固工件或其他附件，中间一条作为铣床夹具的定位键槽。工作台 6 可沿回转盘 3 顶面上的燕尾导轨做纵向或斜向的进给运动，同时也可以通过床鞍 5 与升降台 4 相配合的矩形导轨做横向移动。

悬梁 9 用来安装镗刀杆支架 8，作为镗刀杆的另一个支承端，以增加刀杆的刚度。也可以全部后移，以便安装立铣头。

主轴 7 是前端带有锥孔的空心轴，前端锥孔的锥度为 7∶24，用来安装镗刀杆或铣刀，主轴孔和前端上还装有两个端面键，与镗刀杆锥柄或刀柄上的键配合，传递转矩。在主轴靠近前轴承处的大齿轮上装有飞轮，以增大主轴的转动惯量，减小铣削时切削力变动的影响，使铣削平稳。

铣削的特点之一是采用多齿刀具，铣削力周期性变化，容易引起振动。这就要求主轴部件应具有较高的刚度及抗振性，因此主轴采用三支承结构，如图2-2所示。前支承6采用D级精度的圆锥滚子轴承，用于承受背向力和向左的进给力；中间支承4采用E级精度的圆锥滚子轴承，用于承受背向力和向右的进给力；后支承2为C级精度的单列深沟球轴承，只承受背向力。主轴的回转精度主要由前支承及中间支承来保证。调整主轴轴承间隙时，先将悬梁移开，并拆下床身盖板，露出主轴部件。然后拧松中间支承左侧螺母11上的锁紧螺钉3，用专用钩头扳手钩住螺母11上的槽，再用一根短铁棍通过主轴前端的两个端面键8扳动主轴顺时针方向旋转，使中间支承的内圈向右移动，从而使中间支承的间隙得到消除；如果继续转动主轴，使主轴向左移动少许，并通过主轴轴肩带动前轴承的内圈左移，可以消除前轴承的间隙。调整后，主轴应以1500r/min转速试运转1h，轴承温度不得超过60℃。

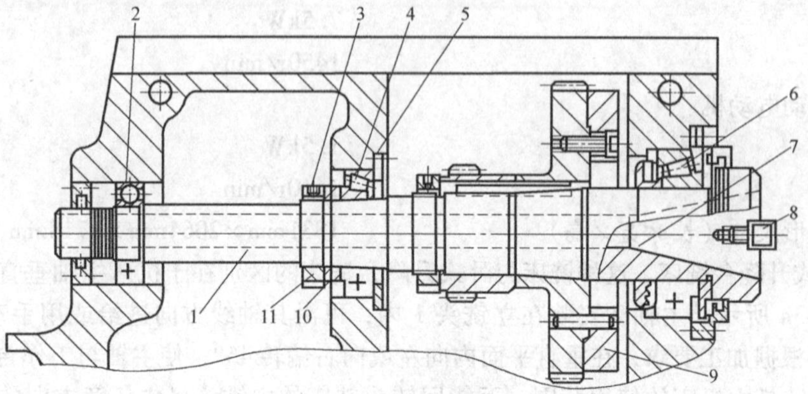

图2-2　主轴部件结构

1—主轴　2—后支承　3—锁紧螺钉　4—中间支承　5—轴承盖　6—前支承
7—主轴前锥孔　8—端面键　9—飞轮　10—隔套　11—螺母

②主要技术规格。万能卧式升降台铣床的第一主参数是工作台面的宽度，第二主参数是工作台面长度。此外，反映万能卧式升降台铣床技术规格的还有主轴的转速范围、主轴端孔锥度、主轴孔径、主轴轴线到工作台面间距离、进给量范围、主电动机功率等。

X6132万能卧式升降台铣床的主要技术规格如下：

工作台尺寸（长×宽）	1250mm×320mm
工作台最大行程	
纵向	800mm
横向	300mm
垂直	400mm
工作台最大回转角度	+45°
T形槽数	3条
主轴转速范围（18级）	30~1500r/min
主轴端孔锥度	7:24
主轴孔径	29mm
主轴轴线到工作台面间距离	30~430mm
主轴轴线到悬梁间距离	155mm
床身垂直导轨到工作台台面中心距离	215~515mm

刀杆直径（三种）	22mm、27mm、32mm
进给量范围（21 级）	
纵向	10 ~ 1000mm/min
横向	10 ~ 1000mm/min
垂直	3.3 ~ 333mm/min
快速进给量	
纵向与横向	2300mm/min
垂直	766.6mm/min
主传动电动机	
功率	7.5kW
转速	1450r/min
进给传动电动机	
功率	1.5kW
转速	1410r/min
机床外形尺寸（长 × 宽 × 高）	1831mm × 2064mm × 1718mm

2）立式升降台铣床。这种铣床与卧式升降台铣床的区别在于机床主轴垂直于工作台台面，如图 2-3a 所示。主轴 2 安装在立铣头 1 内，可沿其轴线方向进给或用手动调整位置。立铣头 1 可根据加工要求，在垂直平面内向左或向右偏转 45°，使主轴与工作台面倾斜成所需要的角度，扩大机床的使用范围。万能回转头铣床的立铣头可作任意方向的偏转，如图 2-3b 所示，当工件不同角度位置需加工时，可在一次装夹中只改变铣刀轴线倾斜方向就能完成加工。在立式铣床上主要用面铣刀或立式铣刀进行铣削。

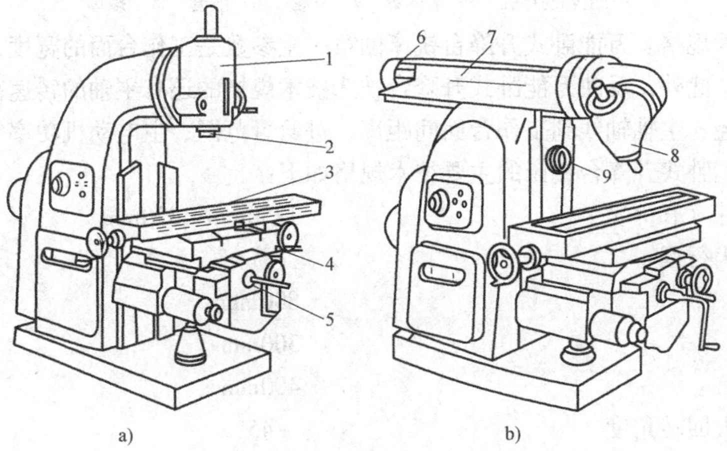

图 2-3　立式升降台铣床

a）立式升降台铣床　b）万能回转头铣床

1—立铣头　2—主轴　3—工作台　4—床鞍　5—升降台

6—电动机　7—滑座　8—万能立铣头　9—水平主轴

（2）无升降台铣床　这种铣床的工作台只能固定在台座上做纵、横向移动（矩形工作台）或绕垂直轴线转动（圆形工作台），垂直方向的进给或调整运动由机床主轴箱完成。它的刚度和抗振性比升降台铣床好，适用于采用较大的切削用量的铣削加工。图 2-4 所示为无升降台铣床。

（3）龙门铣床　龙门铣床是由床身两侧有两立柱和横梁组成的门式框架而得名，如图2-5所示。工作台在床身水平导轨上做纵向进给运动，在立柱和横梁上都装有铣头，每个铣头都是独立的部件，由各自的电动机驱动主轴做主运动。横梁可沿立柱上的导轨作垂直位置调整，横梁上的垂直铣头可沿横梁上的水平导轨作位置调整。立柱上的两个水平铣头可沿立柱上的导轨作垂直方向位置调整。各铣刀的背吃刀量均由铣头主轴的移动来实现。

龙门铣床的刚度和精度都很好，可用几把铣刀同时进行铣削，所以生产率和加工精度都很高。龙门铣床在大批和大量生产中得到广泛应用，特别适用于加工大中型或重型工件。

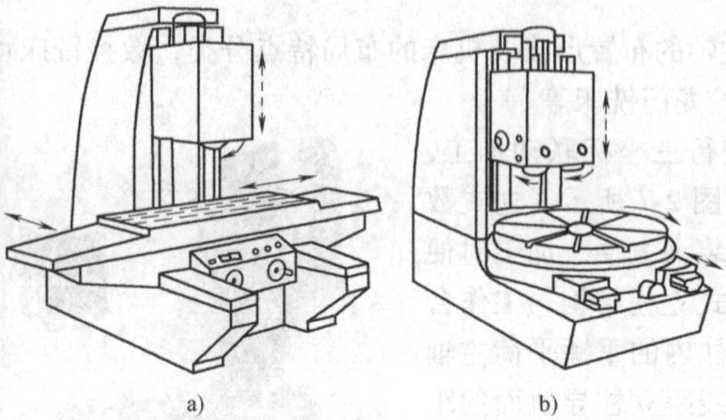

图 2-4　无升降台铣床

a）工作台移动　b）工作台转动

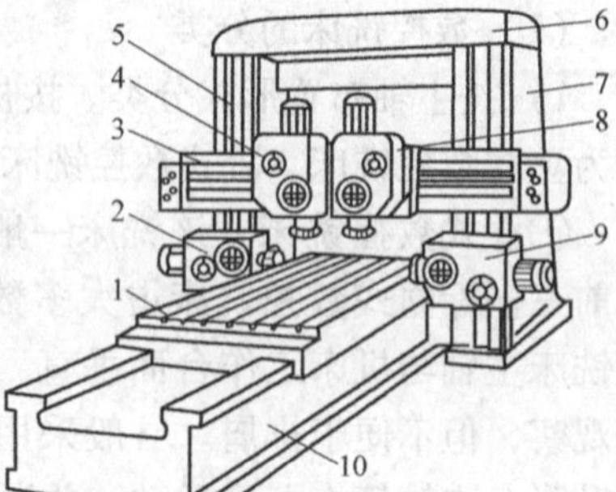

图 2-5　龙门铣床

1—工作台　2、9—水平铣头　3—横梁　4、8—垂直铣头　5、7—立柱　6—顶梁　10—床身

（4）万能工具铣床　万能工具铣床有可以置换的水平主轴、垂直主轴和插头，能担负万能卧式铣床、立式铣床和插床的部分工作。它还带有一系列的附件，如图2-6所示。图2-6a为万能工具铣床，机床安装有主轴及固定工作台2。此时的机床功能与卧式升降台铣床相似，只是横向进给运动由主轴座1的水平移动来实现，纵向进给运动与垂直进给运动仍分别由固定工作台2及升降台3来实现。根据加工需要，机床还可以安装其他附件，如图2-6b为可倾斜工作台，图2-6c为回转工作台，图2-6d为平口钳，图2-6e为分度装置，图2-6f为立铣头，图2-6g为插削头。由于机床本身的多功能性再配合以上附件，就能使工件在一次装夹中实现多工位加工。这种机床常用于工具车间，加工各种形状较

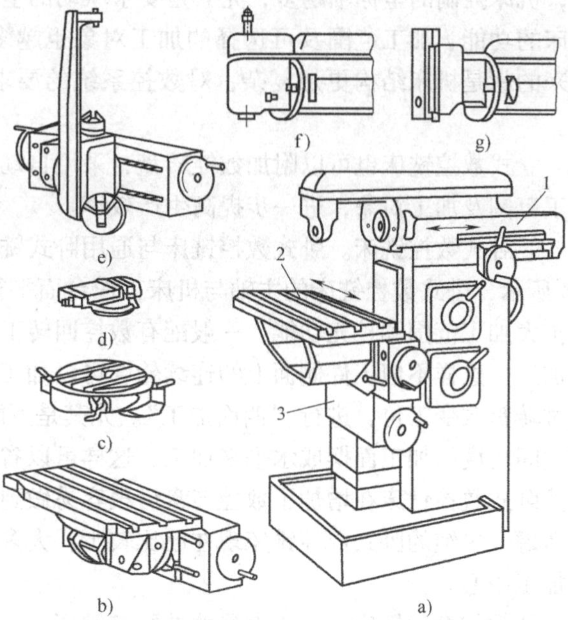

图 2-6　万能工具铣床

a）万能工具铣床　b）可倾斜工作台　c）回转工作台　d）平口钳　e）分度装置　f）立铣头　g）插削头

1—主轴座　2—固定工作台　3—升降台

复杂的刀具、量具、辅具、夹具及模具零件。

2. 数控铣床

数控铣床适合于各种箱体类和板类零件的加工。它的机械结构除基础部件外，还包括主传动系统和进给传动系统；实现工件回转、定位的装置和附件；实现某些部件动作和辅助功能的系统和装置，如液压、气动、冷却等系统和排屑、防护等装置；特殊功能装置，如刀具破损监视、精度检测和监控装置；为完成自动化控制功能的各种反馈信号装置及元件。

铣床基础又称为铣床大件，它是床身、底座、立柱、横梁、滑座和工作台等的总称。铣床的其他零部件，或固定在基础件上，或工作时在它的导轨上运动。

（1）数控铣床的分类

1）按主轴布置形式分类。按机床主轴的布置形式及机床的布局特点分类，数控铣床可分为立式数控铣床、卧式数控铣床和数控龙门铣床等。

①立式数控铣床。该铣床一般可进行三坐标联动加工，目前三坐标立式数控铣床占大多数。如图 2-7 所示，立式数控铣床主轴与机床工作台面垂直，工件装夹方便，加工时便于观察，但不便于排屑。一般采用固定式立柱结构，工作台不升降。主轴箱作上下运动，并通过立柱内的重锤平衡主轴箱的质量。为保证机床的刚度，主轴轴线距立柱导轨面的距离不能太大，因此，这种结构主要用于中小尺寸的数控铣床。

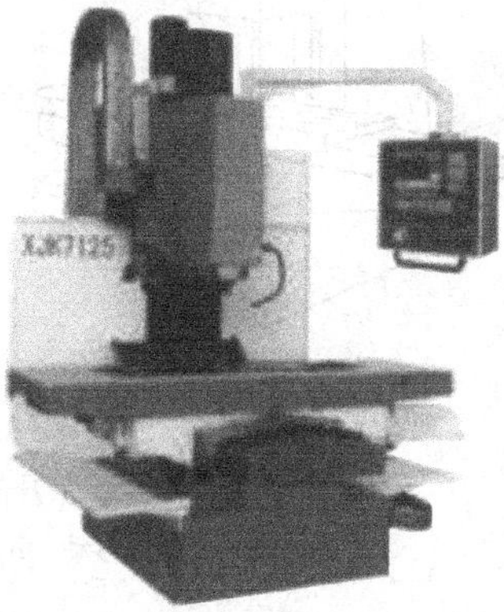

图 2-7　立式数控铣床

此外，还有机床主轴可以绕 X、Y、Z 坐标轴中其中一个或两个做数控回转运动的四坐标和五坐标数控立式铣床。通常，机床控制的坐标轴越多，尤其是要求联动的坐标轴越多，机床的功能、加工范围及可选择的加工对象也越多。但随之而来的就是机床结构更加复杂，对数控系统的要求更高，编程难度更大，设备的价格也更高。

立式数控铣床也可以附加数控转盘，采用自动交换台，增加靠模装置来扩大它的功能、加工范围及加工对象，进一步提高生产效率。

②卧式数控铣床。卧式数控铣床与通用卧式铣床相同，其主轴轴线平行于水平面。如图 2-8 所示，卧式数控铣床的主轴与机床工作台面平行，加工时不便于观察，但排屑顺畅。为了扩大加工范围和扩充功能，一般配有数控回转工作台或万能数控转盘来实现四坐标、五坐标加工，这样不但工件侧面上的连续轮廓可以加工出来，而且可以实现在一次安装过程中，通过转盘改变工位，进行“四面加工”。尤其是万能数控转盘可以把工件上各种不同的角度或空间角度的加工面摆成水平来加工，这样可以省去很多专用夹具或专用角度的成形铣刀。虽然卧式数控铣床在增加了数控转盘后很容易做到对工件进行“四面加工”，但从制造成本上考虑，单纯的卧式数控铣床现在已比较少，大多是在配备自动换刀装置（ATC）后成为卧式加工中心。

③数控龙门铣床。对于大尺寸的数控铣床，一般采用对称的双立柱结构，以保证机床的整体刚度和强度，这就是数控龙门铣床。如图 2-9 所示，数控龙门铣床有工作台移动和龙门架移动两种形式。它主要用于大、中等尺寸，大、中等质量的各种基础大件，板件、盘类件、壳体件和模具等多品种零件的加工，工件一次装夹后可自动高效、高精度地连续完成

铣、钻、镗和铰等多种工序的加工，适用于航空、重机、机车、造船、机床、印刷、轻纺和模具等制造行业。

图 2-8　卧式数控铣床

图 2-9　数控龙门铣床

2）按数控系统的功能分类。按数控系统的功能分类，数控铣床可分为经济型数控铣床、全功能数控铣床和高速数控铣床等。

①经济型数控铣床。经济型数控铣床一般采用经济型数控系统，如 SIEMENS802S 等采用开环控制，可以实现三坐标联动。这种数控铣床成本较低，功能简单，加工精度不高，适用于一般复杂零件的加工，一般有工作台升降式和床身式两种类型，如图 2-10a 所示。

②全功能数控铣床。全功能数控铣床采用半闭环控制或闭环控制，其数控系统功能丰富，一般可以实现四坐标以上的联动，加工适应性强，应用最广泛，如图 2-10b 所示。

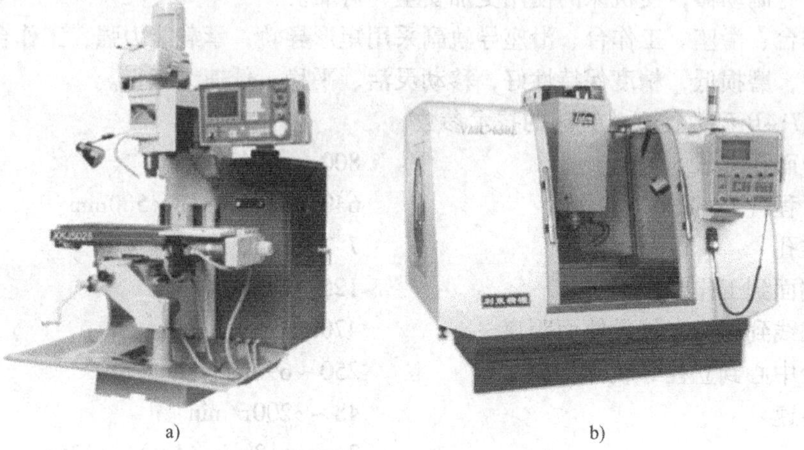

a)　b)

图 2-10　数控铣床

a）经济型数控铣床　b）全功能数控铣床

③高速数控铣床。高速铣削是数控加工的一个发展方向，技术已经比较成熟，并逐渐得到广泛的应用。高速数控铣床采用全新的机床结构、功能部件和功能强大的数控系统，并配以加工性能优越的刀具系统，加工时主轴转速一般在 8000～40000r/min，切削进给速度可达 10～30m/min，可以对大面积的曲面进行高效率、高质量的加工。但目前这种机床价格昂贵，使用成本比较高。如图 2-11 所示，床身采用箱式多层加强筋板超强刚性设计，以确保高速加工时的精度不变。

（2）XK714B 型数控立式铣床的结构组成及特点

1）结构组成。XK714B 型数控立式铣床由机床主体、数控系统和伺服系统三大部分组成。具体结构如图 2-12 所示。

图 2-11　高速数控铣床

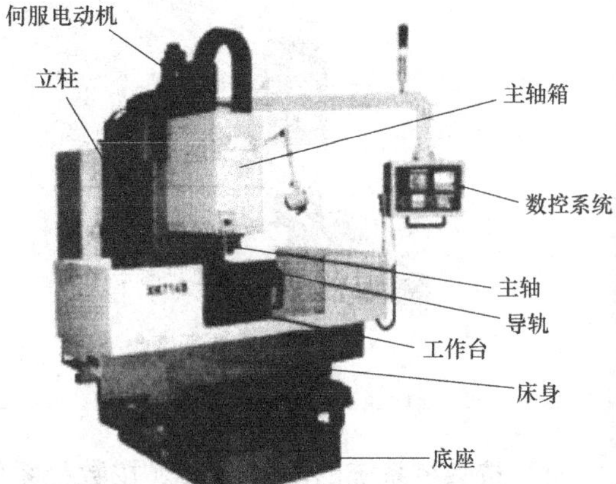

图 2-12　XK714B 型数控立式铣床

XK714B 型数控立式铣床的总体布局为床身式，即由工作台完成纵向、横向进给运动，由主轴箱完成垂直方向的进给运动，主要结构概述如下：

①床身和立柱。床身和立柱导轨采用矩形，承载能力强、精度好。立柱紧固在床身背后端，立柱内装有一套主轴箱重量平衡装置，主轴箱与平衡锤的重量比约为 1∶1，立柱上的交流电动机带有制动器，使机床的使用更加安全、可靠。

②工作台、滑座。工作台、滑座导轨副采用矩形导轨，承载能力强，工作台导轨、滑座下导轨贴塑，磨损低，精度保持性好，移动灵活、平稳、低速无爬行。

2）XK714B 型数控立式铣床的技术参数

工作台面积（长×宽）	800mm×420mm
三向行程（X、Y、Z）	640mm×420mm×500mm
主轴锥孔	7∶24ISO40
主轴端面到工作台面距离	125～625mm
主轴轴线到床身立柱导轨面距离	470mm
工作台中心到立柱导轨面距离	250～690mm
主轴转速	48～3200r/min
T 形槽	3mm×18mm（H8）×125mm
工作台载荷	500kg
主电动机功率（变频调速）	7.5kW
主轴最大输出转矩	62.5N·m
主轴直径	ϕ75mm
快进速度（X，Y，Z）	15r/min，15r/min，10m/min
切削进给速度	1～4000mm/min
进给电动机转矩（X、Y、Z）	12N·m（伺服电动机）
滚珠丝杠直径（X、Y、Z）	ϕ40mm
定位精度	0.025mm/500mm

重复定位精度	±0.008mm
外形尺寸	2300mm×1820mm×2600mm
整机质量	3000kg
数控系统	西门子 820c

3）XK714B 型数控立式铣床传动系统

①主运动系统。XK714B 型数控立式铣床传动系统如图 2-13 所示。主运动是数控铣床主轴的旋转运动。由装在机床主轴箱上的交流主轴电动机 1 来驱动，通过同步带传至主轴上的带轮 3。从而使主轴获得动力。主轴转速恒功率范围宽，低转速的转矩较大。机床的主要构件刚度高，可进行强力切削，由于主轴系统进行了强力冷却，因此，机床运转时噪声低，振动小，热变形小。

②进给传动系统。主轴箱升降工作台纵向移动，滑座横向移动，分别通过各坐标轴的交流伺服电动机和联轴器带动滚珠丝杠，获得各自的运动。

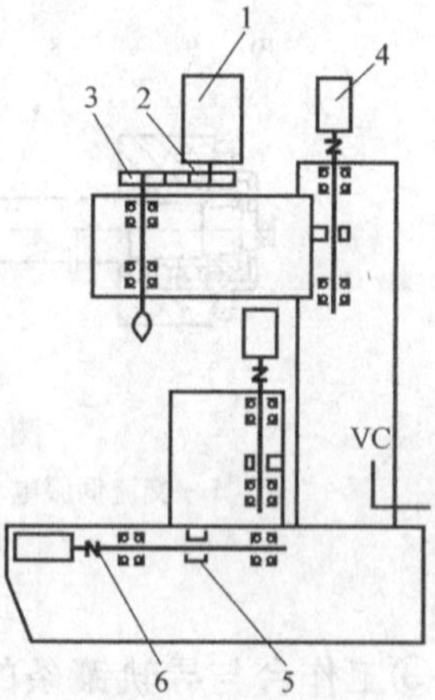

图 2-13 XK714B 型数控立式铣床传动系统

1—主轴电动机（15kW） 2、3—带轮（$m=5$mm，$z=58$） 4—交流伺服电动机 5—滚珠丝杆螺母 6—弹性联轴器

4）XK714B 型数控立式铣床的主要结构

①主轴组件。主轴组件是由主轴、主轴支承、装在主轴上的传动件和密封件组成。主轴端面有一端面键，既可通过它传递刀具的转矩，又可用于刀具的周向定位。图 2-14 所示为 XK714B 型数控立式床身铣床的主轴组件。机床采用安装式主轴结构，主轴 9 用前轴承 6（三联角接触球轴承）和后端轴承 4 支承，前轴承通过法兰盘 7 预紧，后轴承则通过螺母预紧；主轴前、后轴承均采用润滑脂润滑，动力是通过带轮 2 经键 3 传入主轴的。根据用户特殊要求主轴组可增加编码器，主轴后端带轮 1 通过传动带带动安装在编码器上的带轮，从而带动编码器旋转，编码器可以在加工过程中完成攻螺纹。主轴锥孔中装有夹头 10，碟形弹簧 5 通过拉杆 11 拉紧刀具，同时拉杆中心小孔通过压缩空气，用于清洁主轴锥孔。

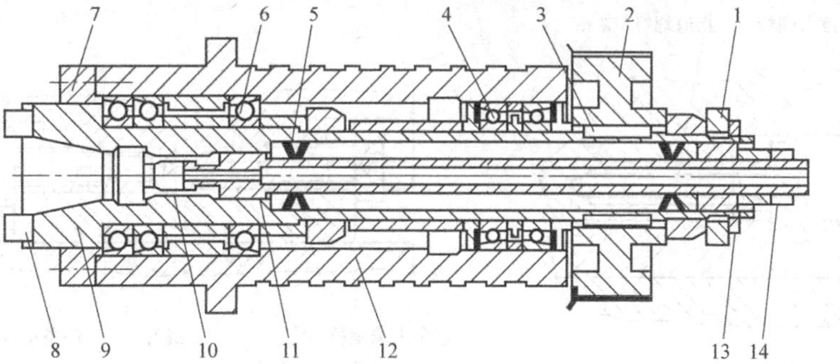

图 2-14 XK714B 型数控立式床身铣床的主轴组件

1、2—带轮（$m=5$mm，$z=70$） 3、8—键 4、6—轴承 5—碟形弹簧 7—法兰盘 9—主轴 10—夹头 11—拉杆 12—轴支承体 13—垫圈 14—螺母

②XK714B 型数控立式铣床 X 轴传动结构。XK714B 型数控立式铣床 X 轴传动结构如图 2-15 所示。交流伺服电动机 1 固定在支承座上，通过弹性联轴器 3 带动滚珠丝杠旋转，从而使与工作台连接的螺母移动，实现 X 轴的进给。滚珠丝杠经过预紧，消除了螺母与丝杠的间隙。为了减少丝杠热变形对加工精度的影响，对丝杠进行预拉伸，丝杠的预拉伸消除了丝杠热伸长对定位精度的影响，还提高了进给系统的刚度。

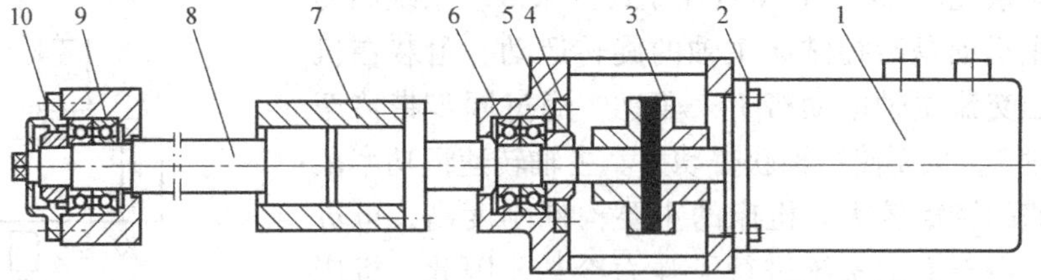

图 2-15　XK714B 型数控立式铣床 X 轴传动结构

1—交流伺服电动机　2—螺钉　3—弹性联轴器　4、10—法兰盘　5—锁紧螺母　6、9—丝杠专用轴承　7—螺母座　8—滚珠丝杠

③工作台与导轨镶条的调节。工作台是数控铣床伺服进给系统中的执行部件。XK714B 型数控立式铣床工作台的尺寸如图 2-16 所示。

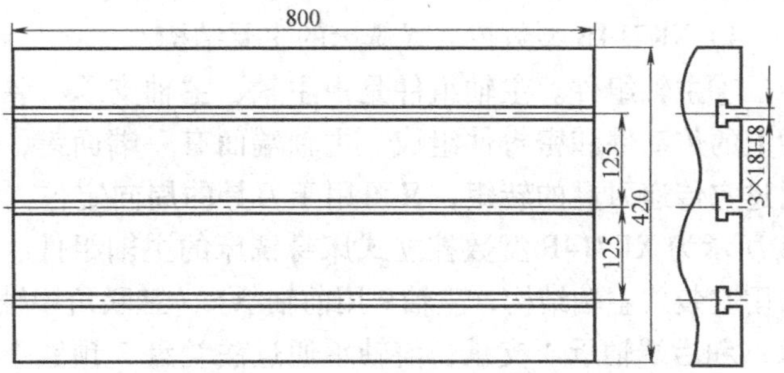

图 2-16　XK714B 型数控立式铣床工作台的尺寸

导轨用来支撑和引导运动部件沿着直线或圆周方向准确运动。当数控铣床工作一段时间后，导轨会产生磨损，从而出现过大间隙，影响工作精度和性能，此时镶条需要调整；调整时不要将镶条收得太紧，以免造成导轨加速磨损。

X 轴上的镶条有两根，在工作台导轨的左右两端：Y、Z 轴都只有一根镶条。

X 轴镶条的调节方法如下：用内六角扳手松开止退螺钉，用螺钉旋具收紧（顺时针方向旋转）镶条螺栓，然后把止退螺钉锁紧，如图 2-17 所示。

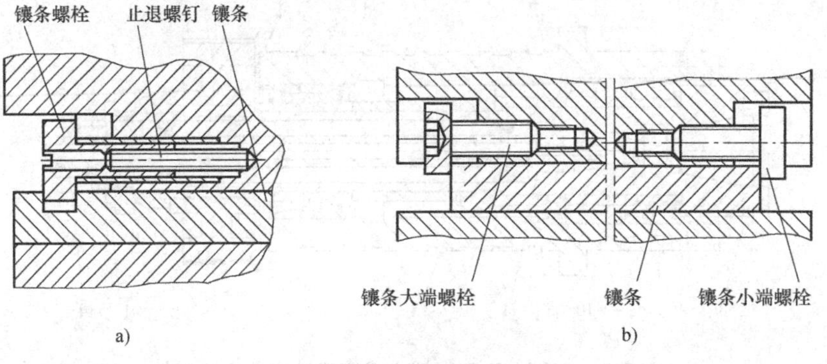

图 2-17　导轨镶条的调节

a）X 轴镶条　b）Y、Z 轴镶条

Y、*Z* 轴镶条的调节方法如下：用内六角扳手松开镶条小端螺栓（逆时针方向旋转），再用内六角扳手将镶条大端螺栓顺时针旋紧至适当位置，最后将镶条小端螺栓锁紧，如图2-17 所示。

（二）刨床

刨床主要用于加工各种平面（如水平面、垂直面及斜面等）和沟槽（如T形槽、燕尾槽、V形槽等）。

刨床的主运动是刀具或工件所做的直线往复运动。它只在一个运动方向上进行切削，称为工作行程，返回时不进行切削，称为空行程。进给运动由刀具或工件完成，其方向与主运动方向垂直，它是在空行程结束后的短时间内进行的，因而是一种间歇运动。

刨床主要有牛头刨床和龙门刨床两种类型。

1. 牛头刨床

图2-18 所示为牛头刨床，因其滑枕刀架形似“牛头”而得名，它主要用于加工小型零件。牛头刨床的主运动机构装在床身4内，由主运动机构带动滑枕3沿床身顶部的水平导轨作往复直线运动。刀架可以沿刀架座上的导轨上下移动（一般为手动），以调整刨削深度，以及在加工垂直平面和斜面时作进给运动。调整转盘2，可使刀架左右回转60°，以便加工斜面或斜槽。加工时，工作台6带动工件沿横梁5作间歇横向进给运动。横梁5可沿床身的垂直导轨上下移动，以调整工件与刨刀的相对位置。

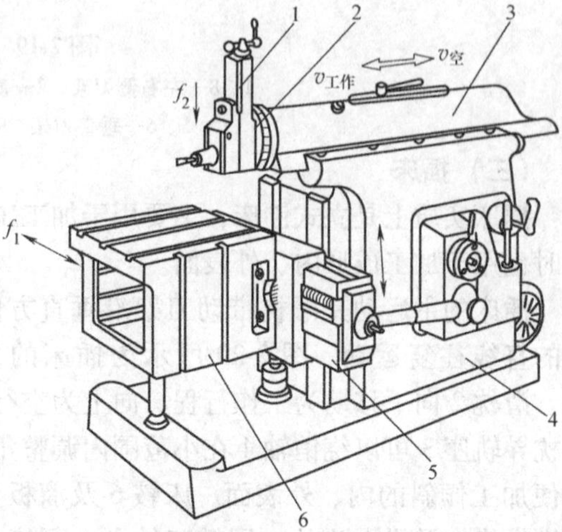

图2-18　牛头刨床

1—刀架　2—转盘　3—滑枕　4—床身
5—横梁　6—工作台

牛头刨床主运动的传动方式有机械和液压两种。机械传动常采用曲柄摇杆机构，其结构简单，工作可靠，维修方便。液压传动能传递较大的动力，可实现无级调速，运动平稳，但结构复杂，成本高，一般用于规格较大的牛头刨床。

牛头刨床适用于单件小批生产。

2. 龙门刨床

龙门刨床主要用于加工大型或重型零件上的各种平面、沟槽和各种导轨面，也可在工作台上一次装夹数个中小型工件进行多件加工。

图2-19 所示为龙门刨床。龙门刨床的主运动是工作台9沿床身10上的水平导轨所做的直线运动。床身10的两侧固定有左右立柱3和7，两立柱顶部通过顶梁4连接，形成结构刚度较好的龙门框架。横梁2上装有两个垂直刀架5和6，可在横梁导轨上做水平方向（横向）进给运动。横梁2可沿立柱的导轨做垂直升降以调整垂直刀架的位置，适应不同高度工件的加工需要。加工时，横梁由夹紧机构夹紧在两个立柱上。两个立柱上分别装有左右侧刀架1和8，侧刀架可沿垂直方向做进给运动，以加工侧平面。垂直刀架可绕水平轴线调整角度，以加工斜面或斜槽。

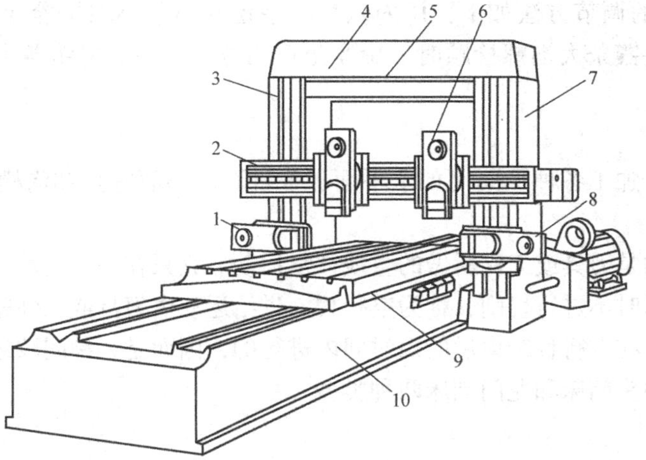

图 2-19　龙门刨床

1、8—左右侧刀架　2—横梁　3、7—立柱　4—顶梁
5、6—垂直刀架　9—工作台　10—床身

（三）插床

插床实质上是立式刨床，主要用于加工工件的内表面，如内孔中的键槽及多边形孔等，有时也用于加工成形内、外表面。

插床的主运动是滑枕带动刀架沿垂直方向所做的直线往复运动。图 2-20 所示为插床的外形图。滑枕 2 向下移动为工作行程，向上为空行程。滑枕导轨座 3 可以绕销轴 4 在小范围内调整角度，以便加工倾斜的内、外表面。床鞍 6 及溜板 7 可分别做横向及纵向进给，回转工作台 1 可绕垂直轴线旋转，完成圆周进给或进行分度。回转工作台在上述各方向的进给运动是在滑枕空行程结束后的短时间内进行的。回转工作台的分度通过分度装置 5 实现。

插床适用于单件小批生产。

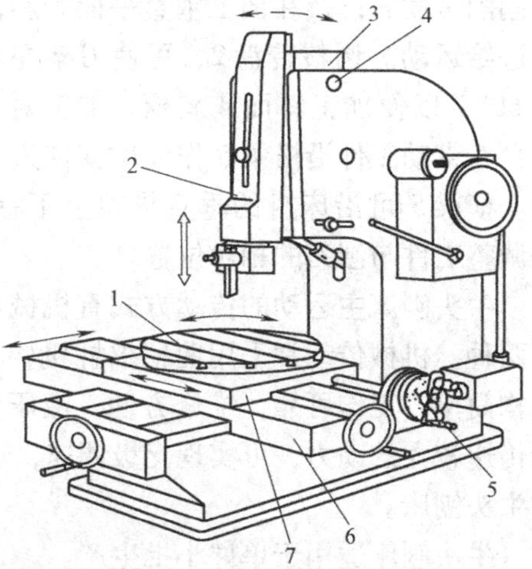

图 2-20　插床

1—回转工作台　2—滑枕　3—滑枕导轨座
4—销轴　5—分度装置　6—床鞍　7—溜板

（四）拉床

拉床是用拉刀进行加工的机床，主要用于加工各种形状的通孔、平面及成形表面等。

拉床按其加工的表面所处位置分类，可分为内表面拉床（内拉床）和外表面拉床（外拉床）；按拉床的结构和布局形式，又可分为立式拉床、卧式拉床和连续式拉床等。以下简介各式拉床。

1. 卧式内拉床

图 2-21 所示为卧式内拉床。在床身 1 的内部有水平安装的液压缸 2，通过活塞杆带动拉刀做水平移动，实现拉削的主运动。拉削时，工件可直接以其端面紧靠在支承座上定位，这种定位方式对工件基准端面与孔轴线的垂直度要求较高，一般由前道工序保证，也可采用球面垫圈定位。这种直接定位方式不受工件端面与孔轴线的垂直度误差影响。

护送夹头 5 及滚柱 4 用以支承拉刀。开始拉削前，护送夹头 5 和滚柱 4 向左移动，使拉刀通过工件预制孔，并把拉刀左端柄部插入拉刀夹头。加工时，滚柱 4 下降，只起定位作用。

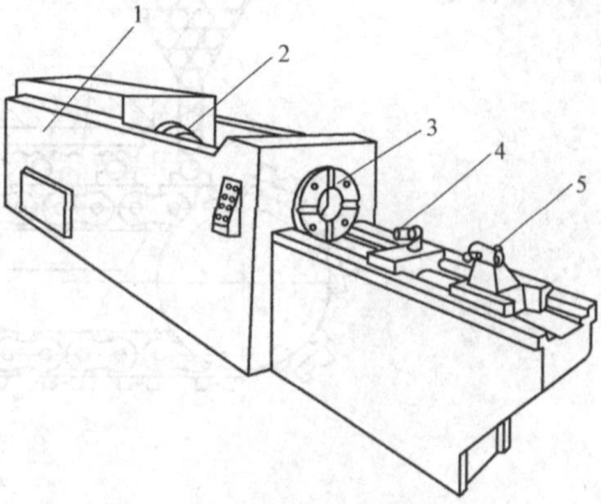

图 2-21　卧式内拉床

1—床身　2—液压缸　3—支承座

4—滚柱　5—护送夹头

2. 立式拉床

立式拉床按其加工表面所处位置可分为立式内拉床和立式外拉床两类。

图 2-22 所示为立式内拉床，这种拉床可用拉刀或推刀加工工件内表面。用拉刀加工时，工件以端面紧靠在工作台 2 的上平面上，拉刀由滑座 4 上的上支架 3 支承，自上向下插入工件的预制孔及工作台的孔中，将其下端刀柄夹持在滑座 4 的下支架 1 上，滑座 4 由液压缸驱动向下移动，进行拉削加工。用推刀加工时，工件也是装在工作台的上表面上，推刀刀支架在上支架 3 上，自上向下移动进行加工。

图 2-23 所示为立式外拉床。固定有外拉刀 3 的滑块 2 可沿床身 4 的垂直导轨移动。工件装夹在工作台 1 的夹具中，拉刀随滑块向下移动完成工件外表面的拉削加工。工作台可做横向移动，以调整切削深度，并在刀具回程时退离工件。

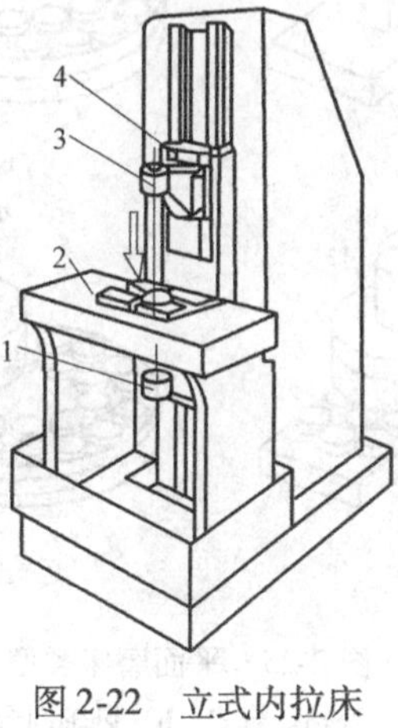

图 2-22　立式内拉床

1—下支架　2—工作台　3—上支架　4—滑座

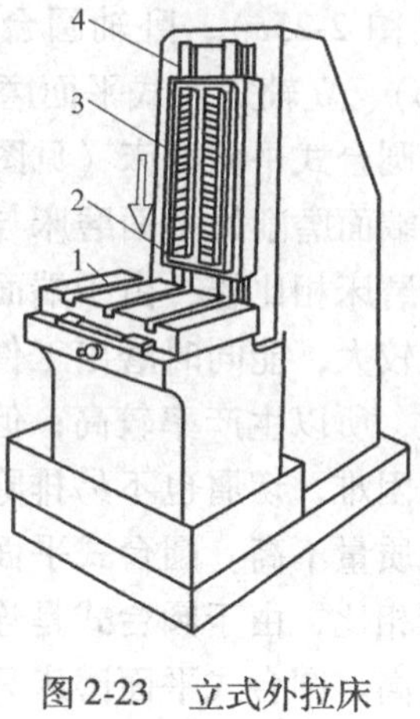

图 2-23　立式外拉床

1—工作台　2—滑块　3—外拉刀　4—床身

3. 连续式拉床（链条式拉床）

图 2-24 所示为连续式拉床的工作原理图。链轮 4 带动链条 7 以拉削速度移动。链条上装有多个随行夹具 6。工件 1 在位置 *A* 处装夹在夹具中，工件随夹具沿床身导轨 2 滑动，经过固定在上方的拉刀 3 时表面被拉削，移至 *B* 处时夹具夹爪自动松开，工件落入成品收集箱 5 内。由于这种拉床可连续加工，因而生产率高，常用于大批量生产中的中小型零件的外表面加工，如汽车、拖拉机连杆的连接平面及半圆凹面等。

（五）平面磨床

平面磨床用于磨削各种零件的平面。根据砂轮的工作面不同，平面磨床可分为用砂轮轮

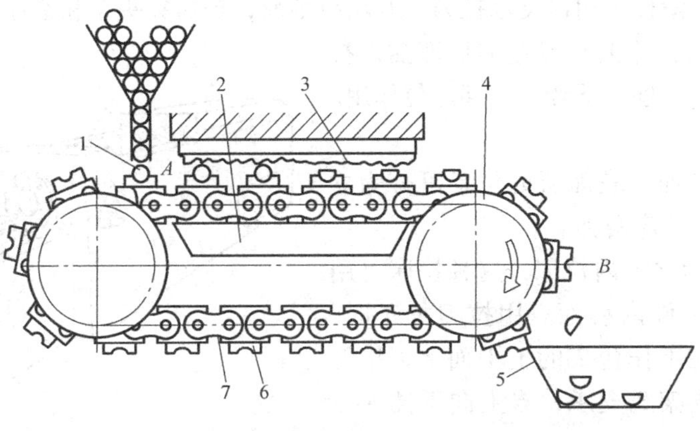

图 2-24　连续式拉床工作原理

1—工件　2—床身导轨　3—拉刀　4—链轮　5—成品收集箱

6—随行夹具　7—链条

缘（即圆周）进行磨削和砂轮端面进行磨削两类。用砂轮轮缘磨削的平面磨床，砂轮主轴常处于水平位置（卧式）；而用砂轮端面磨削的平面磨床，砂轮主轴通常为立式的。根据工作台的形状不同，平面磨床又可分为矩形工作台和回转工作台两类。

因此，根据砂轮工作面和工作台形状的不同，普通平面磨床可分为四类：卧轴矩台式平面磨床（见图 2-25a）、卧轴圆台式平面磨床（见图 2-25b）、立轴矩台式平面磨床（见图 2-25c）、立轴圆台式平面磨床（见图 2-25d）。

用砂轮端面磨削的平面磨床与用砂轮轮缘磨削的平面磨床相比较，由于端面磨削的砂轮直径往往比较大，能同时磨出工件的全宽，磨削面积较大，所以生产率较高；但是，端面磨削时，冷却困难，切屑也不易排除，所以加工精度和表面质量不高。圆台式平面磨床与矩台式平面磨床相比，由于圆台式是连续进给，因而生产率较高。圆台式平面磨床只适用于磨削小零件和大直径的环形零件端面，不能磨削长零件；而矩台式平面磨床可方便磨削各种常用零件，包括直径小于矩台宽度的环形零件。

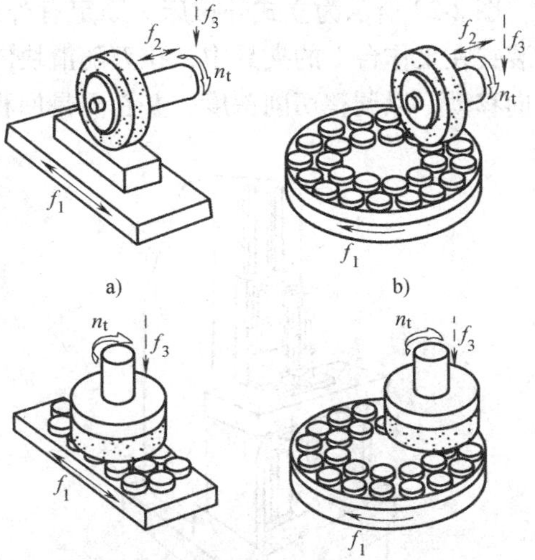

图 2-25　平面磨床类型

a）卧轴矩台式　b）卧轴圆台式

c）立轴矩台式　d）立轴圆台式

在机械制造行业中，用得较多的是卧轴矩台式平面磨床和立轴圆台式平面磨床。

四、思考与练习

1. 试述普通铣床的组成。

2. 对下面平面选用适宜的加工设备：

1）加工 100～300mm，*Ra* 值为 0.8μm 的矩形平面。

2）大批量生产齿轮内孔的键槽。

3）光轴上加工平键槽。

4）车床的导轨面。

3. 平面加工的机床有哪些？各适用什么场合？

4. 数控铣床有哪些类型？与普通铣床比较有何特点？

5. 试述选择机械加工设备的原则。

模块2　异形件机械加工工艺装备的选择

一、教学目标

最终目标：会合理地选择异形件的工艺装备。

促成目标：

1）了解各种类型的平面加工刀具的特点及使用范围。

2）会正确选用各种铣刀。

3）能根据工件不同形状的表面加工要求，合理选用刀具。

二、案例分析

案例精选　根据图1-1所示CL6140-20029拨叉零件图给出的信息及各加工表面的加工方案（见表1-3），选择各工序的工艺装备。

（一）工艺装备选择的方法

工艺装备的选择包括夹具、刀具、量具的选择。工艺装备选择的是否合理，直接影响到工序的加工精度、生产效率和经济性，应结合生产类型、具体加工条件、工件的结构特点和技术要求等进行选择。

1. 夹具的选择

对于单件小批生产，应尽量选择通用夹具。如果条件具备，为了提高生产率和加工精度，可选用组合夹具。大批大量生产，应选择生产率和自动化程度高的专用夹具。多品种中、小批生产可选用可调夹具或成组夹具。

2. 刀具的选择

一般应选用标准刀具，必要时可选择各种高生产率的复合刀具及其他一些专用刀具。刀具的类型、规格及精度应与工件的加工要求相适应。

3. 量具的选择

单件、小批生产应选择通用量具，如游标卡尺、千分尺和千分表等。所选量具的量程和精度要与工件的尺寸和精度相适应。大批量生产应尽量选择效率较高的专用量具，如各种极限量规、专用检验夹具和测量仪器等。

（二）CL6140-20029拨叉的工艺装备选择

1. 夹具的选择

因为拨叉外形不规则，在车床上不能采用自定心卡盘，虽然可以选用单动卡盘，但装夹过程需要调整定心，影响效率，不适于批量生产较大时使用。批量大时应选用专用夹具。本案例在车削加工、铣削加工、钻削加工时都需用专用夹具。

2. 刀具的选择

（1）工序5、6　本道工序是在车床上车削拨叉两端面及钻、铰拨叉轴孔。车端面选用硬质合金标准车刀即可，钻 ϕ20H7 孔选用锥柄麻花钻，铰孔采用硬质合金机用铰刀。

（2）工序7　刨削拨叉脚顶面，选用标准平面刨刀。

（3）工序8　在车床上车削拨叉脚圆弧面及右端台阶面 D，选择硬质合金 45°直角内孔车刀。

（4）工序9　在立铣床上铣削加工拨叉轴孔 ϕ20H7 顶面。根据零件图可知，工件铣削面尺寸为 40mm×48mm，中批生产，材料为铸铁，因此刀具类型可选择面铣刀，材料为硬质合金钢，铣刀直径 $d=80$mm。

（5）工序10、11　加工 ϕ10H7、ϕ10.2mm 孔。由于钻孔直径较小，故可采用专用夹具在台式钻床上加工，选用相应尺寸、精度的锥柄麻花钻及硬质合金钢机用铰刀。

3. 量具的选择

该拨叉为小批生产，应选择通用量具，如游标卡尺、千分尺和千分表等。所选量具的量程和精度要与工件的尺寸和精度相适应。

三、相关知识

（一）铣削加工工艺装备

1. 铣刀

（1）铣刀的种类　铣刀的种类很多，按用途分有：加工平面用的，如圆柱形铣刀、面铣刀等；加工沟槽用的，如立铣刀、两面刃或三面刃铣刀、锯片铣刀、角度铣刀等；加工成形表面用的，如凸半圆铣刀、凹半圆铣刀、加工其他复杂成形表面用的铣刀等。以下介绍各类铣刀的结构特点及应用范围。

1）圆柱铣刀。圆柱铣刀如图 2-26 所示，螺旋形切削刃分布在圆柱表面，没有副切削刃，主要用于卧式铣床上铣平面。螺旋形的刀齿切削时是逐渐切入和脱离工件的，所以切削过程比较平稳，一般适用于加工宽度小于铣刀长度的狭长平面。一般圆柱铣刀都用高速钢制成整体式，根据加工要求不同有粗齿、细齿之分。粗齿的容屑槽大，用于粗加工；细齿的容屑槽小，用于半精加工。圆柱铣刀外径较大时，常制成镶齿式。

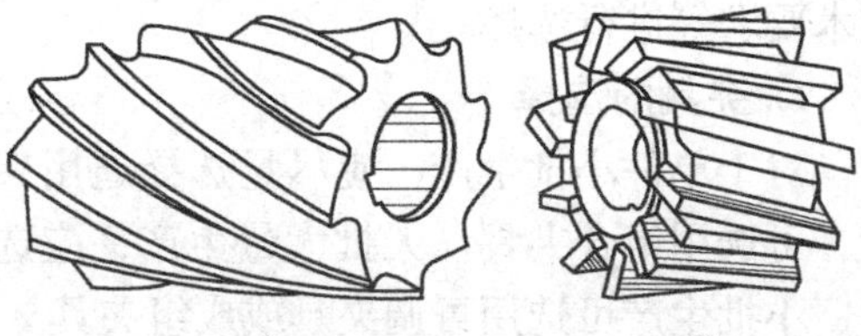

图 2-26　圆柱铣刀
a）整体式　b）镶齿式

2）面铣刀。面铣刀如图 2-27 所示，其切削刃位于圆柱的端头，圆柱或圆柱面上的刃口为主切削刃，端面切削刃为副切削刃。铣削时，铣刀的轴线垂直于被加工表面，适用于在立铣床上加工平面。用面铣刀加工平面，同时参加切削的刀齿较多，又有副切削刃的修光作用，故加工表面的表面粗糙度值较小，因此，可以采用较大的切削用量，大平面铣削时都采用面铣刀铣削，生产率较高。小直径面铣刀用高速钢做成整体式，大直径面铣刀是在刀体上装焊接式硬质合金刀片，或采用机械夹固式可转位硬质合金刀片。

3）立铣刀。立铣刀相当于带柄的在轴端有副切削刃的小直径圆柱铣刀，因此，既可作

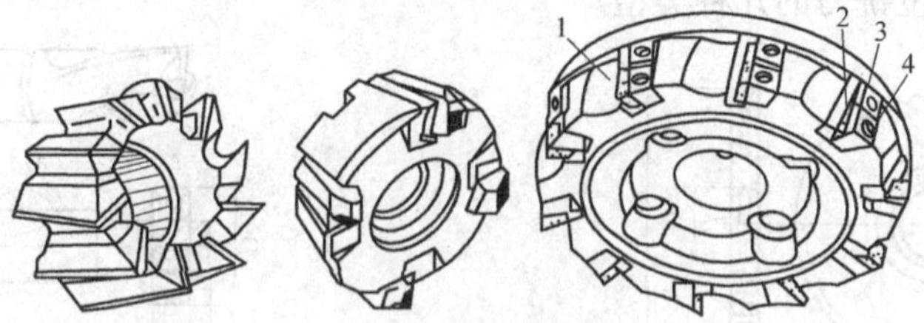

图 2-27　面铣刀

a）整体式刀片　b）装焊接式硬质合金刀片　c）机械夹固式可转位硬质合金刀片

1—刀体　2—定位套　3—定位座夹板　4—刀片夹板

圆柱铣刀用，又可以利用端部的副切削刃起面铣刀的作用。各种立铣刀如图 2-28 所示，它以柄部装夹在立铣头主轴中，可以铣削窄平面、直角台阶、平底槽等，应用十分广泛。另外，还有粗齿大螺旋角立铣刀、玉米铣刀、硬质合金波形刃立铣刀等，它们的直径较大，可以采用大的进给量，生产效率很高。

4）三面刃铣刀。三面刃铣刀又称盘铣刀，如图 2-29 所示。由于在刀体的圆周上及两侧环形端面上均有切削刃，所以称为三面刃铣刀。它主要用在卧式铣床上加工台阶面和一端或两端贯通的浅沟槽。三面刃铣刀的圆周切削刃为主切削刃，侧面切削刃是副切削刃，只对加工侧面起修光作用。三面刃铣刀有直齿和交错齿两种，交错齿三面刃铣刀能改善两侧的切削性能，有利于沟槽的切削加工。直径较大的三面刃铣刀常采用镶齿结构，直径较小的往往用高速钢制成整体式。

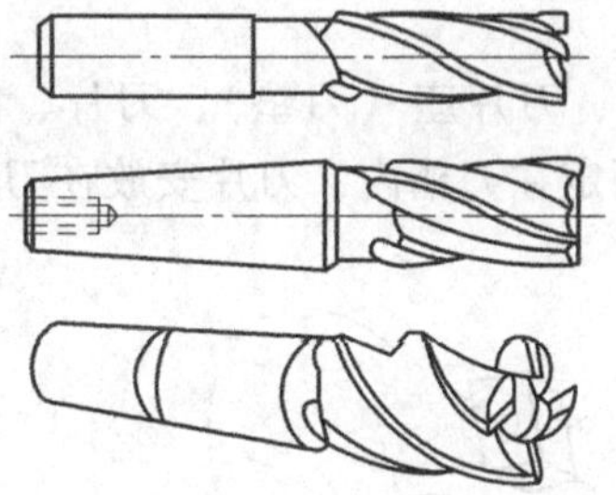

图 2-28　立铣刀

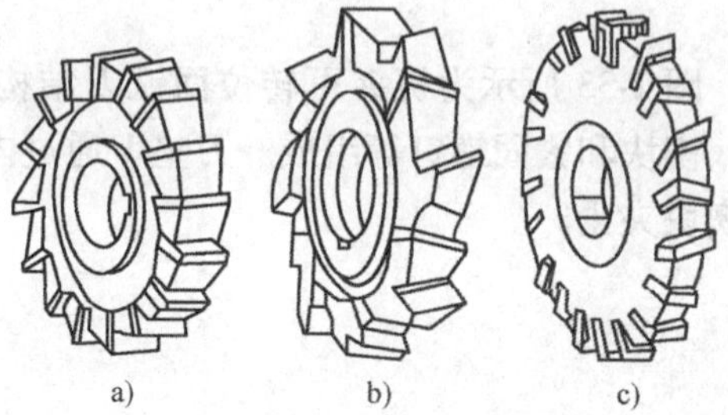

图 2-29　三面刃铣刀

a）直齿　b）交错齿　c）镶齿

5）锯片铣刀。锯片铣刀如图 2-30 所示，它本身很薄，只在圆周上有刀齿，主要用于切断工件和在工件上铣窄槽。为避免夹刀，其厚度由边缘向中心减薄，使两侧形成副偏角。还有一种切口铣刀，它的结构与锯片铣刀相同，只是外径比锯片铣刀小，齿数更多，适用于在较薄的工件上铣狭窄的切口。

6）键槽铣刀。键槽铣刀如图 2-31 所示，主要用来铣轴上的键槽。它的外形与立铣刀相似，不同的是它在圆周上只有两个螺旋刀齿，其端面刀齿的切削刃延伸至中心，因此在铣两端不通的键槽时，可以作适量的轴向进给。还有一种半圆键槽铣刀，专用于铣轴上的半圆键槽。

7）可转位铣刀。可转位铣刀是将可转位刀片通过夹紧元件固定在刀体上，当刀片的一个切削刃用钝后，直接在机床上将刀片转位或更换新刀片。因此，这种铣刀在提高产品质量、加工效率，降低成本，操作使用方便等方面都具有明显的优越性，目前已得到广泛应用。图 2-32 为可转位铣刀的几种类型。

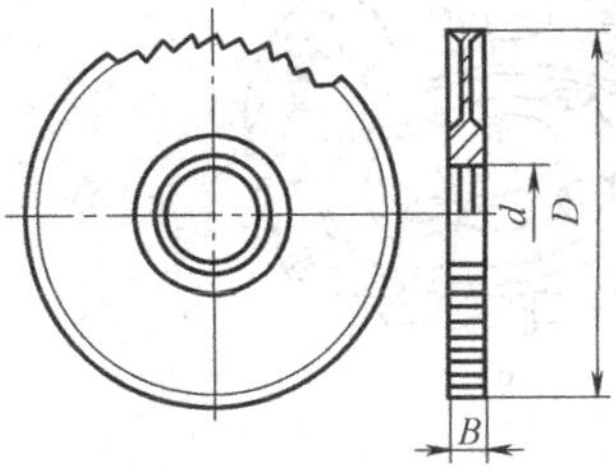

图 2-30 锯片铣刀

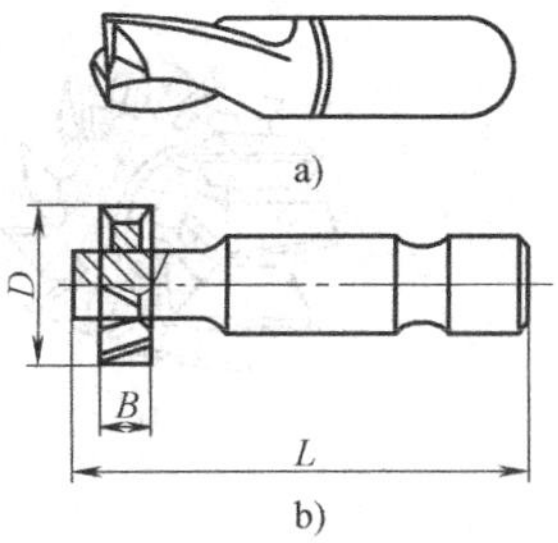

图 2-31 键槽铣刀

a）键槽铣刀 b）半圆键槽铣刀

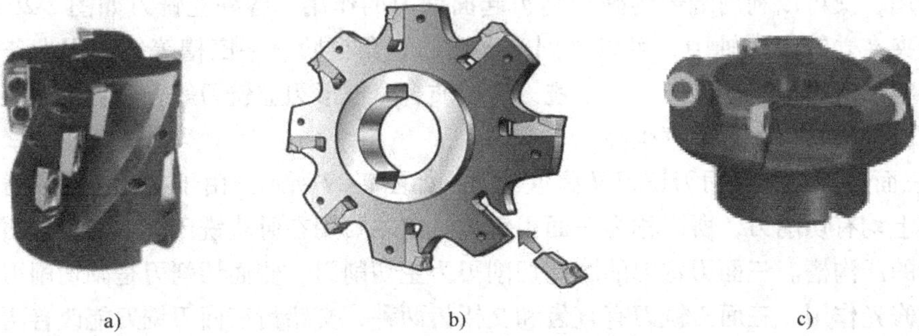

图 2-32 可转位铣刀

a）可转位螺旋立铣刀 b）可转位三面刃铣刀 c）可转位端面铣刀

图 2-33 所示为机夹可转位面铣刀结构。它由刀体、刀片座（刀垫）、刀片、内六角螺钉、楔块和紧固螺钉等组成。刀垫 1 通过内六角螺钉固定在刀槽内，刀片安放在刀垫上并通过楔块夹紧。

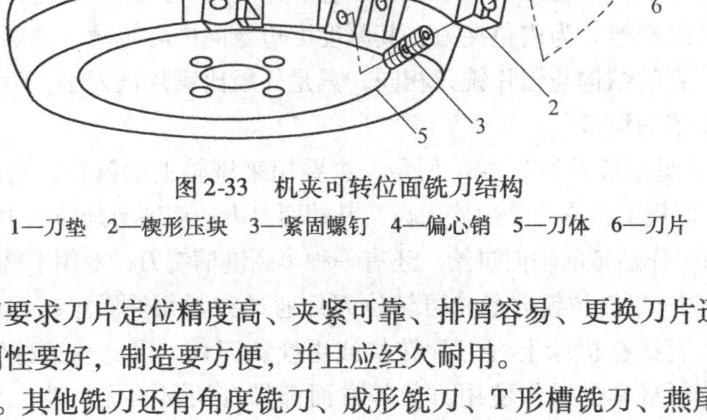

图 2-33 机夹可转位面铣刀结构

1—刀垫 2—楔形压块 3—紧固螺钉 4—偏心销 5—刀体 6—刀片

可转位式铣刀要求刀片定位精度高、夹紧可靠、排屑容易、更换刀片迅速等，同时各定位、夹紧元件通用性要好，制造要方便，并且应经久耐用。

8）其他铣刀。其他铣刀还有角度铣刀、成形铣刀、T 形槽铣刀、燕尾槽铣刀、仿形铣和数控铣用的指形齿轮铣刀等，统称为特种铣刀，如图2-34所示。

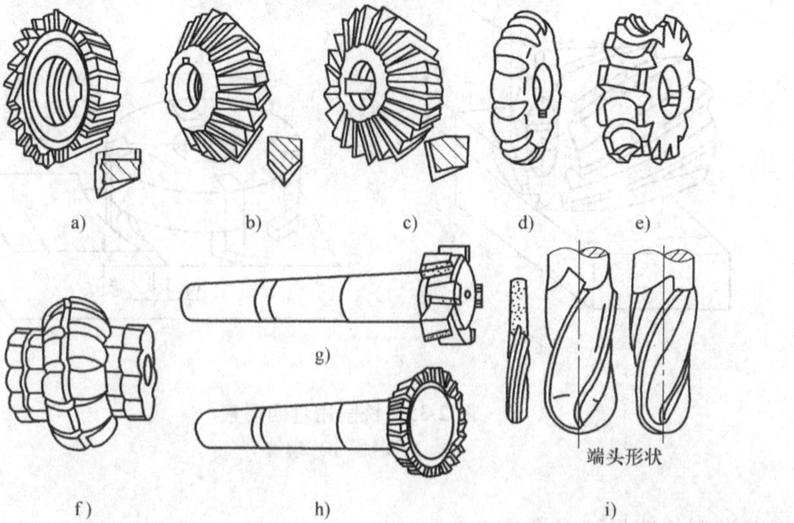

图2-34　特种铣刀

a)、b)、c) 角度铣刀　d)、e)、f) 成形铣刀　g) T形铣刀　h) 燕尾槽铣刀　i) 指形齿轮铣刀

(2) 销削要素　铣刀种类繁多，但从铣削原理看又可以概括为端铣和周铣两类，其典型刀具是面铣刀和圆柱平面铣刀。铣削用量包括下列四个要素。

1) 铣削速度 v_c (m/min)。铣削速度是指铣刀旋转时的线速度。

2) 进给量。铣削时的进给量有三种表示方法。

①每转进给量 f (mm/r)：指铣刀每转一转时，工件相对于铣刀沿进给方向移动的距离。

②每齿进给量 f_z (mm)：指铣刀每转过一个齿的角度时，工件相对于铣刀沿进给方向移动的距离。

③进给速度 v_f (mm/min)：指每分钟工件相对于铣刀沿进给方向移动的距离。也就是铣床工作台的进给速度。

每齿进给量根据刀齿的强度、切削层厚度、容屑情况进行选择。每转进给量与已加工表面粗糙度关系密切，精铣和半精铣时按每转进给量进行选择。由于数控铣床主运动和进给运动是由两个伺服电动机分别传动，它们之间没有内部联系。无论按每齿进给量 f_z，还是按每转进给量 f 选择，最后均得计算出进给速度 v_f。

3) 背吃刀量 a_p (mm)。如图2-35所示，它是平行于铣刀轴线方向度量的切削层尺寸。端铣时，a_p 为切削层深度；而圆周铣削时，a_p 为被加工表面的宽度。

4) 侧吃刀量 a_e (mm)。它是垂直于铣刀轴线方向和进给方向度量的切削层尺寸。端铣时，a_e 为被加工表面宽度；而圆周铣削时，a_e 为切削层的深度。

特别需要注意的是，上述定义方法所确定的背吃刀量 a_p 和侧吃刀量 a_e，对于面铣刀、立铣刀铣削水平面时，与人们的一般概念是一致的；但对于圆柱铣刀或立铣刀加工垂直平面、轮廓面时，则与一般概念相反。这样规定的目的是为了统一切削力等计算公式的形式和符号。

(3) 铣刀的选择　首先选用铣刀类型，其次选择刀具的材料、齿数、直径等。

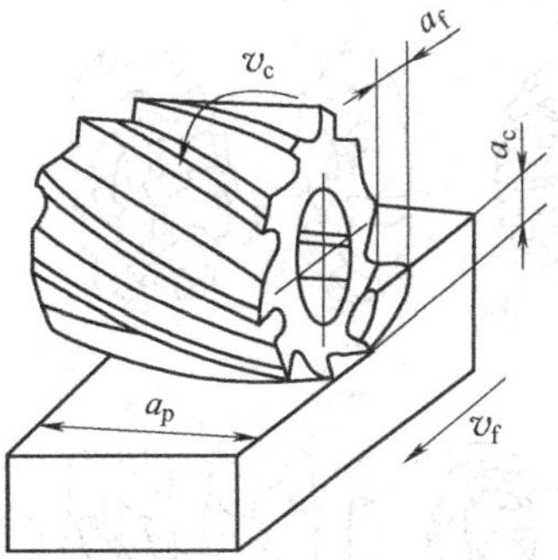

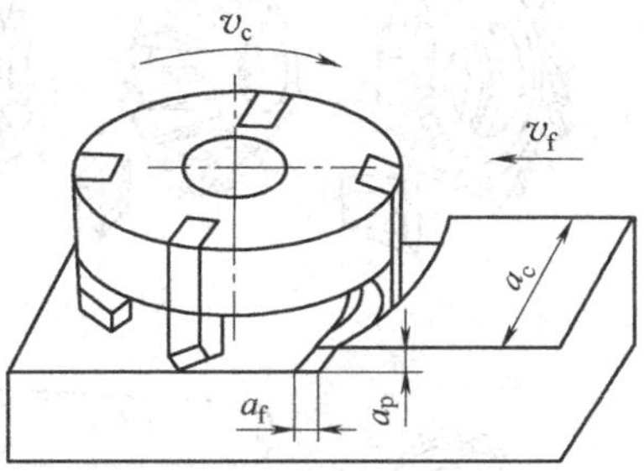

图 2-35　铣削用量四要素

a）周铣　b）端铣

1）铣刀类型的选择可参考表 2-1。

表 2-1　铣刀种类与应用范围

铣刀名称、种类		应用范围
圆柱形铣刀	粗齿圆柱形铣刀	粗、半精加工各种平面 粗铣 $a_e=3\sim8$mm；半精铣 $a_e=1\sim2$mm（用于粗加工后不换铣刀）；半精铣 $a_e=3\sim4$mm（不经预先粗加工）
圆柱形铣刀	细齿圆柱形铣刀	粗铣刚度差的零件 $a_e=3\sim5$mm；半精铣 $a_e=1\sim2$mm；不经预先粗加工的半精铣 $a_e=3\sim4$mm
圆柱形铣刀	组合圆柱形铣刀	在刚度高、功率大的专用机床上一次行程粗铣宽平面（≤150～200mm），$a_e=5\sim12$mm
面铣刀	整体套式面铣刀：粗齿面铣刀	粗、半精、精加工各种平面 粗铣 $a_p=3\sim8$mm；半精铣 $a_p=1\sim2$mm；用于粗加工后不换铣刀，不经预先粗加工的半精铣 $a_p=3\sim4$mm
面铣刀	细齿面铣刀	粗铣刚度低的零件 $a_p=3\sim5$mm，半精铣 $a_p=1\sim2$mm，不经预先粗加工的半精铣 $a_p=3\sim4$mm
面铣刀	镶齿套式面铣刀：高速钢面铣刀	粗铣 $a_p=3\sim8$mm，半精铣 $a_p=1\sim2$mm，不经预先粗加工的半精铣 $a_p=3\sim4$mm
面铣刀	硬质合金面铣刀	粗、精铣钢及铸铁
立铣刀	粗齿立铣刀、中齿立铣刀、细齿立铣刀、套式立铣刀、模具立铣刀	粗铣、半精铣平面，加工沟槽表面、台阶表面、按靠模铣曲线表面
三面刃铣刀	整体的直齿三面刃铣刀、交错齿三面刃铣刀	粗、半精、精加工沟槽表面 铣槽 $a_p=6\sim16$mm，$a_e\leqslant18$mm，铣侧面及凸台，$a_e\leqslant20$mm
三面刃铣刀	镶齿三面刃铣刀	铣槽 $a_p=12\sim40$mm，$a_e\leqslant40$mm 铣侧面及凸台，$a_e\leqslant60$mm

（续）

铣刀名称、种类		应用范围
锯片铣刀	粗齿、中齿、细齿锯片铣刀	加工窄槽表面、切断，细齿加工钢及铸铁，粗齿加工轻合金及非铁金属
	螺钉槽铣刀	加工窄槽、螺钉槽表面
	镶片圆锯	切断
键槽铣刀	平键槽铣刀、半圆键槽铣刀	加工平键键槽、半圆键键槽
	T形槽铣刀	加工T形槽表面
	燕尾槽铣刀	加工燕尾槽表面
角铣刀	单角铣刀、对称及不对称双角铣刀	加工各种角度沟槽表面（角度为18°~90°）
成形铣刀	铲齿成形铣刀、尖齿成形铣刀、凸半圆铣刀、凹半圆铣刀、圆角铣刀	加工凸凹半圆曲面、圆角及各种成形表面
	花键铣刀	铣花键及槽，粗齿 $a_e \leqslant 15$mm，细齿 $a_e \leqslant 5$mm

2）铣刀齿数的选择。铣刀齿数分为粗齿和细齿，粗齿铣刀在刀体上刀齿稀，齿槽角大，所以排屑方便；细齿铣刀的刀齿较密，加工中能获得光洁表面。实际生产中，往往结合工件材料和加工要求选择刀齿数；铣削塑性材料或粗加工时，选用粗齿铣刀，铣削脆性材料半精加工、精加工时，选中、细齿铣刀。

3）铣刀的直径大小的选择与加工表面的大小和分布位置、加工表面至夹具夹紧件间的距离，以及加工表面至铣刀刀杆间的距离有关。铣刀直径 d 可根据铣削背吃刀量 a_p、铣削宽度 a_e 按表2-2参考选择。

表2-2　铣刀直径选择　（单位：mm）

圆柱形铣刀

铣切深度	5	8	10
铣切宽度	70	90	100
铣刀直径	60~75	90~110	110~130

套式面铣刀

铣切深度	4	4	5	6	6	8	10
铣切宽度	40	60	90	120	180	200	350
铣刀直径	50~75	75~90	110~130	150~175	200~250	300~350	400~500

三面刃铣刀

铣切深度	8	12	20	40
铣切宽度	20	25	35	50
铣刀直径	60~75	90~110	110~150	175~200

花键槽铣刀、槽铣刀及锯片铣刀

铣切深度	5	10	12	25
铣切宽度	4	4	5	10
铣刀直径	40~60	60~75	75	110

2. 铣床用的通用铣削夹具

铣床用的通用铣削夹具主要有：平口钳、分度头、回转盘等。

（1）平口钳　主要有 QB 系列的机用平口钳（见图 2-36）和可倾斜平口钳（见图 2-37）。机用平口钳由两个钳口组成，一个为固定钳口，用于定位工件用；另一个为活动钳口，用于夹紧工件。定位精度的高低，主要取决于平口钳本身精度的高低。夹紧力主要为丝杠螺母的作用力。平口钳的夹紧部分根据需要在水平平面内可围绕底座中心旋转一定的角度，平口钳底座固定在机床工作台后，要用百分表校正固定钳口与工作台运动方向的平行度，校准精度要与工件的加工精度相匹配。

图 2-36　QB125 型机用平口钳

图 2-37　可倾斜平口钳

QB125 型机用平口钳中的“125”表示平口钳钳口定位块的最大长度为 125mm。

如图 2-37 所示，可倾斜平口钳与普通的机用平口钳的区别为，普通平口钳在水平平面能旋转一定的角度，而可倾斜平口钳在垂直平面内能旋转一定的角度，适合用在加工有斜面或斜孔的场合。

（2）分度头　图 2-38 所示为 F11125 分度头。分度头为铣床必备的附件，结构简单，适应性强，分度精度较高，在分度铣削加工中被广泛应用。分度头一般分为三个部件，即分度头 1、尾座顶尖 2、可调支承 3 等，分度头 1 又由手柄 5、分度板 6、定位手柄 7、弹性定位板 8 及夹紧手柄 9 等部分组成。在主轴部位 4 处可安装用于装夹工件的自定心卡盘或夹具等。

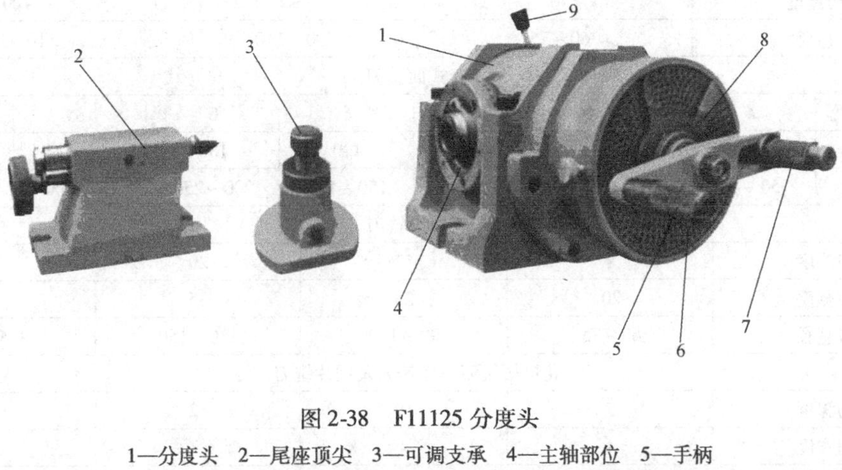

图 2-38　F11125 分度头

1—分度头　2—尾座顶尖　3—可调支承　4—主轴部位　5—手柄
6—分度板　7—定位手柄　8—弹性定位板　9—夹紧手柄

（3）回转盘　图 2-39 所示为手动回转分度盘，是铣削加工较常用的附件，结构简单，适应性强，但分度精度低，利用刻度进行分度，一般用在连续加工的圆柱面的铣削。

（二）拉刀

1. 拉刀的种类

拉刀的种类很多，根据加工表面位置不同可分为内拉刀与外拉刀两类。

图 2-39　手动回转分度盘

内拉刀如图 2-40 所示。内拉刀用于加工工件的内表面，常用的有圆孔拉刀、方孔拉刀、花键拉刀、渐开线拉刀等。外拉刀用于加工工件的外表面，例如平面拉刀、齿槽拉刀、直角拉刀等，如图 2-41 所示。

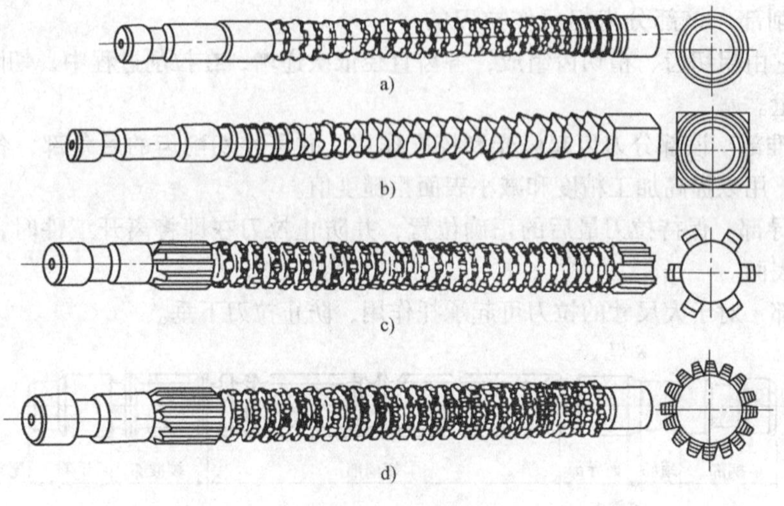

图 2-40　内拉刀

a）圆孔拉刀　b）方孔拉刀　c）花键拉刀　d）渐开线拉刀

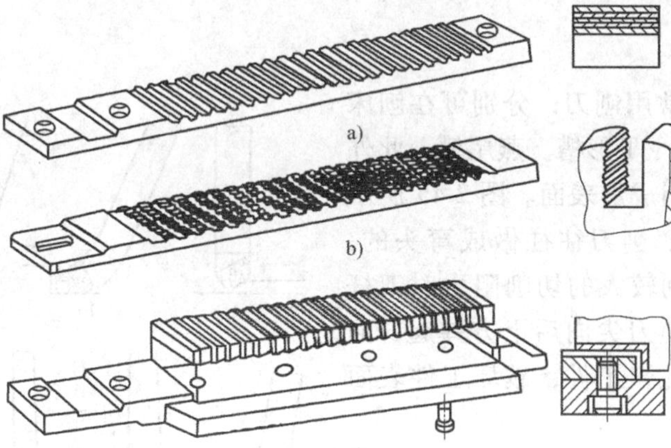

图 2-41　外拉刀

a）平面拉刀　b）齿槽拉刀　c）直角拉刀

图 2-42 所示为拉削内孔中的键槽用的拉刀。拉削时，将工件 2 套在导向心轴 3 上定位，键槽拉刀 1 在心轴槽中移动。在拉刀和槽底间放置垫片 4，用以调节槽的深度。

2. 拉刀的结构

拉刀的种类很多，但其组成部分基本相同，下面以图 2-43 所示的圆孔拉刀为例，说明拉刀的组成部分及其作用。

（1）柄部　柄部与拉床连接，传递动力和运动。

（2）颈部　颈部连接柄部与过渡锥。

（3）过渡锥　该部分引导拉刀逐渐进入工件孔内。

（4）前导部　在切削部进入工件前，引导拉刀正确进入孔内，防止拉刀歪斜。

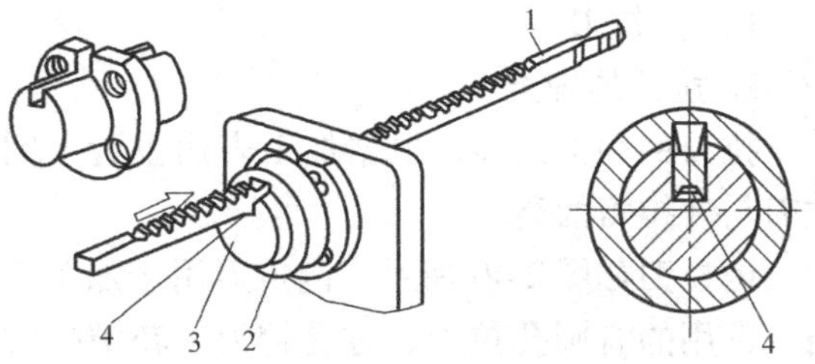

图 2-42　键槽拉刀

1—键槽拉刀　2—工件　3—导向心轴　4—垫片

（5）切削部　该部分齿担负作拉刀的切削工作。它由粗切齿、精切齿组成，各齿直径依次递增，在拉削过程中，切除加工表面的全部加工余量。

（6）校准部　该部分刀齿起修光和校准作用，并可作切削齿的后备部，各齿形状及尺寸完全一致，用以提高加工精度和减小表面粗糙度值。

（7）后导部　保持拉刀最后的正确位置，并防止拉刀在即将离开工件时，工件下垂而损坏已加工表面。

（8）尾部　对于大尺寸的拉刀可起承托作用，防止拉刀下垂。

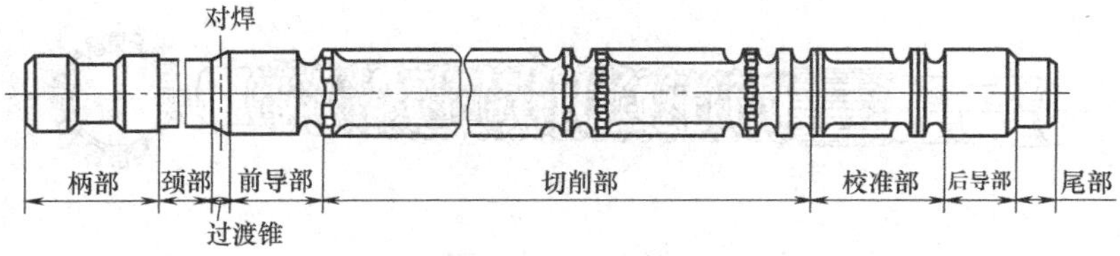

图 2-43　圆孔拉刀结构

（三）刨刀

1. 常用刨刀

图 2-44 所示为常用刨刀，分别可在刨床上刨削平面、台阶面、T 形槽、燕尾槽。此外在刨床上还可以刨削成形表面。图 2-45 所示为直头和弯头刨刀。刨刀往往做成弯头的，因为弯头刨刀在受到较大的切削阻力时刀杆会产生弯曲变形，使刀尖向后上方弹起，而不会像直头刀那样扎入工件，破坏工件表面和损坏刀具。

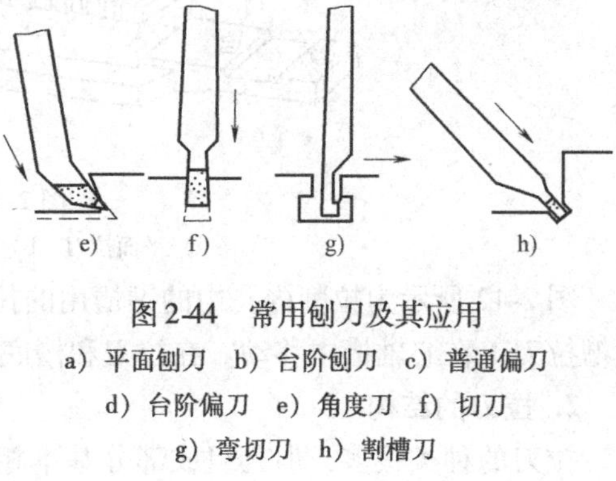

图 2-44　常用刨刀及其应用

a）平面刨刀　b）台阶刨刀　c）普通偏刀　d）台阶偏刀　e）角度刀　f）切刀　g）弯切刀　h）割槽刀

2. 宽刃刨刀

用宽刃刨刀细刨平面能够代替刮研，加工后表面粗糙度 *Ra* 值可为 0.2～0.1μm，生产效率高。宽刃细刨适用于在工艺系统刚度较好的条件下进行。加工时，将工件安装在精度高、刚度好的龙门刨床上，以很低的切削速度从工件表面上切去很薄的一层金属。

一般切削速度为 2 ~ 3m/min，刨削余量：预刨余量 0.08 ~ 0.12mm，终刨余量 0.03 ~ 0.05mm。工件受热变形小，所以能获得高的加工质量。图 2-46 所示为宽刃刨刀。宽刃细刨时，常用的刨刀前角为负值，有挤光作用，后角较小，可以增强后面的支承作用，防止振动。刨削铸铁工件时，工作液通常采用煤油，刨削前先将加工面均匀润湿，或在加工中连续喷注于刨刀的切削刃附近。细刨的零件材料要求组织均匀，硬度一致，预刨和精刨须用两把刨刀。

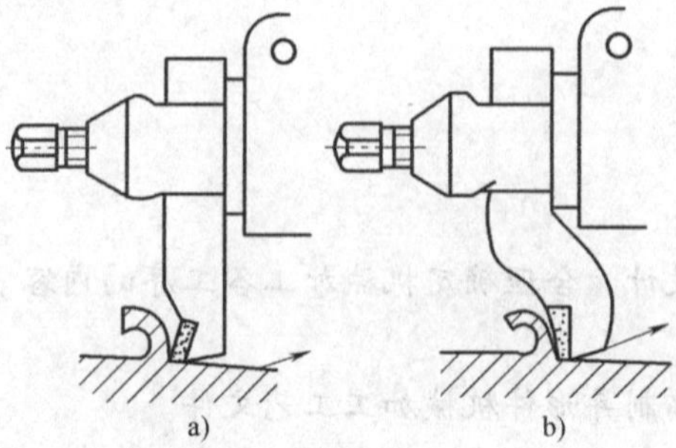

图 2-45　直头刨刀和弯头刨刀
a）直头刨刀　b）弯头刨刀

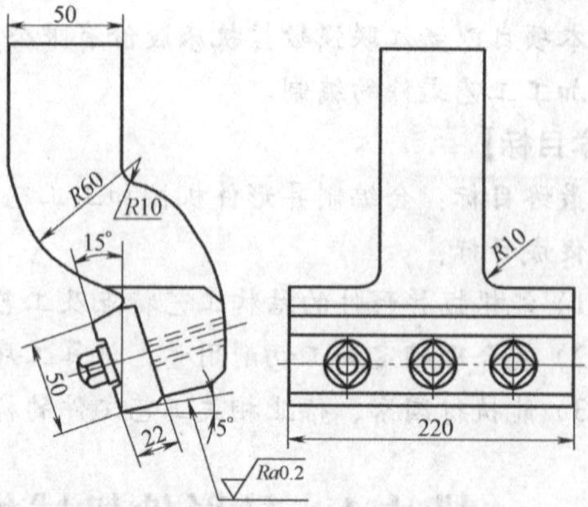

图 2-46　宽刃刨刀

四、思考与练习

1. 在加工中，选择刀具时应考虑哪些问题？
2. 铣床用的通用夹具有哪些？各用于什么场合？
3. 选择量具时，应考虑哪些问题？
4. 铣刀的类型有哪些？各用于什么场合？
5. 铣刀有哪些参数？应如何选择？

项目三　异形件机械加工工艺文件的编制

【项目内容】

本项目以浙江联强数控机床股份有限公司 CL6140 车床的拨叉零件作为典型异形件进行机械加工工艺文件的编制。

【教学目标】

最终目标：会编制异形件机械加工工艺文件。

促成目标：

1）能根据异形件的结构工艺特点及工艺过程设计，合理确定机械加工各工序的内容。

2）能合理确定加工切削用量，计算工序尺寸。

3）能执行国家、行业相关工艺文件的标准，编制异形件机械加工工艺文件。

模块 1　异形件机械加工工艺文件的具体编制

一、教学目标

最终目标：能编制异形件机械加工工艺文件。

促成目标：

1）能合理选择和确定工序基准。

2）会合理确定铣削用量。

3）会计算工序尺寸、工时定额、材料定额。

4）会编写异形件机械加工工序卡。

二、案例分析

案例精选　据图 1-1 所示 CL6140-20029 拨叉工艺过程的设计，确定该零件加工过程的各工序内容并编制工艺文件。

机械加工工序卡的编制就是要确定加工过程中各工序的工步内容、工序尺寸，确定切削用量，选择工装，确定工时定额等。这里重点以工序 9 铣拨叉轴孔顶面 *C*（操纵杆孔端面）来讲述工序卡的编制过程。

1. 确定本道工序工件的定位基准、装夹方法

根据零件图知 *C* 面为平面，其加工技术要求为：表面粗糙度 *Ra* 值为 3.2μm，表面位置距离 ϕ20mm 孔中心距离有 24mm 的要求，并应与孔中心线平行。

本道工序前，工件除端面及两小孔 ϕ4mm、ϕ10mm 未加工外，其余表面都已加工。所以本道工序基准选择为精基准选择，根据“基准重合”原则，定位基准选择如图 3-1 所示。由于工件加工面小且体积也小，故可采用专用夹具进行多件合铣，以提高生产效率。

2. 确定机械加工余量、工序尺寸及公差

根据前面所述，本道工序铣削加工选用立式铣床 B1-400K，刀具选用高速钢套式面铣刀，直径 ϕ80mm，齿数 $z=10$ 。

（1）加工余量的确定　因加工表面精度要求，加工面需粗铣、半精铣两个工步，查阅相关资料，确定机械加工余量为：

半精铣加工余量 $Z_2=1$mm，根据毛坯余量为 4mm，则粗铣余量为 $Z_1=3$mm。

（2）工序尺寸计算　因加工精度要求不高，加工余量小，故粗铣、半精铣在一道工序内进行，工序尺寸即为加工到零件图样尺寸，如图 3-1 所示。

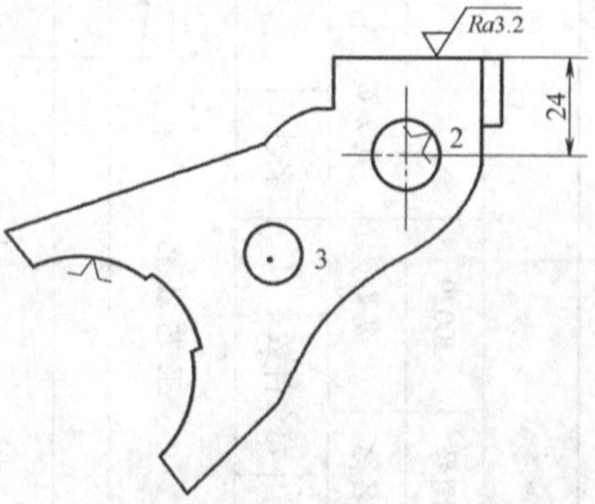

图 3-1　加工拨叉轴孔顶面 C 工序图

3. 选择铣削用量

选择铣削用量的原则是保证铣削加工质量和工艺系统刚度允许的前提下，首先应选择较大的背吃刀量，再选取较大的每齿进给量，然后确定铣削速度。

（1）背吃刀量 a_p 的确定　当铣床功率和系统刚度允许且加工精度不高时，可以一次铣去全部加工余量。当加工精度要求较高或加工表面粗糙度 Ra 值小于 6.3μm 时，应分粗铣和精铣。

因该工序表面粗糙度 Ra 值为 3.2μm，故加工分粗铣、半精铣两个工步。

确定粗铣工步的背吃刀量 a_{p1} 取为 Z_1，即 $a_{p1}=3$mm，而工步 2 的背吃刀量 a_{p2} 取为 Z_2，即 $a_{p2}=1$mm。

（2）进给量 f 的确定　粗铣时，进给量的提高主要受刀齿强度及机床、夹具等工艺系统刚度的限制；精铣时，限制进给量的主要因素是加工精度和表面粗糙度。在精铣时，在考虑每齿进给量的同时，还要考虑每转进给量。

由于这两个工步是在一台机床上经一次进给加工完成的，加工精度要求不高，背吃刀量相差不大，因此它们所选用的切削速度 v_c 和进给量 f 可以是一样的。

查阅相关资料，按机床功率为 5 ~ 10kW，工件-夹具系统刚度为中等条件选取，该工序的进给量 $f_z=0.2$mm/z。

（3）铣削速度 v_c 的确定　影响铣削速度的因素有刀具材料的性质、刀具寿命、工件材料的性质、加工条件及冷却条件等。粗铣时还会受到机床功率及工艺系统刚度的限制；精铣时主要受刀具寿命的限制。

按面铣刀 $d/z=80/10$ 的条件选取，铣削速度 v_c 可取为 $v_c=40$m/min，则铣刀转速可按式（3-1）计算，即

$$n = 1000v_c/\pi d \tag{3-1}$$

$n=[1000\times40/(\pi\times80)]$r/min $=159.24$r/min。查 B1-400K 型立式铣床的主轴转速，取转速 $n=160$r/min 。再将此转速代入式（3-1），可求出该工序的实际铣削速度 $v_c=n\pi d/1000=(160\times\pi\times80/1000)$m/min $=40.2$m/min。

4. 基本工时定额

基本工时定额计算可参看有关工艺设计手册进行计算。

5. 编制工艺文件

表 3-1 ~ 表 3-8 为浙江联强数控机床股份有限公司编制的 CL6140-20029 拨叉工艺过程卡

表 3-1　CL6140-20029 拨叉的机械加工工艺过程卡

浙江联强数控机床股份有限公司	机械加工工艺过程卡片	产品型号	CL6140	零件图号	20029		
		产品名称	卧式车床	零件名称	拨叉	共 2 页	第 1 页
材料牌号	HT200	毛坯种类	铸件	毛坯外形尺寸			
每毛坯可制件数	1	每台件数	1	备注			

工序号	工序名称	工序内容	车间	工段	设备	工艺装备	工时 准终	工时 单件
1	模	按工艺图铸造模型	铸					
2	铸	造型、浇注、清砂	铸					
3	漆	非加工表面涂红丹底漆	铸					
4	划	按图划出 ϕ20H7 孔十字中心线，并打上样冲眼	机加工			立德粉，划针，样冲头，小锤子		
5	粗车	用单动卡盘夹右端面尺寸 35mm 处，找正左端面，车左端面，保证尺寸 16.5mm；钻孔 ϕ20H7 至尺寸 ϕ19mm，装夹不变，精车左端面，保证尺寸 16mm；车孔 ϕ20mm 留余量 0.05～0.08mm，孔口倒角 *C*1；铰孔尺寸至 ϕ20H7	机加工		CL6140	45°端面车刀，单动卡盘，ϕ19mm 钻头，内孔车刀精度 0.02mm、量程 0～150mm 游标卡尺，莫氏 3 号、莫氏 4 号变径套，ϕ20H7 铰刀，ϕ20H7 塞规		
6	车	车右端面，保证尺寸 48mm，ϕ20H7 孔口倒角 *C*1	机加工		CL6140	专用夹具，45°端面车刀		
7	刨	刨至尺寸要求	机加工		B650	平口钳，45°平面刨刀，精度 0.02mm、0～150mm 游标卡尺		
8	车	校正夹具端面的圆跳动不大于 0.03mm；同时装夹两工件，找正中心，车台阶面及孔至尺寸 $\phi56^{+0.38}_{+0.19}$mm	机加工		CL6140	直角内孔车刀，精度 0.02mm、量程 0～150mm 游标卡尺，ϕ56mm 塞规，12°活扳手		
9	铣	将夹具装上工作台，找正夹紧，同时装上 6 件工件，铣平面至表面精度要求，保证尺寸 24mm	机加工		B1-400K	ϕ80mm 铣刀，精度 0.02mm、量程 0～150mm 游标卡尺		
10	钻	模钻孔 ϕ10.2mm 至零件图尺寸 ϕ10.2mm	机加工		Z515	ϕ10.2mm 钻头，精度 0.02mm、量程 0～150mm 游标卡尺，ϕ1～ϕ13mm 钻头夹		

描图	描校	底图号	装订号

										设计（日期）	审核（日期）	标准化（日期）	会签（日期）
标记	处数	更改文件号	签字	日期	标记	处数	更改文件号	签字	日期				

（续）

浙江联强数控机床股份有限公司	机械加工工艺过程卡片	产品型号	CL6140	零件图号	20029		
		产品名称	卧式车床	零件名称	拨叉	共2页	第2页

材料牌号	HT200	毛坯种类	铸件	毛坯外形尺寸		每毛坯可制件数	1	每台件数	1	备注	

工序号	工序名称	工序内容	车间	工段	设备	工艺装备	工时 准终	工时 单件
11	钻	模钻孔 ϕ10H7 至 ϕ9.9mm，铰孔至 ϕ10H7	机加工		Z32K	ϕ9.9mm 钻头，ϕ10H7 铰刀，ϕ1～ϕ13mm 钻头夹，精度0.02mm、量程0～150mm 游标卡尺，ϕ10H7 塞规		
12	漆	按油漆工艺涂上油漆						
13	检	综合检查，ϕ4mm 锥销孔装配时做出						
14	入库	清洗干净，在无油漆面涂上防锈油，入库						

描图	描校	底图号	装订号

										设计（日期）	审核（日期）	标准化（日期）	会签（日期）
标记	处数	更改文件号	签字	日期	标记	处数	更改文件号	签字	日期				

表 3-2　CL6140-20029 拨叉的机械加工 5 工序卡

浙江联强数控机床股份有限公司	机械加工工序卡片	产品型号	CL6140	零件图号	20029		
		产品名称	卧式车床	零件名称	拨叉	共 14 页	第 5 页

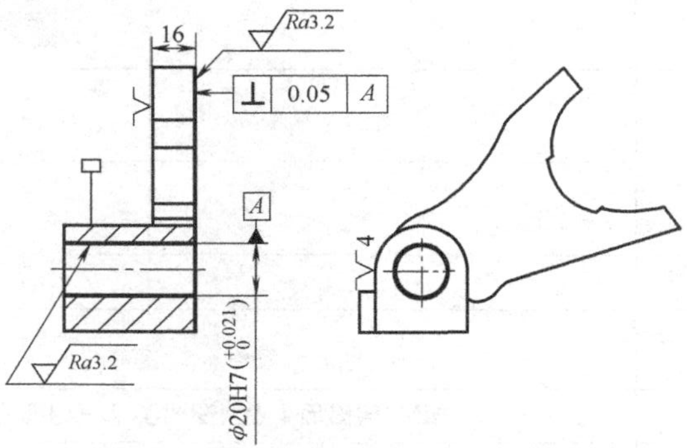

车间	工序号	工序名称	材料牌号
机加工	05	粗车	HT200
毛坯种类	毛坯外形尺寸	每毛坯可制件数	每台件数
铸件		1	1
设备名称	设备型号	设备编号	同时加工件数
卧式车床	CL6140		1

夹具编号	夹具名称	切削液	
工位器具编号	工位器具名称	工序工时	
		准终	单件

工步号	工步内容	工艺装备	主轴转速/(r/min)	切削速度/(r/min)	进给量/(mm/r)	切削深度/mm	进给次数	工步工时	
								机动	辅助
1	用单动卡盘装夹右端面尺寸 35mm 处，找正左端面，车左端面 16mm 至 16.5mm	45°端面车刀	130	40	03	4			
2	钻孔至 φ19mm	φ19mm 麻花钻头	130	8					
3	精车左端面，保证尺寸 16mm	45°端面车刀	130	40	01	0.5			
4	车孔 φ20mm，留余量 0.05 ~ 0.08mm，孔口倒角 C1	内孔车刀	375	22	0.15	0.45			
5	铰孔尺寸至 φ20H7	φ20H7 铰刀，φ20H7 塞规	32			0.04			

描图	描校	底图号	装订号

										设计(日期)	审核(日期)	标准化(日期)	会签(日期)
标记	处数	更改文件号	签字	日期	标记	处数	更改文件号	签字	日期				

表 3-3　CL6140-20029 拨叉的机械加工 6 工序卡

浙江联强数控机床股份有限公司	机械加工工序卡片	产品型号	CL6140	零件图号	20029		
		产品名称	卧式车床	零件名称	拨叉	共 14 页	第 6 页

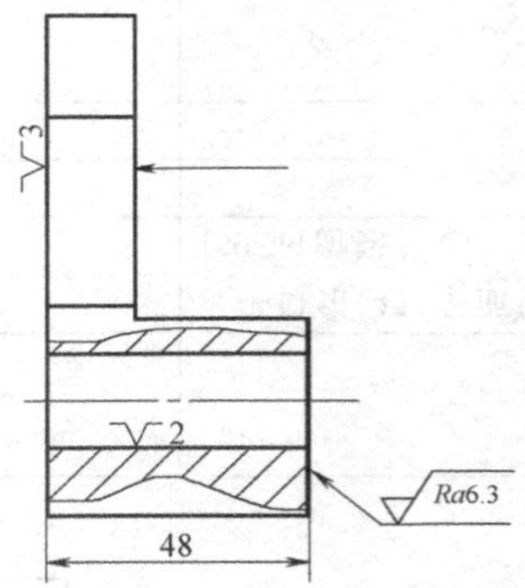

车间	工序号	工序名称	材料牌号
机加工	06	车	HT200
毛坯种类	毛坯外形尺寸	每毛坯可制件数	每台件数
铸件		1	1
设备名称	设备型号	设备编号	同时加工件数
卧式车床	CL6140		1
夹具编号		夹具名称	切削液
工位器具编号		工位器具名称	工序工时 准终 / 单件

工步号	工步内容	工艺装备	主轴转速/(r/min)	切削速度/(m/min)	进给量/(mm/r)	切削深度/mm	进给次数	工步工时 机动	工步工时 辅助
1	车右端面，保证尺寸 48mm，ϕ20H7 孔口倒角 $C1$	专用夹具，45°端面车刀	260	29	02	4			

描图	
描校	
底图号	
装订号	

										设计(日期)	审核(日期)	标准化(日期)	会签(日期)
标记	处数	更改文件号	签字	日期	标记	处数	更改文件号	签字	日期				

表 3-4　CL6140-20029 拨叉的机械加工 7 工序卡（刨加工工序）

浙江联强数控机床股份有限公司	机械加工工序卡片	产品型号	CL6140	零件图号	20029		
		产品名称	卧式车床	零件名称	拨叉	共 14 页	第 7 页

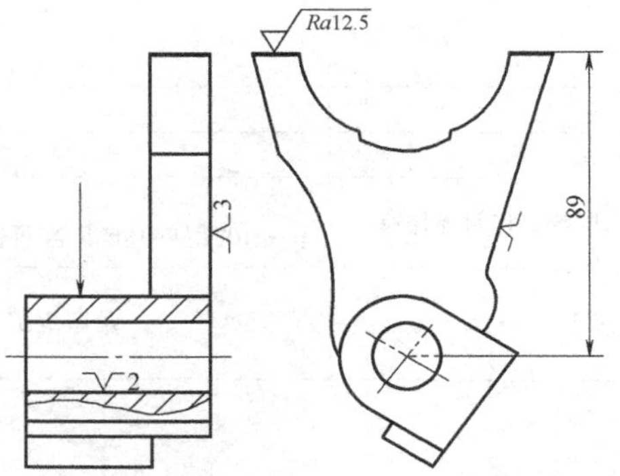

车间	工序号	工序名称	材料牌号
机加工	07	刨	HT200
毛坯种类	毛坯外形尺寸	每毛坯可制件数	每台件数
铸件		1	1
设备名称	设备型号	设备编号	同时加工件数
	B650		

夹具编号	夹具名称	切削液	
工位器具编号	工位器具名称	工序工时	
		准终	单件

工步号	工步内容	工艺装备	主轴转速/(r/min)	切削速度/(m/min)	进给量/(mm/r)	切削深度/mm	进给次数	工步工时 机动	工步工时 辅助
1	刨至图样要求尺寸	平口钳，45°平面刨刀，精度 0.02mm、量程 0 ~ 150mm 游标卡尺							

描　图	描　校	底图号	装订号

										设计（日期）	审核（日期）	标准化（日期）	会签（日期）
标记	处数	更改文件号	签字	日期	标记	处数	更改文件号	签字	日期				

表 3-5　CL6140-20029 拨叉的机械加工 8 工序卡

浙江联强数控机床股份有限公司	机械加工工序卡片	产品型号	CL6140	零件图号	20029		
		产品名称	卧式车床	零件名称	拨叉	共 14 页	第 8 页

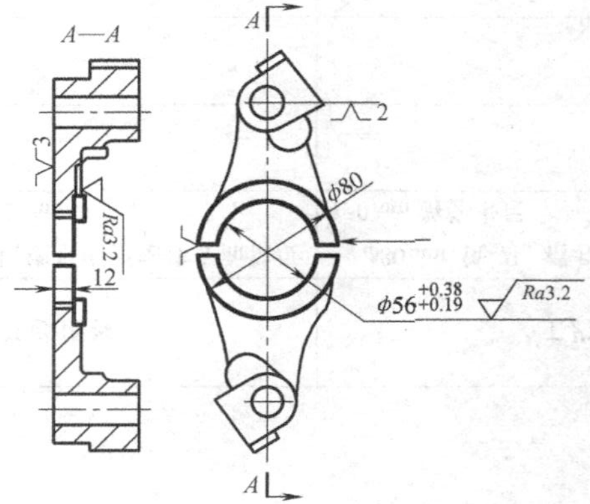

车间	工序号	工序名称	材料牌号
机加工	08	车	HT200
毛坯种类	毛坯外形尺寸	每毛坯可制件数	每台件数
铸件		1	1
设备名称	设备型号	设备编号	同时加工件数
	CL6140		1
夹具编号		夹具名称	切削液
工位器具编号		工位器具名称	工序工时 准终 / 单件

工步号	工步内容	工艺装备	主轴转速 /(r/min)	切削速度 /(m/min)	进给量 /(mm/r)	切削深度 /mm	进给次数	工步工时 机动	工步工时 辅助
1	校正夹具端面的圆跳动不大于 0.03mm；同时装夹两工件，找正中心								
2	车台阶面，保证 ϕ80mm 和 12mm 尺寸	直角内孔车刀，精度 0.02mm、量程 0 ~ 150mm 游标卡尺，12°活扳手	260		0.3	5			
3	车孔 ϕ56mm 至图样要求尺寸	直角内孔车刀，精度 0.02mm、量程 0 ~ 150mm 游标卡尺，ϕ56mm 塞规，12°活扳手	260		0.3	5			

描　图

描　校

底图号

装订号

										设计(日期)	审核(日期)	标准化(日期)	会签(日期)
标记	处数	更改文件号	签字	日期	标记	处数	更改文件号	签字	日期				

表 3-6　CL6140-20029 拨叉的机械加工 9 工序卡（铣加工工序）

浙江联强数控机床股份有限公司	机械加工工序卡片	产品型号	CL6140	零件图号	20029		
		产品名称	卧式车床	零件名称	拨叉	共 14 页	第 9 页

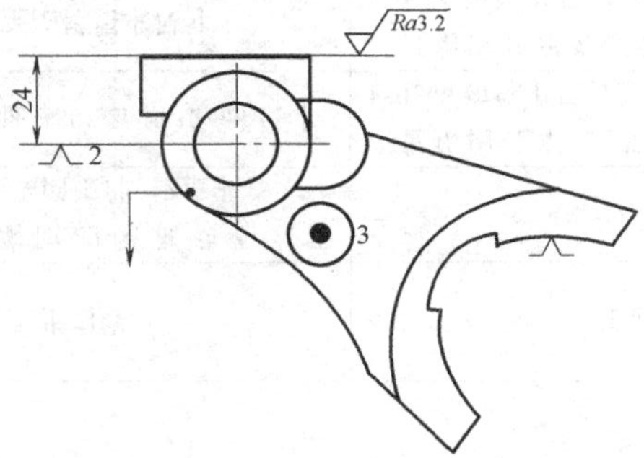

车间	工序号	工序名称	材料牌号
机加工	09	铣	HT200
毛坯种类	毛坯外形尺寸	每毛坯可制件数	每台件数
铸件		1	1
设备名称	设备型号	设备编号	同时加工件数
	B1-400K		6
夹具编号		夹具名称	切削液
工位器具编号		工位器具名称	工序工时
			准终 / 单件

工步号	工步内容	工艺装备	主轴转速/(r/min)	切削速度/(m/min)	进给量/(mm/r)	切削深度/mm	进给次数	工步工时 机动	工步工时 辅助
1	装上 6 件工件，铣平面至图样表面精度要求，保证尺寸 24mm	ϕ80mm 铣刀，精度 0.02mm、量程 0 ~ 150mm 游标卡尺	235	59	1	4			

描　图

描　校

底图号

装订号

										设计（日期）	审核（日期）	标准化（日期）	会签（日期）
标记	处数	更改文件号	签字	日期	标记	处数	更改文件号	签字	日期				

表 3-7　CL6140-20029 拨叉的机械加工 10 工序卡

浙江联强数控机床股份有限公司	机械加工工序卡片	产品型号	CL6140	零件图号	20029		
		产品名称	卧式车床	零件名称	拨叉	共 14 页	第 10 页

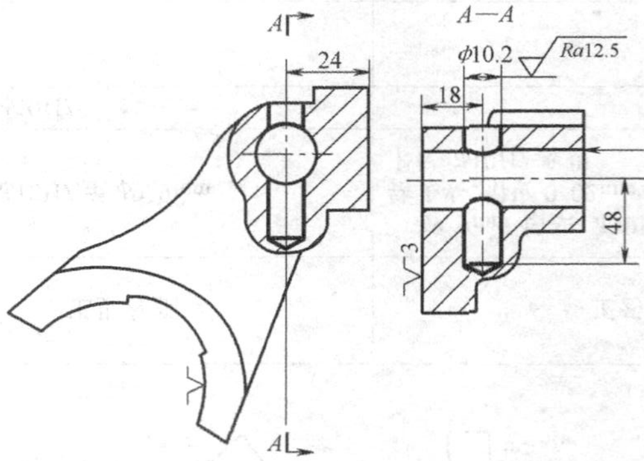

车间	工序号	工序名称	材料牌号
机加工	10	钻	HT200
毛坯种类	毛坯外形尺寸	每毛坯可制件数	每台件数
铸件		1	1
设备名称	设备型号	设备编号	同时加工件数
	Z515		
夹具编号	夹具名称		切削液
工位器具编号	工位器具名称		工序工时
			准终 / 单件

工步号	工步内容	工艺装备	主轴转速 /(r/min)	切削速度 /(m/min)	进给量 /(mm/r)	切削深度 /mm	进给次数	工步工时 机动	工步工时 辅助
1	模钻孔 φ10.2mm 至尺寸 φ10.2mm	φ10.2mm 钻头，精度 0.02mm、量程 0～150mm 游标卡尺，φ1～φ13mm 钻头夹	480	16					

描　图

描　校

底图号

装订号

										设计(日期)	审核(日期)	标准化(日期)	会签(日期)	
标记	处数	更改文件号	签字	日期	标记	处数	更改文件号	签字	日期					

表 3-8 CL6140-20029 拨叉的机械加工 11 工序卡(钻加工工步)

浙江联强数控机床股份有限公司	机械加工工序卡片	产品型号	CL6140	零件图号	20029		
		产品名称	卧式车床	零件名称	拨叉	共 14 页	第 11 页

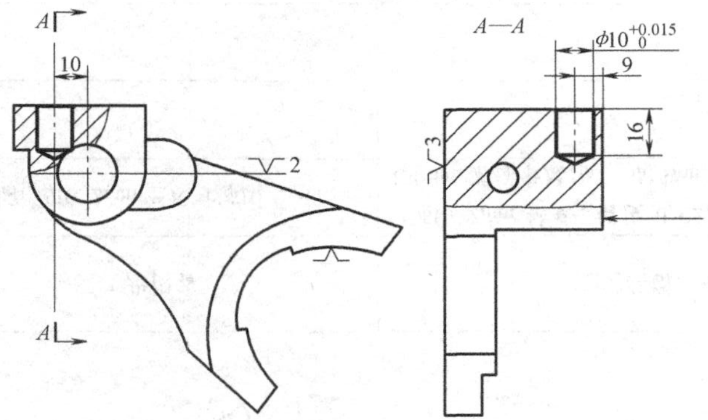

车间	工序号	工序名称	材料牌号
机加工	11	钻	HT200
毛坯种类	毛坯外形尺寸	每毛坯可制件数	每台件数
铸件		1	1
设备名称	设备型号	设备编号	同时加工件数
	Z32K		

夹具编号	夹具名称	切削液	
工位器具编号	工位器具名称	工序工时	
		准终	单件

工步号	工步内容	工艺装备	主轴转速/(r/min)	切削速度/(m/min)	进给量/(mm/r)	切削深度/mm	进给次数	工步工时 机动	工步工时 辅助
1	模钻孔 ϕ10H7 至 ϕ9.9mm	ϕ9.9mm 钻头，ϕ10H7 铰刀，ϕ1 ~ ϕ13mm 钻头夹，精度 0.02mm、量程 0 ~ 150mm 游标卡尺，ϕ10H7 塞规	480	15					
2	铰孔至 ϕ10H7		200	6.3					

描 图

描 校

底图号

装订号

										设计(日期)	审核(日期)	标准化(日期)	会签(日期)
标记	处数	更改文件号	签字	日期	标记	处数	更改文件号	签字	日期				

和加工工序卡。

三、相关知识

（一）切削用量的确定方法

切削用量包括主轴转速、进给速度、切削深度等，切削用量的参数都应在加工工序中确定，其具体值可根据所用刀具寿命、所加工表面的尺寸精度和表面粗糙度的要求、机床的工艺特性，参考《切削用量手册》并结合实践经验确定。

1. 背吃刀量 a_p（mm）的确定

在工艺系统（机床、夹具、刀具、零件等）刚度允许的条件下，尽可能选取较大的背吃刀量，以减少进给次数，提高生产效率。

1）粗加工时，除留下精加工的余量外，尽可能以一次或较少的进给次数将粗加工余量切除。

2）不能一次切除的，应按先多后少的不等余量的方法加工。

3）切削有硬皮的零件时，应尽量使背吃刀量超过硬皮的厚度。

2. 进给速度 v_f（mm/min 或 mm/r）的确定

进给速度通常根据零件的加工精度、表面粗糙度、刀具和零件的材料进行选择。

确定进给速度的原则如下：

（1）精加工　进给速度应按表面粗糙度的要求选择，表面粗糙度要求高，进给速度可相应减小。

（2）粗加工

1）在工艺系统的刚度和强度较好的情况下，可选用较大的进给速度；在工艺系统的刚度和强度较差的情况下，则应适当减小进给速度。

2）当工件的质量要求能够得到保证时，为提高生产效率，可尽量选择较高的进给速度。

3）在切断、加工深孔或用高速钢刀具加工时，宜选择较低的进给速度。

4）当加工精度要求较高时，进给速度应选小一些，常在 20～50mm/min 范围内选取。

5）进给速度应与主轴转速和背吃刀量相适应。

3. 主轴转速 n（r/min）的确定

主轴转速的确定方法，应根据零件上被加工部位的直径 d（mm），并按零件和刀具的材料及加工性质等条件所允许的切削速度 v_c（m/min）根据式（3-1）来确定。

（二）铣削用量的确定

铣削用量包括背吃刀量 a_p、侧吃刀量 a_e、每齿进给量 f_z（即进给吃刀量，单位为 mm/z）或每转进给量 f（单位为 mm/r）和切削速度 v_c 等。端铣时，a_p 为切削层深度，a_e 为被加工表面宽度；周铣时，a_e 为切削层深度，a_p 为被加工表面宽度。

加工中采用铣削用量应考虑到铣刀的寿命，保证工件的加工精度。在工艺系统（包括铣床、铣刀和夹具）有足够刚度的前提下，一般先选择大的吃刀量，然后选择大的进给量，最后选择适当的铣削速度。

1. 吃刀量的选择

铣削深度的选择主要根据工件的加工余量和加工表面质量来确定。当加工余量不大时，应尽量一次进给铣去全部加工余量。只有当工件的加工精度要求较高或加工表面粗糙度 Ra 值小于6.3μm时，才分粗、精两次进给。具体数值的选取可参考有关机械加工工艺设计手册。

被铣削的铸件上有硬质层或锻件表面有表面缺陷层时，在加工余量许可情况下，为了避免刀齿的损坏，第一刀的吃刀量要选得大于硬皮层厚度。异形件在夹具上不易夹持或安装得不十分牢靠时，吃刀量可适当小些。

在铣削过程中，铣削宽度一般可根据加工面宽度确定，尽量一次铣出。

2. 进给量（进给速度）的选择

粗铣时，吃刀量确定后，为了提高效率，可选择大的进给量，但在切削条件不允许的情况下（如铣刀直径小，容易折断、铣床出现振动等）进给量应适当减小。精铣时，为了铣出光洁的表面，进给量应适当小些。铣削易变形工件时，进给量应选择小些。具体数值可查阅有关机械加工工艺设计手册，先确定每齿进给量f_z，再通过所选铣刀的刀齿数和主轴转速计算得出进给量f。

3. 铣削速度的选择

选择铣削速度实际上是选择铣床主轴（铣刀）的转速，吃刀量和进给量确定后，应保证铣刀合理寿命的前提下确定铣削速度。

粗铣时，确定铣削速度必须考虑到铣床功率的限制；精铣时，为了使工件表面粗糙度达到要求，铣削速度应适当高些；铣削硬度低的材料，铣削速度可高些；被加工材料硬度高较高时，铣削速度应降低。

由于铣削速度对铣刀寿命影响最大，高的铣削速度会明显降低铣刀的使用寿命，所以，选择铣削速度时要充分考虑到这一点。具体数值的选取可参考有关机械加工工艺设计手册。

四、思考与练习

1. 通用机加工中的切削用量是指哪些内容？确定原则是什么？
2. 怎样理解加工余量的概念？工序尺寸公差的分配原则是什么？
3. 确定加工余量的方法是什么？影响加工余量的因素主要有哪些？
4. 如图3-2所示，试分别拟订两种零件的机械加工工艺路线并编制加工工艺规程卡、工序卡，内容包括工序名称、工序简图（内含定位符号、夹紧符号、工序尺寸及其公差、技术要求）、工序内容等。生产类型为成批生产。

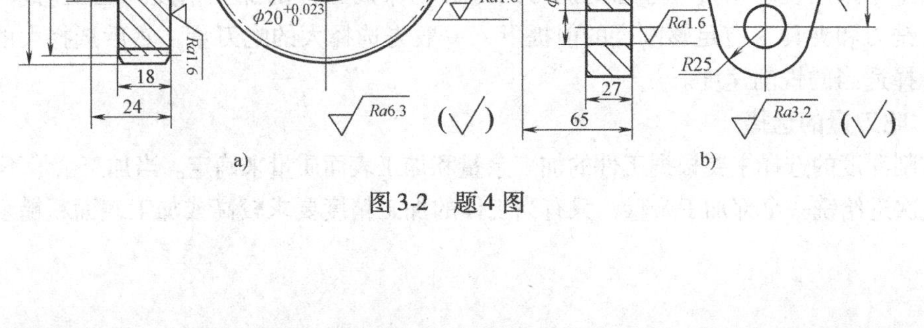

图3-2　题4图

模块2　计算机辅助设计异形件机械加工工序

一、教学目标

最终目标：会运用CAPP软件编制机械加工工艺文件。

促成目标：

1）了解CAPP软件的功能。

2）会运用CAPP软件编制工艺文件。

二、案例分析

案例精选：运用CAPP软件编制异形件机械加工工艺过程卡、工序卡。

CAPP（Computer Aided Process Planning）即计算机辅助工艺过程设计，是利用计算机技术来辅助工艺人员设计零件从毛坯到成品的制造方法，是将企业产品设计数据转换为产品制造数据的一种技术。一般来说，CAPP系统的功能包括毛坯设计、加工方法选择、工序设计、工艺路线制订和工时定额计算等。其中工序设计又可包含装夹设备选择或设计，加工余量分配，切削用量选择及机床、刀具和夹具的选择，必要的工序图生成等。CAPP之所以得到各方面的重视，一方面是随着科学技术的发展和社会进步，逐渐暴露出手工设计工艺规程的诸多缺点，而计算机由于本身具有的优越条件，成为克服这些缺点的有效手段。其次，它是随着计算机的出现和应用及科学技术和工程技术发生了革命性的变革的新形势下应运而生的产物，是改善多品种小批量生产状况的有效途径。CAPP被公认为是CAD/CAM真正集成的关键，是许多先进制造系统的技术基础之一。近年来，计算机集成制造系统（CIMS）、并行工程（CE）、智能制造系统（IMS）、虚拟制造系统（VMS）、敏捷制造（AM）等先进制造系统的发展，无论从广度上还是从深度上，都对CAPP的发展提出了更新更高的要求。

1. 计算机辅助工艺过程设计简介

（1）计算机辅助工艺过程设计的主要优点

1）由于采用了技术经济分析和优化手段，提高了工艺规程的设计质量和一致性。

2）大幅度缩短了设计周期，因而对修改设计、变更计划能作出快速响应。

3）编制的工艺规程更加详尽和完整。

4）减少了产生计算错误的可能性。

5）提高了工艺过程典型化程度和工装利用率。

6）减少了工艺文件抄写的工作量。

7）工艺人员的经验可以得到积累和继承。

8）为计算机辅助设计、辅助制造一体化及建立计算机生产系统打下基础。

（2）计算机辅助工艺过程设计的基本过程

1）开发软件输入的原始信息。在开发计算机辅助设计软件时，将一些符合企业要求的编制工艺规程必需的原始信息输入到设计软件中。如：

①各种工艺规程的格式。

②工艺文件的管理权限。

③工艺文件中各栏输入信息的标准化，如材料的牌号的编制方法、加工车间的编制方法、设备的编制方法等。

④工艺数据的统计方式等。

2）编制工艺时原始信息的准备。在制订机械加工工艺规程时，必须具备下列原始资料：产品的装配图和零件的工作图，产品的生产纲领和批量，生产条件，工艺手册。工艺人员从上列资料中可获得下列信息：有关加工对象的结构、形状、材质及加工要求与生产系统的对应关系的信息，有关生产系统的信息，有关工件结构、形状、材质及加工要求与生产系统对应关系的信息。用计算机辅助工艺规程编制时，必须根据系统的输入设备，开发相应的输入语言，用于描述各种信息。

有关生产系统的信息，如生产设备、工具、夹具、量具、加工方法、工序、工步等可进行编码，用字符或数字描述。各种关系用表格形式组织为数据文件或数据库。这些信息在建立辅助设计系统时一次输入，在运行过程中只作少量补充和修改。

3）编制各种工艺规程。根据上面的各种信息，从系统中调出所需的标准工艺文件，从机械加工工艺过程卡开始，按零件的加工要求进行描述，一级级编制下去，最后完成各种规范工艺规程。

4）各种工艺规程的输出。各种工艺规程编制完成后，经审核、标准化、会签后输出。

2. CAXA 工艺图表系统功能特点

（1）CAD 图形的利用和工艺简图绘制。CAXA 工艺图表是 CAD/CAPP 集成软件，能够充分利用现有 CAD 系统的图形文件，如 DXF、DWG、EXB 等文件的输入；可绘制和编辑各种工艺简图、工艺模板；提供工艺简图中需要的定位夹紧符号库等。图 3-3 所示为 CAXA 工艺图表。

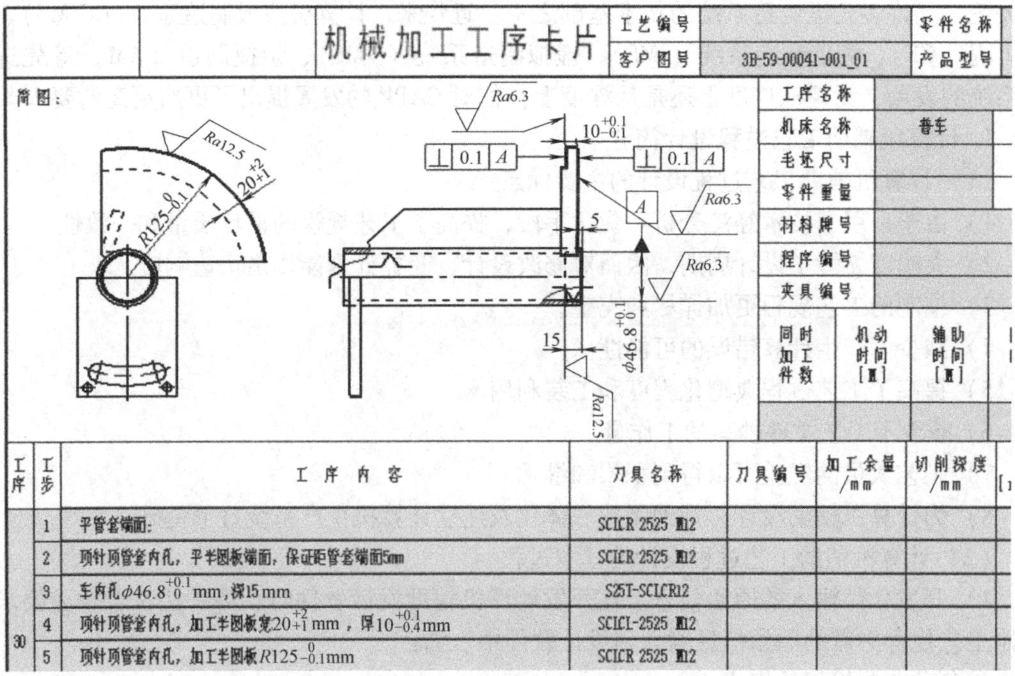

图 3-3　CAXA 工艺图表

（2）所见即所得的卡片填写方式　CAXA 工艺图表遵循“所见即所得”的填写方式，不仅可以自己定义表格、填写表格，而且还可以复制粘贴 Word、Excel 等软件的数据；并且提供各种特殊工程图形符号的直接填写，可以对卡片中的文字字体、字号、颜色以及文字对齐方式进行编辑和修改。

（3）智能双向关联填写　工艺过程卡片上的内容与相应工序卡片上的相关内容可以双向自动关联；可一次完成所有卡片公共项目的填写，使整套工艺规程的公共信息自动关联更新，保证了过程卡片和工序卡片的一致性。

（4）丰富的工艺知识库　丰富专业的工艺知识库，可以帮助快速填写工艺卡片；系统开放的数据库结构，允许自由扩充，编制自己的知识库；在填写过程中，可以随时将常用的词语入库分类，或者选取知识库的内容直接填写。图 3-4 所示为工艺知识库管理界面。

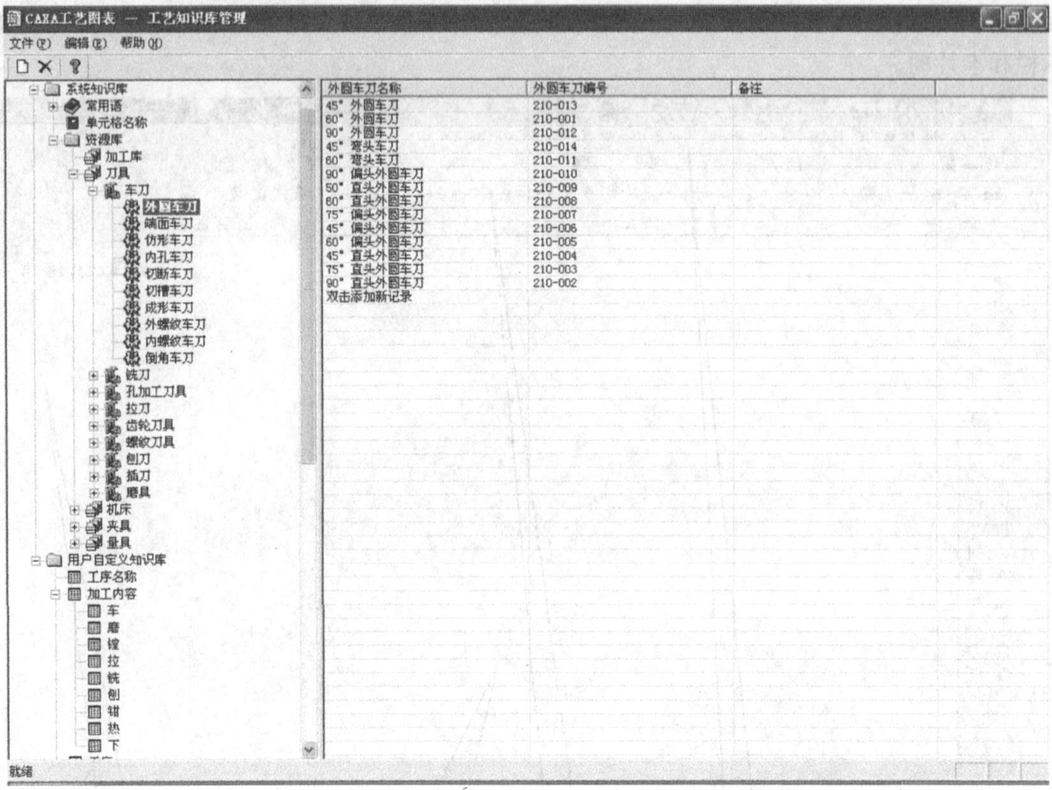

图 3-4　工艺知识库管理界面

（5）丰富标准的模板库，卡片模板灵活定制　提供各种通用的标准卡片模板库和多种实用工具，可快速灵活地将卡片进行组合并加以利用，使卡片的定制更加简单、方便。

企业可以根据不同的需求，定制适合自己的工艺模板和工艺规程，其定制方法简单，容易掌握。

（6）产品图片的插入　增加了通过插入图片方式插入多种位图图片，例如 JPG、BMP 等格式，将原本需要手工绘制的图形及说明内容简洁生动地呈现出来，大大降低了工艺人员绘制图样的工作量，充分体现了软件的高效性与易用性。

（7）工艺输出　CAXA 工艺图表可以通过单张打印、排版打印及批量打印功能，对填写的卡片进行方便快捷的绘图输出，更加方便地批量打印多套工艺规程，并支持回填签名的功能。

(8) 典型工艺的借用　充分遵循知识重用与再用思想，可利用查询功能，查找以前的典型工艺，并可以方便地重用这些卡片上的全部内容或部分内容。

(9) 统计卡片等辅助功能　CAXA 工艺图表可以定制各种形式的统计卡片，把工艺规程中卡片里相同属性的内容提取出来，自动生成符合本套工艺规程的工艺信息并进行统计输出。

3. CAXA 工艺图表界面介绍

CAXA 工艺图表采用全中文界面，在使用者与计算机之间架起了一座友好的桥梁，极大方便了用户与机器之间的交互。CAXA 工艺图表中有两种界面：图形绘制界面和工艺编制界面。图 3-5 为 CAXA 软件窗口界面。界面可以分为：主菜单、工具条、绘图操作区、状态提示栏和卡片树。

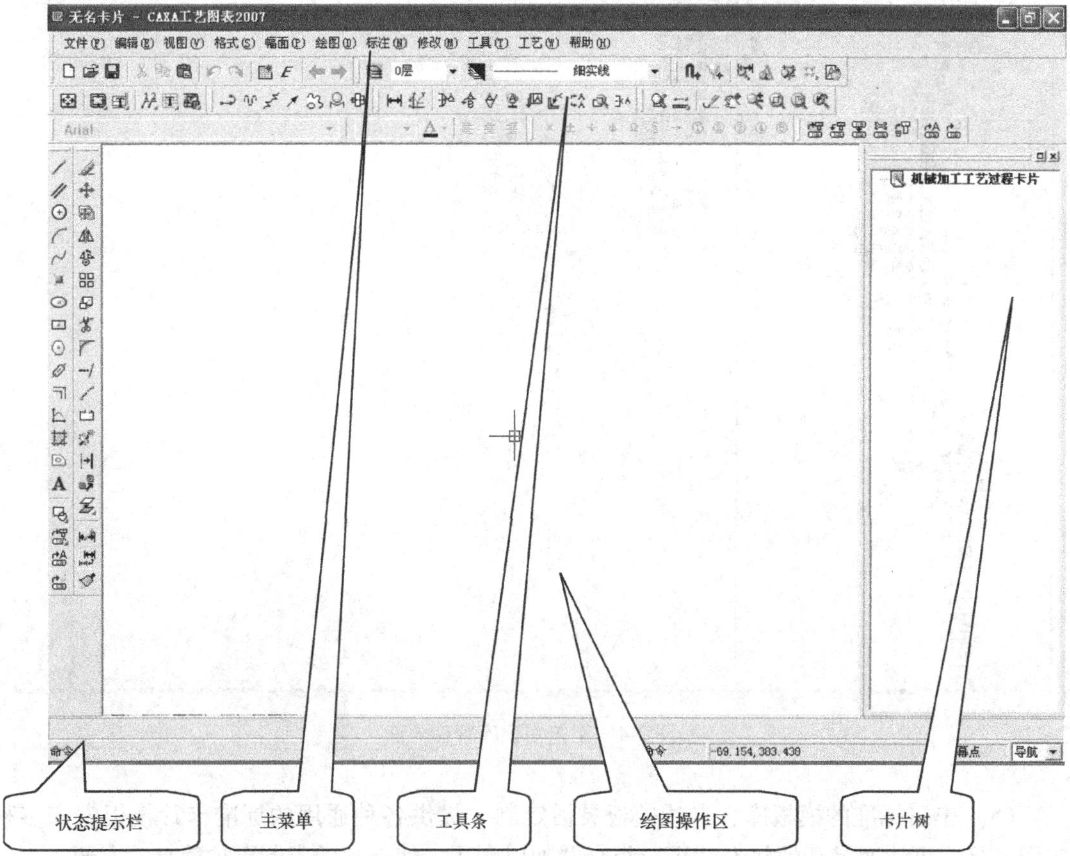

图 3-5　CAXA 软件窗口界面

图形绘制界面包含了 CAXA 电子图板的所有功能，可以用于计算机辅助设计（CAD），也可以定制工艺模板状态；工艺编制界面可填写工艺文件状态，生成最终工艺文件。利用“Ctrl + Tab”键或者单击【工艺】菜单下的【图形/工艺间切换】命令可随时在两种界面之间进行切换。

（1）图形绘制界面（见图3-6）　运行工艺图表后，会自动进入图形绘制界面，新建电子图板文件或打开电子图板文件都会自动进入图形绘制环境。具体操作：单击图标，或单击【文件】菜单下的【新文件】命令，或按快捷键“Ctrl + N”，将弹出【新建文件类型】对话框，再切换到【EB图形文件】选项卡，选择需要的模板，并单击【确定】，即进入图形绘制环境。此界面集成了完整的电子图板（CAD）环境，并在主菜单中添加了【工艺】菜单。

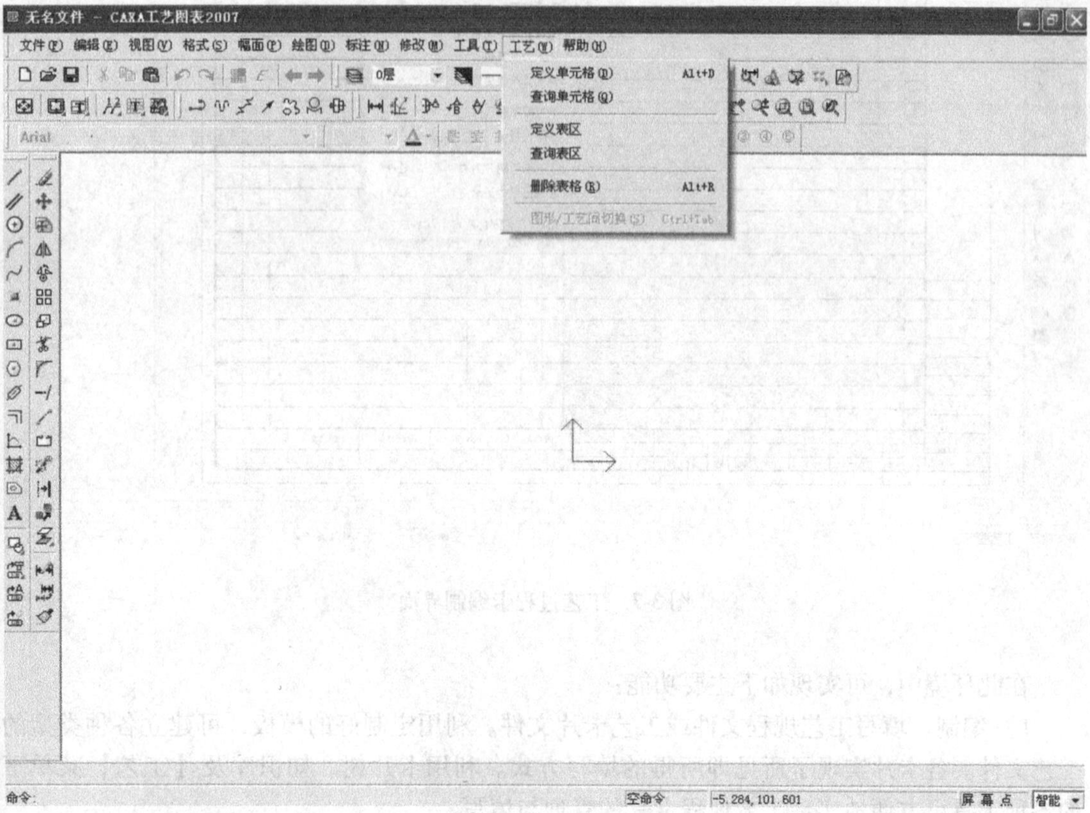

图3-6　图形绘制界面

在此界面下，可以实现以下几种主要功能：

1）绘制二维工程图。操作界面与方式和电子图板完全相同，利用绘图、编辑、标注、标准件库等多种工具，可绘制所需的各种二维图形。

2）打开、编辑现有的CAD格式文件（如DWG、DXF、EXB等）。

3）绘制工艺卡片表格。

4）定制工艺规程模板与工艺卡片模板。

5）管理系统工艺规程模板。

（2）工艺过程卡编制界面（见图3-7）　新建、打开工艺规程文件或工艺卡片文件后，软件自动切换到此环境。此界面也集成了电子图板的绘图功能，但是【工艺】菜单以及【文件】菜单中的选项与图形环境有所不同。

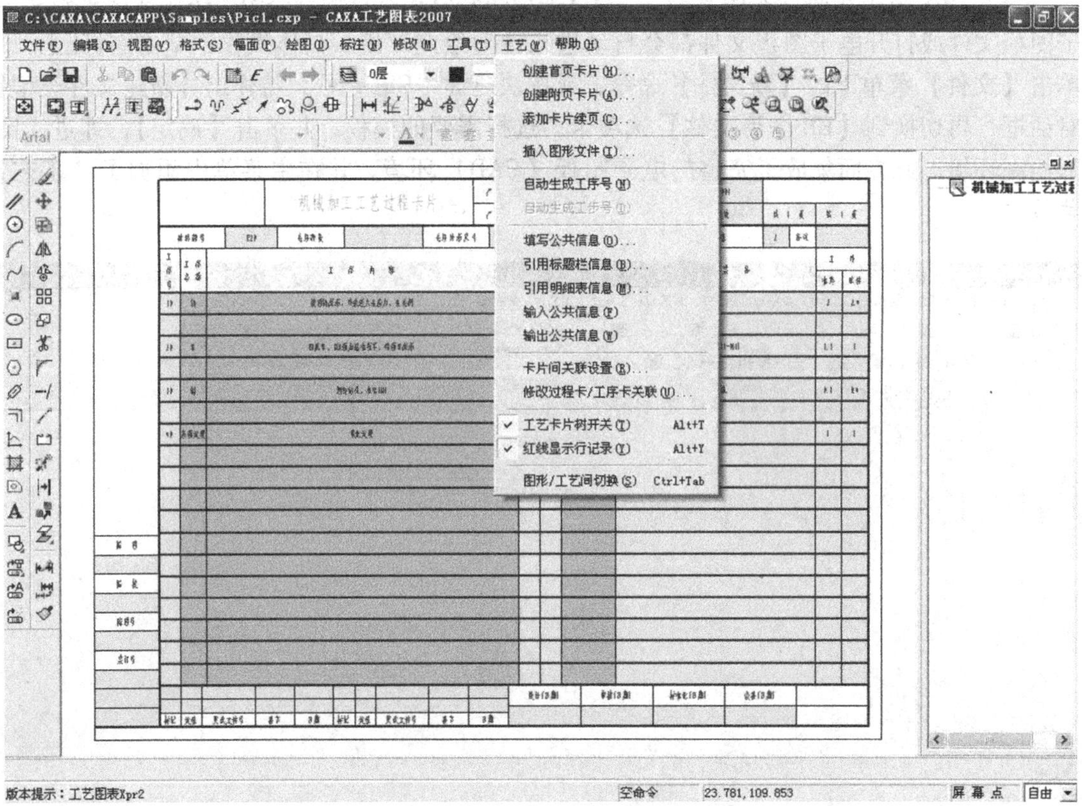

图 3-7　工艺过程卡编制界面

在此环境中，可实现如下主要功能：

1）编制、填写工艺规程文件或工艺卡片文件。利用定制好的模板，可建立各种类型的工艺文件。各卡片实现了所见即所得的填写方式。利用卡片树、知识库及【工艺】菜单下的各种工具可方便地实现工艺规程卡片的管理与填写。

2）管理或更新当前工艺规程文件的模板。

3）绘制工艺附图。利用集成的电子图板工具，可直接在卡片中绘制、编辑工艺附图。

4）检索工艺文件、输出卡片绘图等。

4. CAXA 工艺图表基础知识

（1）CAXA 工艺图表的常用术语解释

1）工艺过程卡片。按照工序顺序来简要描述工件的加工过程或工艺路线的工艺文件称为工艺过程卡片，其描述相对简单，没有加工简图。每一道工序可能会对应一张工序卡，对该道工序进行详细的说明等。在工艺不复杂的情况下，可以只编写工艺过程卡片。

在 CAXA 工艺图表中，工艺过程卡片是工艺规程的核心卡片，有些操作是只对工艺过程卡片有效的，例如：利用行记录生成工序卡片、利用统计卡片统计工艺信息等。建立一个工艺规程时，首先填写工艺过程卡片，然后从工艺过程卡片生成各工序的工序卡片，并添加首页、附页等其他卡片，从而构成完整的工艺规程。

工艺过程卡片可以是装配工艺过程卡片、机械加工工艺过程卡片等。

2）工序卡片。工序卡片是对工艺过程卡片描述内容的补充，是详细描述每一道工序加工信息的工艺卡片，它和工艺过程卡片上的一道工序记录相对应。工序卡片一般具有工艺附图，并详细说明该工序的每个工步的加工内容、工艺参数、操作要求和所用设备及工艺装备等。与机械加工工艺过程卡片相对应的是机械加工工序卡片。图 3-3 所示为 CAXA 工序卡片图表。

如果新建一个工艺规程，那么工序卡片只能由工艺过程卡片生成，并保持与工艺过程卡片的关联。

3）其他卡片。其他卡片是一整套工艺中的重要组成部分，如常用的首页卡片、附页卡片、检验卡片、统计卡片、质量跟踪卡片等。

4）工艺规程。工艺规程是规定零件加工工艺过程和操作方法等的工艺文件。工艺规程是组织和指导生产的重要工艺文件，一般来说，工艺规程应该包含工艺过程卡片与工序卡片，以及其他卡片（如首页卡片、附页卡片、统计卡片、质量跟踪卡片等）。

在 CAXA 工艺图表中，可根据需要定制工艺规程模板，通过工艺规程模板把所需的各种工艺卡片模板组织在一起，必须指定其中的一张卡片为工艺过程卡片，各卡片之间可指定公共信息。

利用定制好的工艺规程模板新建工艺规程，系统自动进入工艺过程卡片的填写界面，工艺过程卡片是整个工艺规程的核心。应首先填写工艺过程卡片的工序信息，然后通过其行记录创建工序卡片，并为工艺过程卡片添加首页卡片和附页卡片，创建统计卡片、质量跟踪卡片等，从而构成一个完整的工艺规程。不同性质的企业会采用不同的工艺规程，在装备行业中，机械加工工艺规程和装配工艺规程是最常用的工艺规程。

工艺规程与工艺过程卡片、工艺卡片的关系如图 3-8 所示。

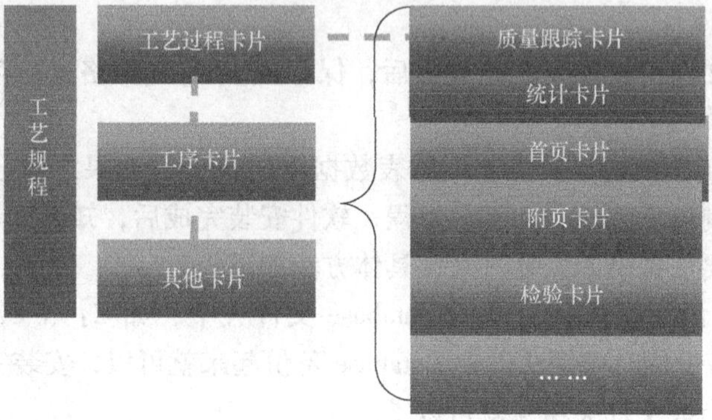

图 3-8　工艺规程与工艺过程卡片、工艺卡片的关系

（2）CAXA 工艺图表的常用键盘与鼠标操作

鼠标右键：在不同的应用环境下，使用右键菜单可方便地使用某些命令。

鼠标中键：可以实现放大、缩小、平移显示。滚动鼠标中键是放大或缩小；按鼠标中键是动态平移。

方向键：处于图形绘制界面时和工艺编制界面非填写单元格状态时，动态平移；处于工艺编制界面填写单元格状态时，鼠标在相邻单元格间移动。

Shift + 上下方向键：当系统处于工艺编制界面且为非填写单元格状态时，在卡片树中的卡片间进行切换，并打开该卡片；当系统处于图形绘制界面时，实现动态平移。

Esc 键：取消命令，取消填写，取消选取等。

F1：请求系统帮助，两种界面都有效。

F2：当系统处于工艺编制界面非填写单元格状态时，F2 的作用是开关卡片树与工艺知识库。

F3：显示全部，两种界面都有效。

F6：点捕捉方式切换开关。

PageUp：显示放大（1.25 倍），两种界面都有效。

PageDown：显示缩小（0.8 倍），两种界面都有效。

Shift：当系统处于图形绘制界面、定义单元格属性时，按住 Shift 键，可实现连续选择。

Alt + D：当系统处于图形绘制界面时，作用是定义单元格属性。

Alt + R：当系统处于图形绘制界面时，作用是删除单元格属性。

Alt + T：当系统处于工艺编制界面非填写单元格状态时，作用是开（关）工艺卡片树窗口。

Alt + Y：当系统处于填写状态，作用是开（关）行记录红线。

Ctrl + Tab：在图形绘制界面状态和工艺编制界面状态之间进行切换。

Ctrl + 左键：选中行进入行记录。

（3）CAXA 工艺图表的文件格式说明

设计类型的文件格式：在图形绘制界面中，绘制的图形或表格保存为设计类文件格式，包括 EXB、DWG、DXF 等格式。

工艺文件格式：填写完毕的工艺规程文件或者工艺卡片文件保存为 EXP 文件。

工艺卡片模板文件：在定制完卡片模板后，保存成 TXP 文件格式，存储在安装目录下的 Template 文件夹下。

工艺规程模板文件：设置完工艺规程后，保存成 RGL 文件格式，存储在安装目录下的 Template 文件夹下。

（4）知识库、工艺模板以及工艺汇总表数据库的备份　如果之前已经安装过 CAXA 工艺图表，并已经定制过工艺模板和工艺规程，软件安装完成后，知识库、工艺模板以及工艺汇总表数据库都需要从备份中恢复过来，具体方法如下：

1）知识库　知识库在安装目录的 Database 文件夹下，如 C：\ CAXA \ CAXACAPP \ Database 下，所以备份的时候把文件夹 Database 备份起来就可以，安装完毕把 Database 文件夹用光盘里的 Database 文件夹覆盖就可以了。

2）工艺模板。工艺模板在安装目录的 Template 文件夹下，如 C：\ CAXA \ CAXACAPP \ Template，所以把备份的文件复制到 Template 文件夹下就可以了。

3）工艺汇总表数据库。工艺汇总表数据库在安装目录的 Database 文件夹下，如 \ CAXA \ CaxaSum \ Database，另外把做好的 Excel 模板复制到安装目录 Template 文件夹下，如：\ CAXA \ CaxaSum \ Template。

4）CAXA 工艺图表编制工艺的一般流程

①绘制工艺表格。先确定企业所用到的工艺表格的形式，再进入软件的图形绘制界面状态，绘制工艺表格。

②定义工艺卡片。对绘制好的工艺表格，进行单元格属性定义，完成单张工艺卡片属性的定义，并存入 CAXA 工艺图表的模板文件夹下（软件安装目录下的 Template 文件夹）。

③建立工艺规程。为工艺规程配置工艺过程卡片和工序卡片，建立一整套工艺规程。

④卡片填写。填写工艺过程卡片和其他卡片。

⑤打印输出工艺文件。将填写好的工艺文件打印输出。

其中第①、②、③步是用户第一次运行工艺系统所必须做的，当模板定义好后或者直接选用软件自带的标准模板就无需再做了。

5. 工艺图表工艺卡片编制

在 CAXA 工艺图表中，安装完成后系统会自带标准的工艺模板和常用的工艺规程，可以直接调用，如果需要适合自己的工艺模板，也可以自己定制。以下将重点介绍工艺卡片的填写。

(1) CAXA 工艺图表的建立与填写

1) 新建工艺规程或卡片。在打开软件后，需要确认做什么工艺，是机械加工工艺、装配工艺或是焊接工艺等。做不同的工艺需要不同的工艺规程。

选择下拉式菜单【文件】/【新文件】命令或者单击工具条上的命令图标，弹出“新建文件类型”对话框，可以选择“工艺规程”或“工艺卡片”。

①新建工艺规程文件。在“工艺规程”列表框中，列出了已定制好的工艺规程模板，如图 3-9 所示，选择所需的模板并单击【确定】，系统自动切换到“工艺编制界面”，并根据模板定义，生成一张工艺过程卡片。由工艺过程卡片开始，可以填写工序流程、添加并填写各类附属卡片，最终完成工艺规程的建立。

如需要做机械加工工艺，单击选取“机械加工工艺规程”，再单击【确定】，系统进入工艺编制界面状态，并且首先打开工艺过程卡片。

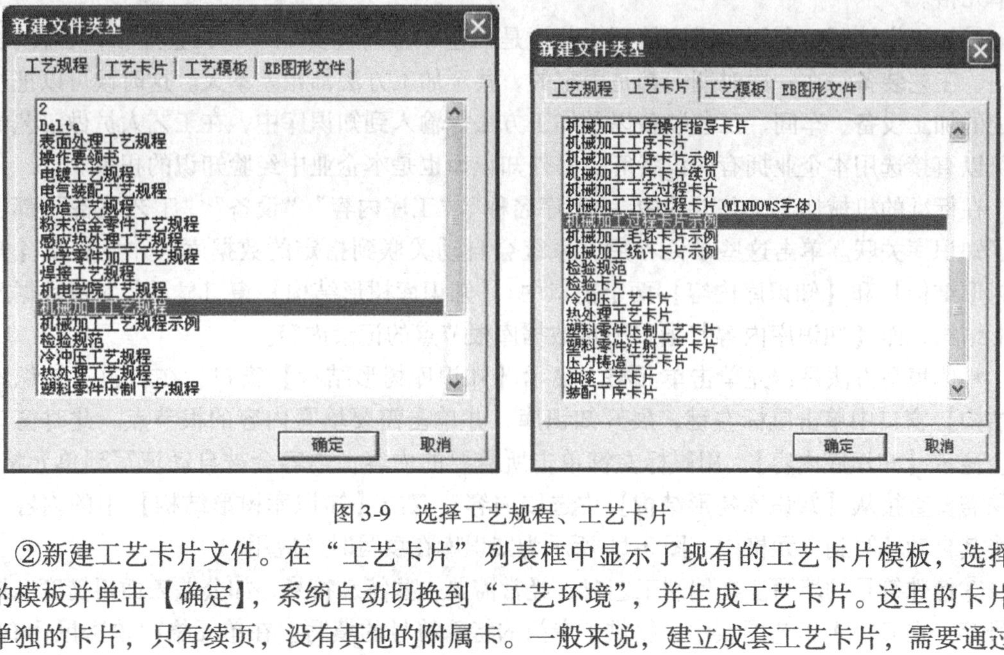

图 3-9　选择工艺规程、工艺卡片

②新建工艺卡片文件。在“工艺卡片”列表框中显示了现有的工艺卡片模板，选择所需的模板并单击【确定】，系统自动切换到“工艺环境”，并生成工艺卡片。这里的卡片只是单独的卡片，只有续页，没有其他的附属卡。一般来说，建立成套工艺卡片，需要通过工艺规程来完成。

2）卡片的填写。选择工艺规程后，系统切换到工艺编制界面，可以对卡片进行填写。图3-7所示是机械加工工艺规程卡片的填写界面，可选择手工输入的方法直接填写、知识库关联的方法填写、公共信息填写、自动生成工序号、特殊符号及公差填写等多种方式对各单元格内容进行填写。以下作详细说明。

①手工填写。用鼠标左键单击需要填写的单元格，此单元格底色会发生变化，且光标在单元格内闪动，此时即可在单元格内键入要填写的内容。填写单元格之后，单击鼠标右键，在弹出的对话框中选择【结束填写】命令，如图3-10所示，或者直接按键盘上的“Esc”键结束单元格的填写。

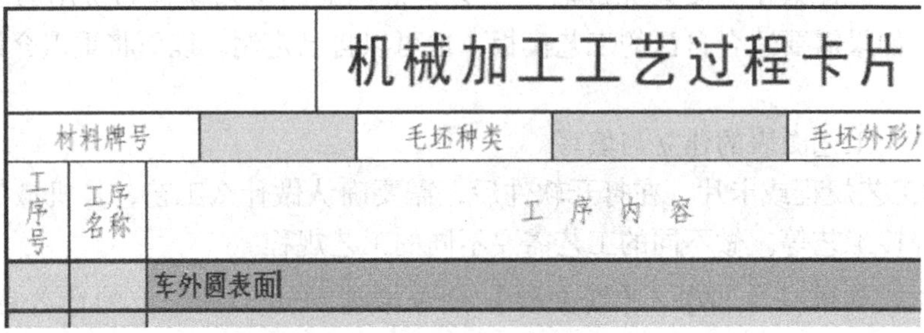

图3-10 手工填写状态

如需要对单元格里的文字进行编辑、修改、复制，可以按住鼠标左键，在单元格内的文字上拖动，选中文字，通过鼠标右键可以利用【剪切】、【复制】、【粘贴】、【块覆盖粘贴】命令。其中【剪切】、【复制】、【粘贴】的快捷键为“Ctrl + X”“Ctrl + C”“Ctrl + V”，可以直接与文字处理软件的内容互换，如记事本、Word等，方便数据交流。

如是从单元格的数据选择到另一个单元格里，可以直接拖动选中单元格里的文字到另一个单元格。

②知识库填写。利用知识库填写工艺，是工艺软件的优势之一。在企业中，各种设备、车间、工艺装备等在一段时期内都是固定的，甚至加工方法都相差不大。这时候可以把这些固定的加工设备、车间、工艺装备以及加工方法等输入到知识库中，在工艺人员做工艺的时候可以直接选用本企业拥有的设备等。另外知识库也是本企业中经验知识的积累。

在标准的机械加工工艺卡片中，“工序名称”“工序内容”“设备”“工艺装备”都已经做了知识库关联。单击这些单元格后，系统会自动关联到指定的数据库，并显示在【知识库树形结构】和【知识库内容】两个窗口中。【知识库树形结构】窗口显示其对应数据库的树形结构，而【知识库内容】窗口显示数据库根节点的记录内容。

具体填写方法是：先单击单元格，显示【知识库树形结构】窗口，在右边【知识库树形结构】窗口中单击鼠标左键，展开知识库，并单击需要填写内容的根节点。此时窗口下面会显示【知识库内容】，用鼠标左键单击所需要的内容，内容会被自动填写到单元格中。如果需要直接从【知识库树形结构】中选取内容，双击【知识库树形结构】中的内容，即可将其自动填写到单元格中。图3-11所示为知识库在填写时的应用。

③特殊符号的填写。在编制工艺时，经常需要一些特殊符号，如公差表面粗糙度、焊接符号等。在CAXA工艺图表中，提供了专门的特殊符号的填写。在单元格内单击鼠标右键，利用右键菜单中的【插入】命令，可以直接插入常用符号、图符、公差、上下标、分式、

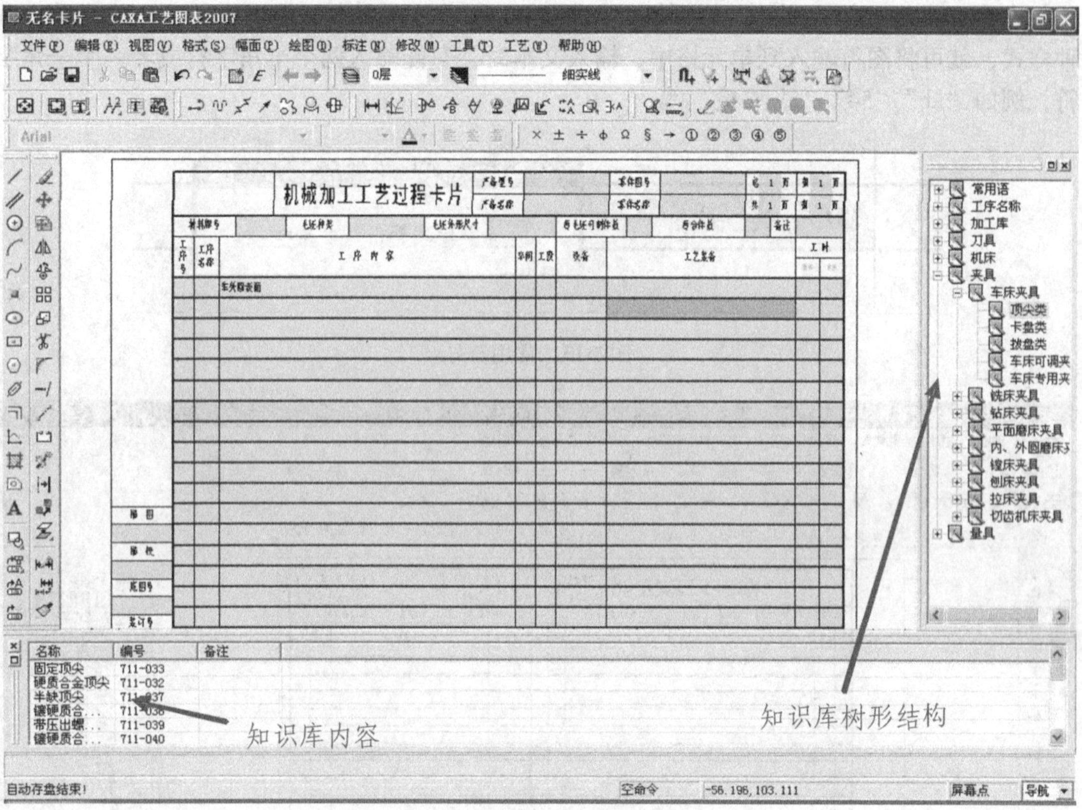

图 3-11　知识库在填写时的应用

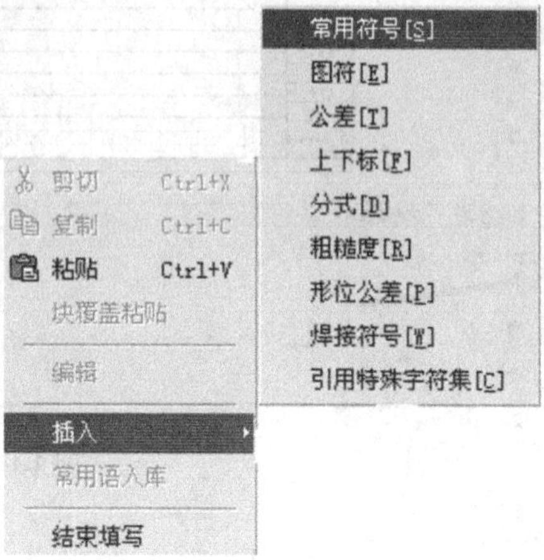

图 3-12　插入特殊符号

表面粗糙度、形位公差[⊖]、焊接符号和引用特殊字符集，如图 3-12 所示。

选择命令的时候，在填写状态下，单击鼠标右键，选择弹出菜单中【插入】命令中的某一个子命令；也可以在选择【插入】命令的时候，在键盘中输入后面对应的字母，如要插入公差，在选择到【插入】命令时，直接单击“T”，则会有相应的对话框弹出。下面对各种特殊符号的输入作详细说明。

常用符号的输入：在填写状态下，单击鼠标右键，选择弹出菜单中的【插入】/【常用符号】命令，弹出“请选择插入符号”对话框，如图 3-13 所示；再选择要输入的符号即可完成填写。另外，常用符号的输入也可使用知识库，选择卡片树中的【常用符号】库，可对此库进行定制和扩充，因此更加灵活，如图 3-14 所示。建议使用【常用符号】库进行填写。

图符的输入：同样在填写状态下，单击鼠标右键，选择弹出菜单中的【插入】/【图

⊖ 新国家标准中形位公差已改为几何公差，此处为与软件界面一致仍沿用形位公差的名称。

符】命令，弹出“输入图符”对话框，如图 3-15 所示，在文本框中填写文字，然后单击一种样式，就可将图符输入到单元格中；输入文本时，只能输入两个半角字符或者一个全角字符，例如“ab”“54”“a”“检”等。

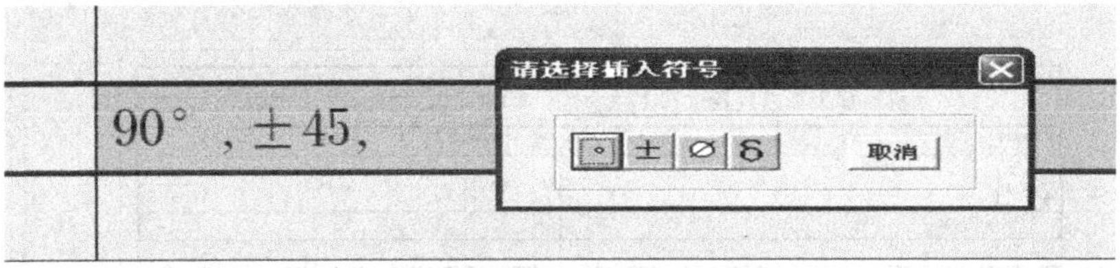

图 3-13　常用符号

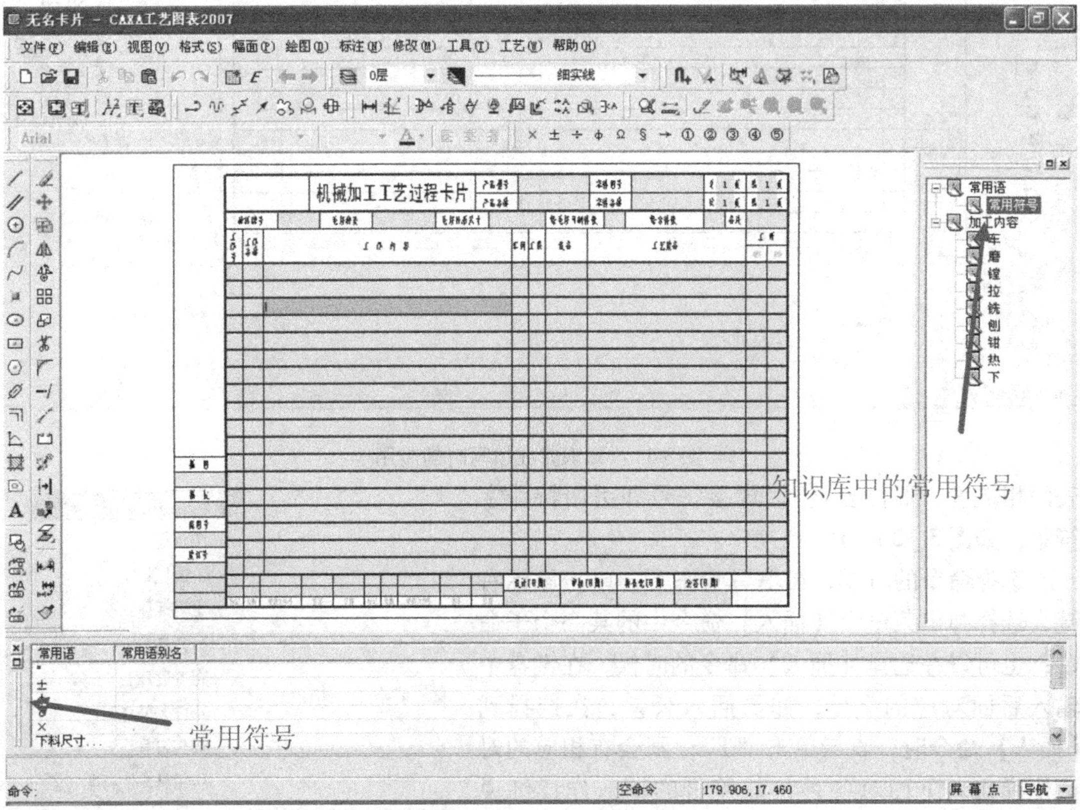

图 3-14　知识库中的常用符号

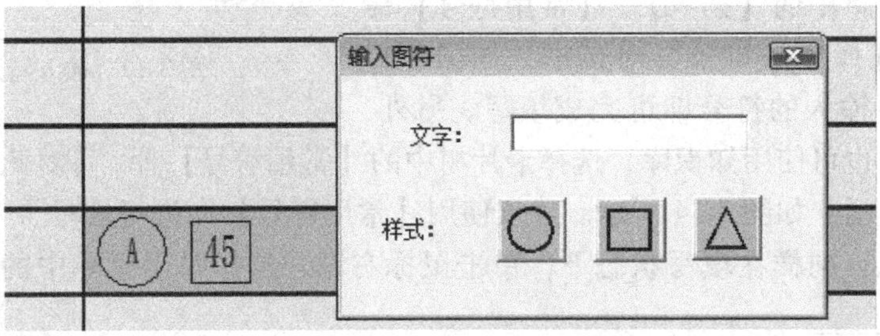

图 3-15　图符的输入

公差的输入：选择【插入】/【公差】命令，弹出“尺寸标注属性设置”对话框，填写基本尺寸、上下偏差、前后缀，并选择需要的输入形式、输出形式，最后单击【确定】即完成填写。其中输入形式包括“代号”“偏差”“配合”“对称”，如图 3-16 所示。单击“高级”，则可以进行可视化选择公差，如图 3-17 所示。

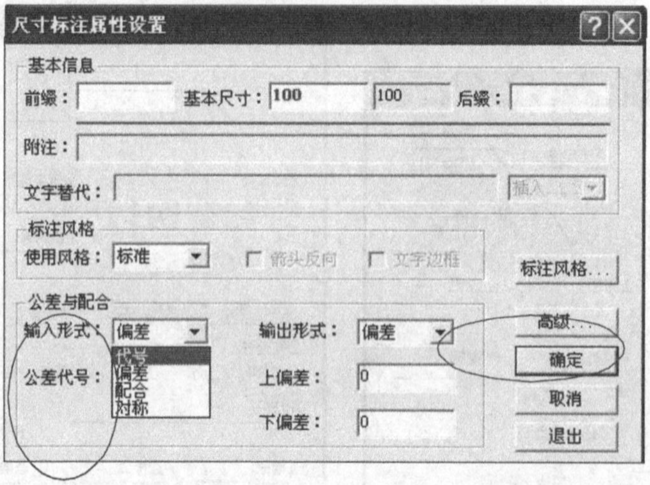

图 3-16　公差的输入

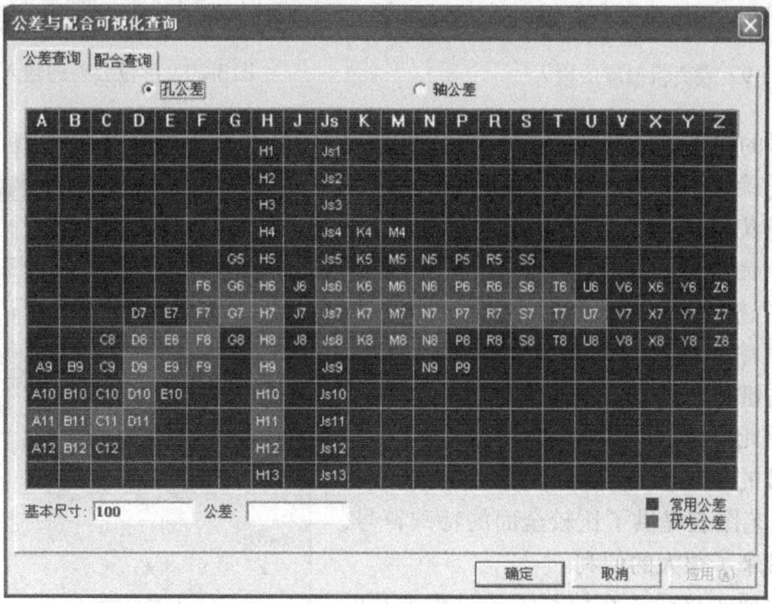

图 3-17　可视化选择公差值

上下标的输入：上下标也是公差的输入，通过【插入】/【上下标】命令，可填写上标和下标的具体数值，再单击【确定】即可。

分式的输入：选择【插入】/【分式】命令，可填写分子、分母的数值，再单击【确认】即可，如图 3-18 所示。

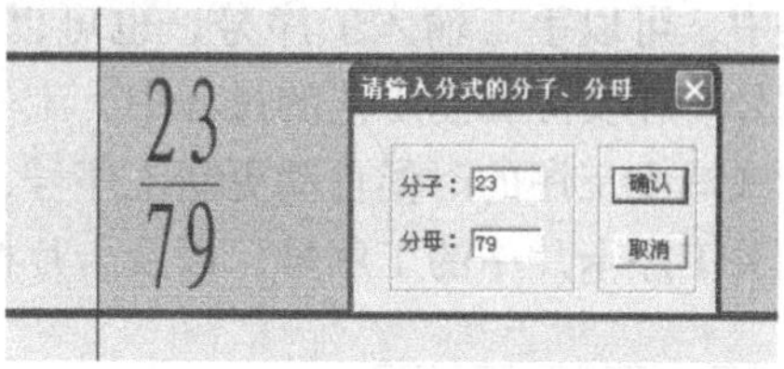

图 3-18　分式的输入

表面粗糙度[⊖]的输入：选择【插入】/【粗糙度】命令，再选择表面粗糙度符号，填写参数值，单击【确定】即可，如图3-19所示。

形位公差的输入：选择【插入】/【形位公差】命令后，选择公差类型，填写参数值，再单击【确定】即可，如图3-20所示。

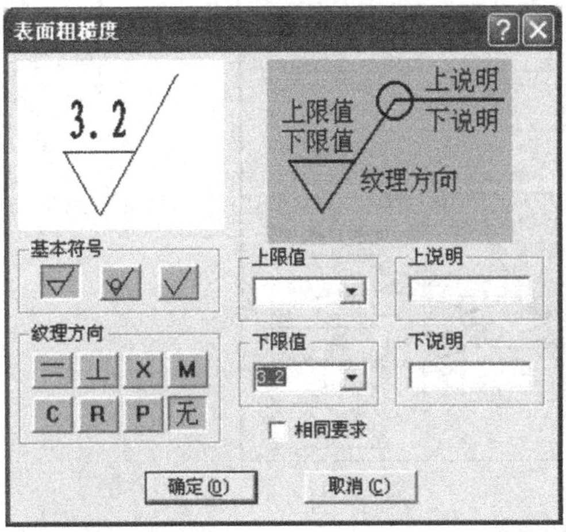

图3-19　表面粗糙度的输入

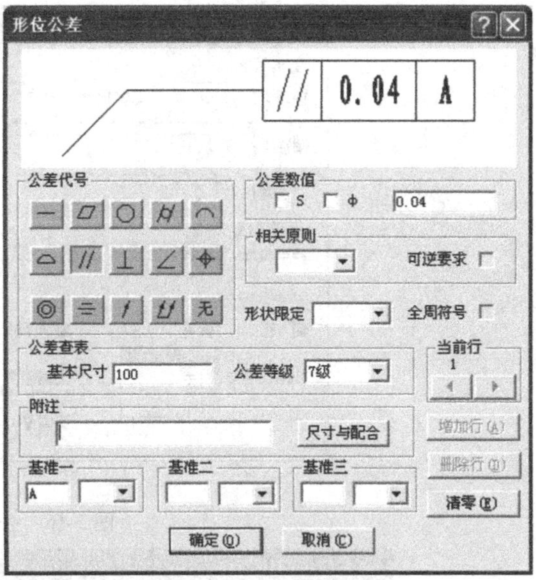

图3-20　形位公差的输入

焊接符号的输入：选择【插入】/【焊接符号】命令后，选择焊接类型，填写相关参数，再单击【确定】即可，如图3-21所示。

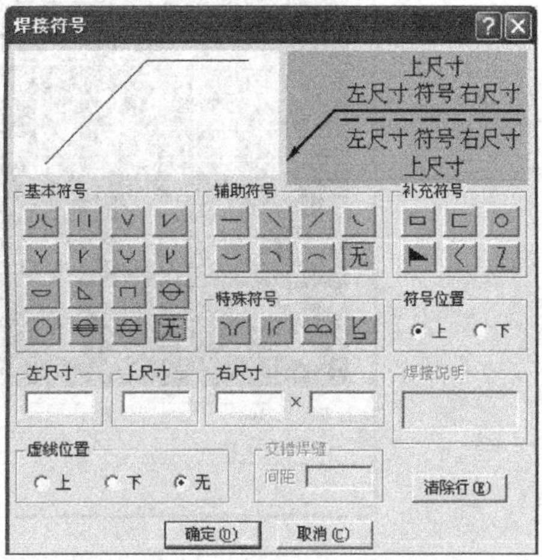

图3-21　焊接符号的输入

特殊字符集的输入：选择【插入】/【引用特殊字符集】命令后，选择需要的字符，并单击【选定】，使被选定的字符显示在【复制字符】选项后的文本框中。单击【复制】，然后回到单元格中，使用右键菜单中的【粘贴】命令，就可将字符填写到单元格中。

特殊符号的填写，是填写工艺的重要组成部分。CAXA工艺图表提供了比较全面的特殊符号，给编制工艺带来了很大的便利。

④自动生成工序号。在填写工艺过程卡片的时候，一般都需要填写工序号。在CAXA工艺图表中，可以手工输入工序号，也可以自动生成工序号。在实际编制工艺的过程中，工序之间经常插入或删除，自动生成工序号可以在中间增加或减少工序的时候自动更新工序号，而且系统会自动填写工艺过程卡片中的工序号和所有相关工序卡片中的工序号，以及卡片树中工序卡片的命名。

⊖ 表面粗糙度符号在最新国家标准中已有变化，此处为与软件界面一致，仍沿用旧标准。

在整个工艺过程卡填写过程中，或填写完毕后，可以单击菜单【工艺】/【自动生成工序号】命令自动创建工序号。“自动生成工序号”对话框允许对工序号的生成方式进行设置，如图3-22所示。

⑤填写公共信息。公共信息是在工艺规程中各个卡片都需要填写的单元格，将这些单元格列为公共信息，在填写卡片时，可以一次完成所有卡片中该单元格的填写。公共信息可以在定制工艺规程模板时设置，也可以通过【编辑规程模板】进行修改。

选择菜单【工艺】/【填写公共信息】命令，弹出“公共信息”对话框，如图3-23所示，输入公共信息的内容后单击【确定】即可完成所有公共信息的填写。此外，选中公共信息并单击【编辑】，或直接在公共信息内容上双击，均可以对其进行编辑。

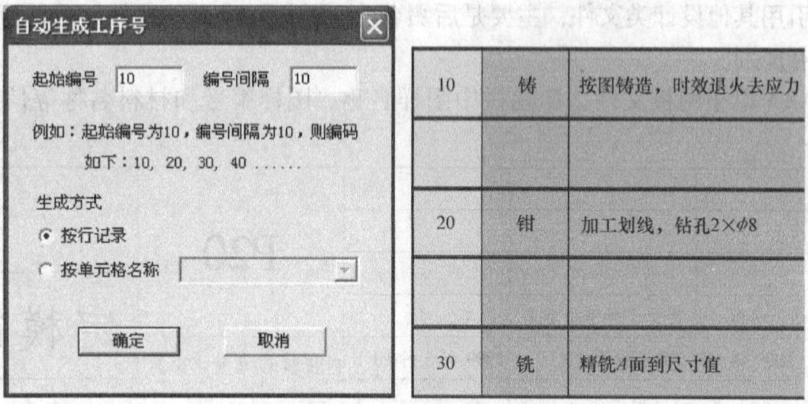

图3-22 自动生成工序号

填写完卡片的公共信息以后，选择菜单【工艺】/【输入公共信息】命令，如图3-24所示，系统会自动将公共信息保存到系统默认的txt文件。

新建另一新文件时，选择菜单【工艺】/【输出公共信息】命令，可以将保存的公共信

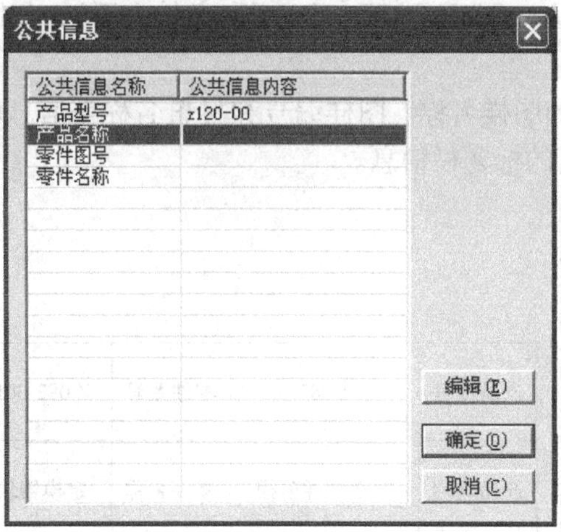

图3-23 公共信息填写

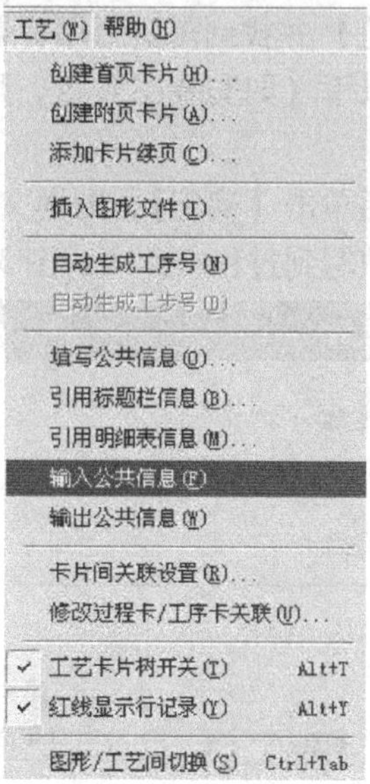

图3-24 输入、输出公共信息

息自动填写到新的卡片中去。

系统默认的 txt 文件是唯一的，存放在安装目录 DATA \ CHS 下的文件“公共信息 . txt”里。如安装在 C 盘，则在 C：\ CAXA \ CAXACAPP \ Data \ CHS 下，其作用类似于 CAXA 工艺图表的内部剪贴板，向此文件中写公共信息后，文件中的原内容将被新内容覆盖。从文件中引用的公共信息只能是最新一次写入的公共信息。

⑥利用外部引用的方法填写。外部引用包括引用标题栏信息和引用明细表信息，操作方式基本一样。其主要作用是将设计图样标题栏中的图样名称、图样编号和材料名称等标题栏信息自动调用到工艺卡片中，完成填写。

外部引用主要有两种情况：一种是引用 CAXA 电子图板图形文件，其后缀名为 EXB；另外一种是引用其他设计类文件，主要是后缀名为 DWG 和 DXF 的文件。两种情况引用操作的方式也略有区别。

对于 CAXA 电子图板文件，标题栏中图样名称、图样编号和材料名称等信息如图 3-25 所示。

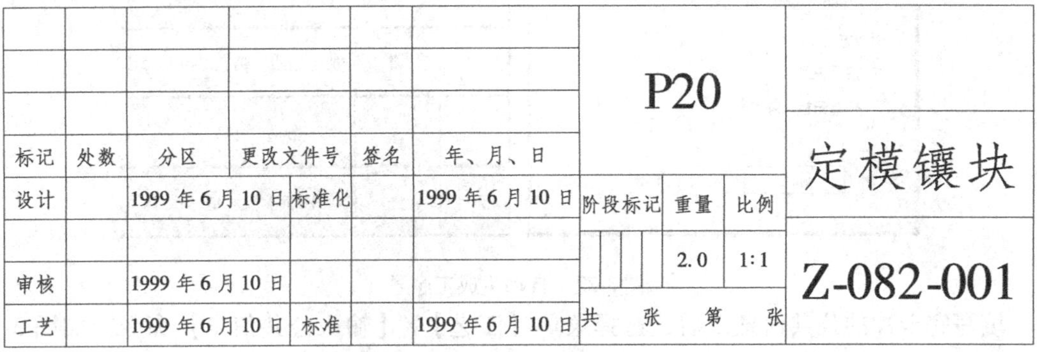

图 3-25　电子图板格式的标题栏

选择菜单【工艺】/【引用标题栏信息】命令，弹出“引用标题栏信息”对话框，选择【浏览】并找到需要引用标题栏的 CAXA 电子图板（ *. exb）图形文件，其图形文件在安装目录下（如安装在 C 盘，则在 C：\ CAXA \ CAXACAPP \ Samples 文件夹下），如图 3-26 所示。

最后单击【确定】，图样文件的标题栏中的图样名称、图样编号和材料名称等信息就会自动地填写到过程卡片中。图 3-27 所示为引用的标题栏信息。

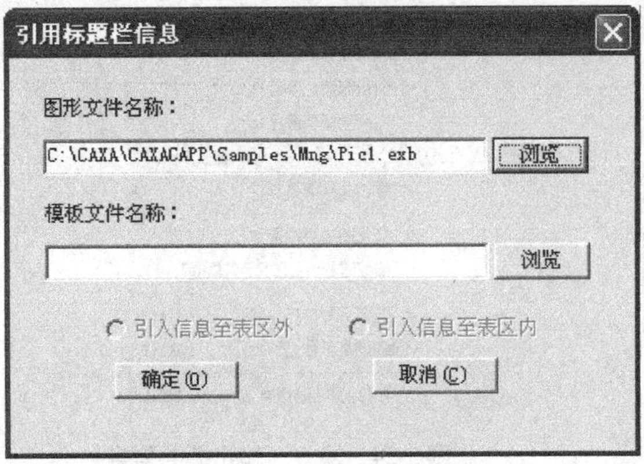

图 3-26　引用标题栏信息

产品型号	Z-082	零件图号	Z-082-001
产品名称	航空杯注射模	零件名称	定模镶块

图 3-27　引用的标题栏信息

(2) CAXA 工艺图表行记录的操作　CAXA 工艺图表中行记录与 Excel 或 Word 表格中的“行”的概念相类似，是与工艺卡片表区的填写、操作有关的重要概念，工艺图表中的行记录可以添加或删除，也可以合并或拆分，而且可以复制、剪切、粘贴行记录，还可以通过行记录生成工序卡片。

图 3-28 所示是一个典型的 Excel 表格，在其中的某个单元格中填写内容时，各行表格线会随着单元格内容的增减动态调整，当单元格内容增多时，如图中的某一行的“工序内容”增加时，行表格线会自动下移，反之则上移。

工序号	工序名称	工序内容	车间	设备
10	铸	铸造、浇注、清砂	外协	
20	车	按零件图画出拨叉左端面的加工尺寸线和一些辅助性线	金	
30	车	用自定心卡盘夹右端尺寸 ϕ40mm 处，找正左端面，保证尺寸 16mm；钻孔 ϕ20H7 至尺寸 18mm；装夹工件，精车左端面，保证尺寸 16mm，扩孔 ϕ20mm，留余量 0.2mm；孔口倒角 $C1$mm；铰孔尺寸至 ϕ20H7	金	C6140

图 3-28　Excel 的“行”操作

同样的，在 CAXA 工艺图表中，工艺卡片表区中的每个行记录就相当于 Excel 表格中的一行。行记录由红线标识，每两条红线之间的区域为一个行记录。行记录的高度，随着此行记录中各列高度的变化而变化。

(3) CAXA 工艺图表卡片树介绍　在上面的介绍中，主要都是工艺过程卡片填写，在一个完整的工艺规程中，应该还有与工艺过程卡片相对应的工序卡片，工序卡片是对工艺过程卡片中的每道工序进行详细描述。

另外，还有类似首页卡片、附页卡片、统计卡片、质量跟踪卡片、检验卡片等，这些卡片构成了一个完整的工艺规程。此时在右面的窗口就生成了卡片树，如图 3-29 所示，可以对卡片树进行操作。下面重点介绍生成完整的卡片树的方法，及对这些卡片的一些具体操作。

1）通过行记录生成工序卡片。在过程卡中，按下“Ctrl”键，左键选中行记录，此行记录一般来说是工艺过程卡片的某一道工序，再单击鼠标右键，出现图 3-30 所示的对话框；选择【生成工序卡片】命令，弹出“选择工艺卡片模板”对话框，如图 3-31 所示。

在列表中选择所需的工序卡片模板，单击【确定】按钮，即为行记录创建了一张工序卡片，并自动切换到工序卡片填写界面。如选择“机械加工工序卡片”，则相对应于这道工序生成了机械加工工序卡片，如图 3-32 所示。

新生成的工序卡片与原行记录保持一种关联关系，在系统默认设置下，工艺过程卡片的内容与工序卡片的内容双向关联。生成工序卡片时，行记录与工序卡片表区外的单元格相关联的内容能够自动填写到工序卡片中。

2）打开、删除工序卡片。在工艺过程卡片表区中，如果一个行记录已经生成了工序卡片，那么选中此行记录并单击右键后，弹出的快捷菜单中，原【生成工序卡片】命令变为【打开工序卡片】命令，单击此命令，则切换到对应工序卡片的填写界面。

不能使用【删除行记录】、【合并行记录】、【拆分行记录】、【剪切行记录】、【粘贴行记录】等命令，否则会破坏行记录与对应工序卡片的关联性。只有在删除了对应工序卡片后，这些命令才重新有效。

在卡片树中右击某一张卡片，单击快捷菜单中的【删除卡片】命令，即可将此卡片删除。其中有一些卡片是不能删除的：

①已生成工序卡片的工艺过程卡片。工艺过程卡片生成工序卡片后，不允许直接删除工艺过程卡片，只有先将所有工序卡片删除后，才能删除工艺过程卡片。

②中间续页。如果一张卡片有多张续页卡片，那么只有最后一张续页可以删除，中间的续页不允许删除。

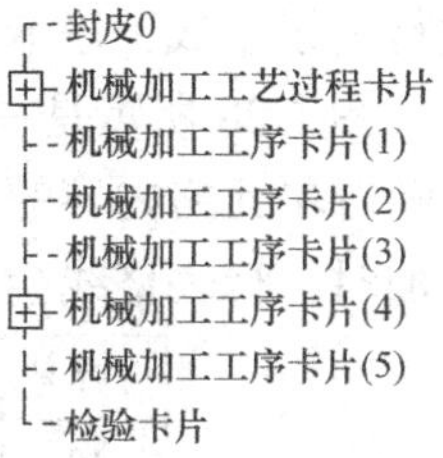

图 3-29　卡片树

3）添加续页卡片。在添加续页时，可添加不同模板类型的续页。

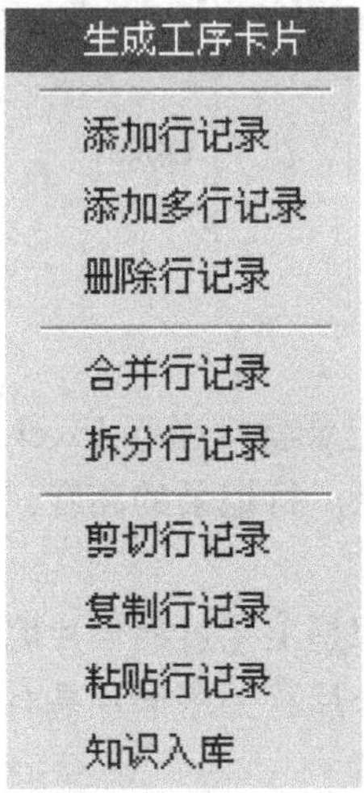

图 3-30　生成工序卡片

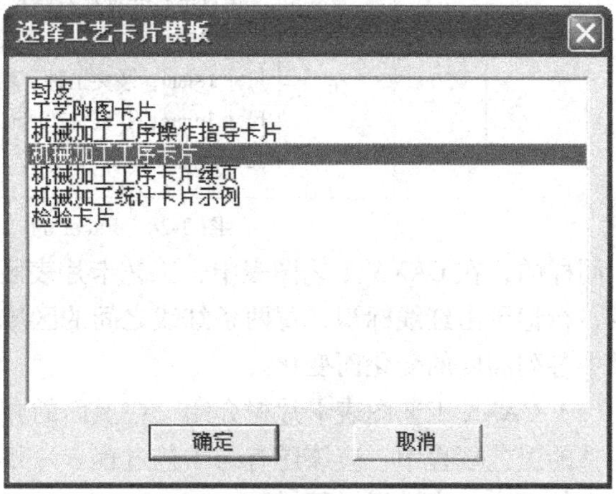

图 3-31　选择工艺卡片模板

要为卡片添加续页，前提是卡片模板有支持续页的表区，有三种方法可以为卡片添加续页：

①填写表区中具有【自动换行】属性的列时，如果填写的内容超出了表区范围，系统会自动以当前卡片模板添加续页。

②选择【工艺】/【添加卡片续页】命令，如图 3-33 所示，弹出“选择工艺卡片模板”对话框；选择所需的续页模板，单击【确定】按钮，即可生成续页。

③单击卡片树对应卡片，再单击右键，通过右键菜单中的【添加当前续页】命令，选择所需要的续页模板，单击【确定】按钮，即可生成续页，如图 3-34 所示。

4）添加子卡片。在编写工艺规程时，希望在某一张工序卡片之后添加工序附图等卡片，对这一工序的内容作更详细的说明，并且希望能作为此工序所有卡片中的一张，与主页、续页卡片一起排序，而且希望能根据操作习惯进行移动。这一类卡片，既不能使用【添加卡片续页】命令添加，也不能使用【创建附页卡片】命令添加（只能添加到卡片树的最后），这就用到了【添加子卡片】功能。

添加子卡片的步骤如下：

	机械加工工序卡片	产品型号	Z120	零件图号	Z120-18	总 2 页	第 2 页
		产品名称	搬运车	零件名称	销轴	共 1 页	第 1 页

车间	工序号	工序名称	材料牌号
金工	30	车	
毛坯种类	毛坯外形尺寸		每台件数
设备名称	设备型号	设备编号	同时加工件数

夹具名称	夹具名称	切削液	
工位器具编号	工位器具名称	工序工时	
		准终	单件

	工步号	工步内容	工艺装备	主轴转速/(r/min)	切削速度/(m/min)	进给量/(mm/r)	切削深度/mm	进给次数	工步工时 机动	工步工时 辅助
描图										
描校										
底图号										

											设计(日期)	审核(日期)	标准化(日期)	会签(日期)
装订号														
	标记	处数	更改文件号	签字	日期	标记	处数	更改文件号	签字	日期				

图 3-32 机械加工工序卡片

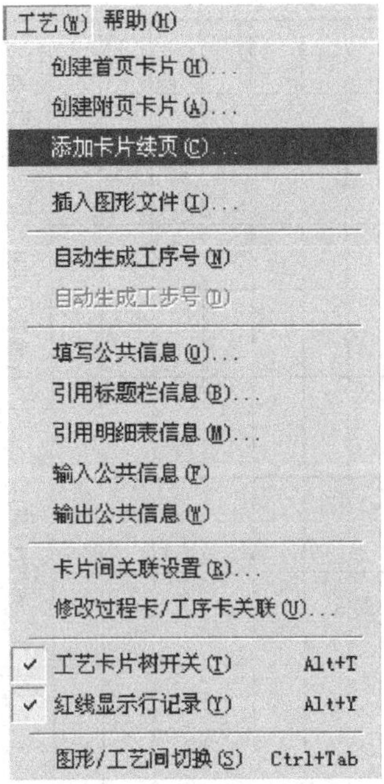

图 3-33　选择【添加卡片续页】

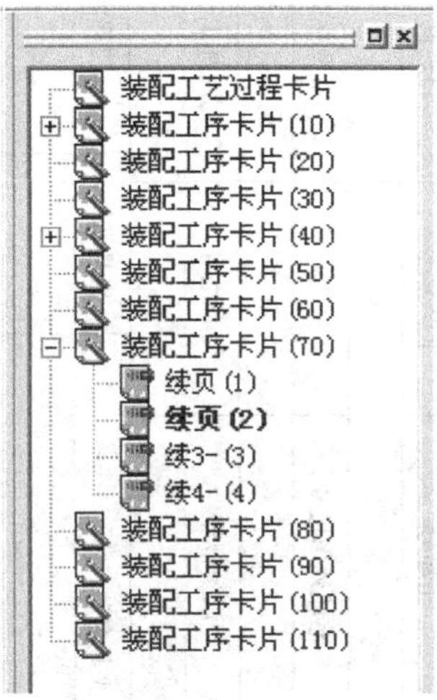

图 3-34　添加续页后的卡片树

①在卡片树中，右键单击要添加子卡片的卡片，弹出快捷菜单。

②单击【添加子卡片】命令，弹出“选择工艺卡片模板”对话框，如图 3-35 所示。

③选择所需的卡片模板，单击【确定】按钮，完成子卡片的添加。

5）创建首页卡片与附页卡片。首页卡片一般为工艺规程的封面，而附页卡片一般为附图卡片、检验卡片、统计卡片等。

单击【工艺】主菜单下的【创建首页卡片】与【创建附页卡片】命令，均会弹出如图 3-35 所示的“选择工艺卡片模板”对话框，选择需要的模板，确认后即可为工艺规程添加首页卡片和附页卡片。

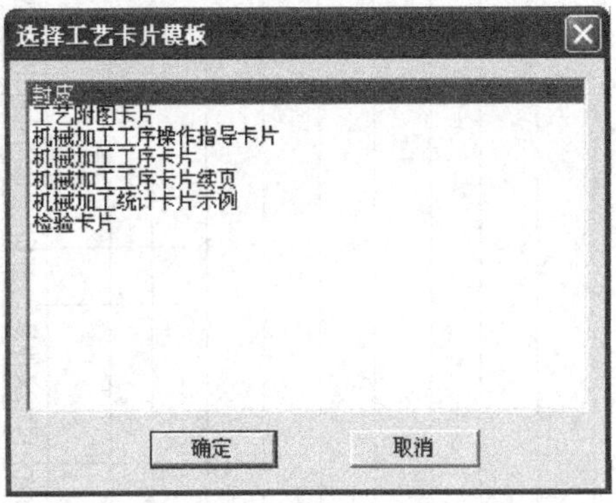

图 3-35　“选择工艺卡片模板”对话框

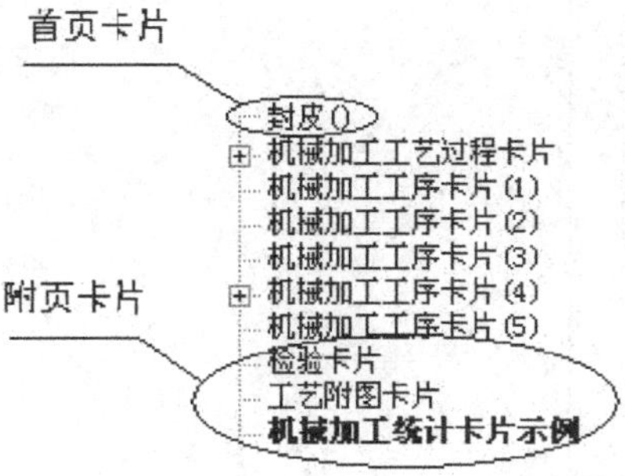

图 3-36　添加的首页卡片和附页卡片

在卡片树中，首页卡片被添加到规程的最前面，而附页卡片被添加到规程的最后，如图 3-36 所示。

6）卡片树间的关联设置。在工艺过程卡片中，行记录各列的内容如【工序号】、【工序名称】、【设备名称】、【材料牌号】等可以设置与工序卡片单元格中表区之外的内容相关联，两者通过单元格名称匹配。如图3-37所示，这是一张工序卡片表区外的单元格区域，其中的【工序名称】、【机床名称】、【机床型号】、【切削液】、【材料牌号】、【夹具编号】等内容是与工艺过程卡中对应的行记录相关联的。通过设置工艺过程卡片与工序卡片的关联，可以保持工艺数据的一致性，减少错误，并方便工艺人员的填写。

选择主菜单【工艺】/【卡片间关联填写设置】命令，弹出“卡片间关联填写设置”对话框，如图3-38所示。具体选项的介绍如下：

工序名称	车		
机床名称	卧式车床	机床型号	CA6240A
毛坯尺寸		下料重量	
零件重量		切削液	皂化液
材料牌号	0Cr18Ni9		
程序编号			
夹具编号	自定心卡盘		

图3-37　与行记录相关联

①过程卡（即工艺过程卡片）和工序卡（即工序卡片）内容不关联。两者内容不相关，可分别更改过程卡与工序卡，彼此不受影响。

②过程卡内容更新到工序卡。修改过程卡内容后，工序卡内容自动更新。

③工序卡内容更新到过程卡。修改工序卡内容后，过程卡内容自动更新。

④过程卡和工序卡内容双向关联。确保过程卡或工序卡关联内容的一致，修改过程卡时，工序卡内容自动更新，反之亦然。

7）修改过程卡/工序卡关联。可以修改过程卡和工序卡之间的关联关系。其设置如图3-39所示，选择左边工序卡片可以设置成关联，选择右边工序卡片可以解除关联。

8）借用卡片。借用卡片可以将CAXA工艺图表旧版本的工艺卡片文件或者其他工艺规程中的卡片，借用到当前工艺规程中来，这样就减少了重新创建并输入卡片的工作量。

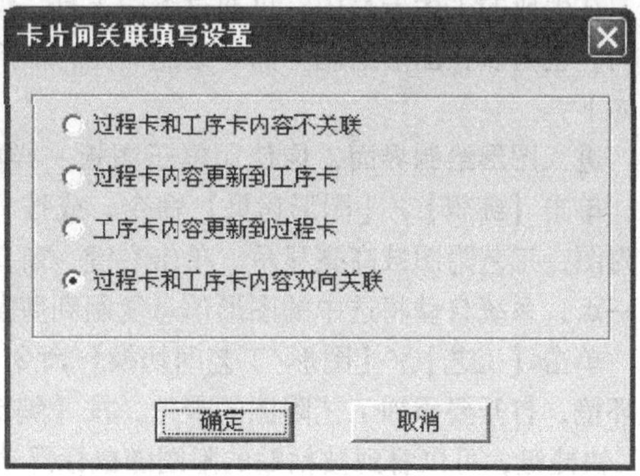

图3-38　卡片间关联填写设置

在卡片树窗口中，右键单击卡片，弹出右键菜单，单击【借用卡片内容】命令，弹出工艺卡片文件对话框，选择【浏览】，找到被借用的工艺卡片，打开此卡片，然后单击【确认】按钮即可。在原规程的卡片树中，原卡片已经被借用的卡片代替。

6. 工艺附图的绘制

在工艺编制过程中，针对每道工序会利用简图来详细描述加工或装配的过程，这里的简

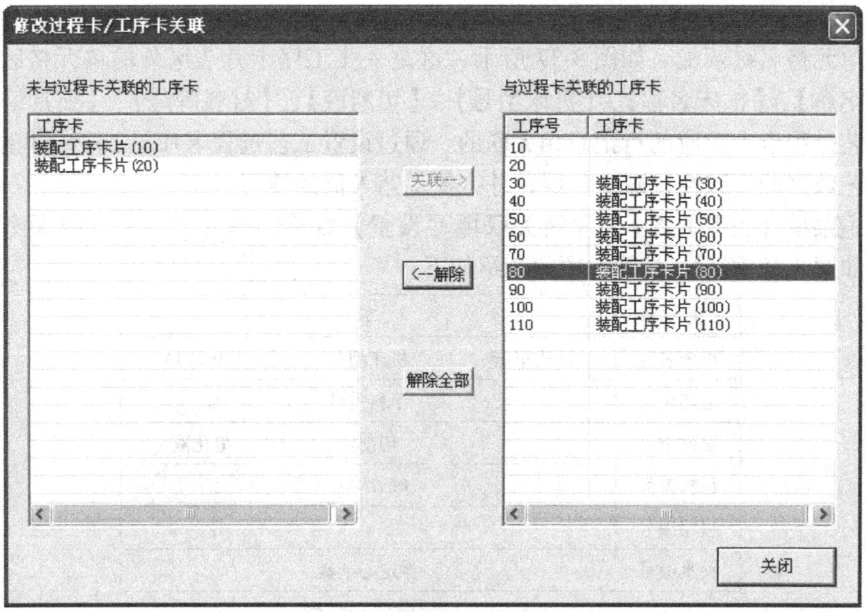

图 3-39　修改过程卡/工序卡关联

图就是工艺附图。在各种场合，工艺附图有一部分是工艺编制人员直接绘制的简图，有一部分是直接引用的设计图样，另外一部分是一些实际图片。所以绘制工艺附图需要不同的方法来完成。

（1）直接绘制简图　CAXA 工艺图表提供了直接绘制工艺附图的功能。工艺图表集成了 CAXA 电子图板的所有功能，利用电子图板的绘图工具，可方便地绘制工艺附图。

在生成的工序卡片中，可通过绘图工具、编辑工具、标注工具等直接在卡片中绘制工艺附图。也可以在图形绘制界面中绘制简图，然后复制、粘贴到工艺环境下的卡片中。具体操作如下：

进入图形绘制界面，像使用电子图板一样在绘图区绘制工艺附图。工艺附图绘制完成后，单击【编辑】/【图形拷贝】命令，或按“Ctrl + C”快捷键，然后用鼠标左键框选工艺附图，工艺附图被高亮显示。单击右键，窗口底部命令行提示【请给定图形基点】，单击某一点，系统自动将选中的图形信息复制到剪贴板上。

单击【工艺】/【图形/工艺间切换】命令，或直接按键盘“Ctrl + TAB”键，切换到工艺环境，打开要添加工艺附图的卡片，按【编辑】主菜单下的【粘贴】命令，或按“Ctrl + V”快捷键，可以看到被粘贴的附图随鼠标浮动。

在窗口底部的立即菜单中显示了可用的选项：

1)【定点】方式。窗口底部命令行提示【请输入定位点】，单击卡片上某一点或直接输入定位点坐标并按“Enter”键，图形即粘贴到卡片上。

2)【定区域】方式。窗口底部命令行提示【请拾取需要粘贴图形的区域】，在要粘贴图形的单元格内部单击，图形即被粘贴到单元格内，并按单元格大小自动缩放。

3）【拷贝为块】选项。被粘贴的图形自动生成为块，块中单个的图形元素不能直接编辑。

4）【保持原态】选项。图形被粘贴后，保持复制前的状态。

图3-40所示是使用【定区域】方式粘贴的工艺附图。

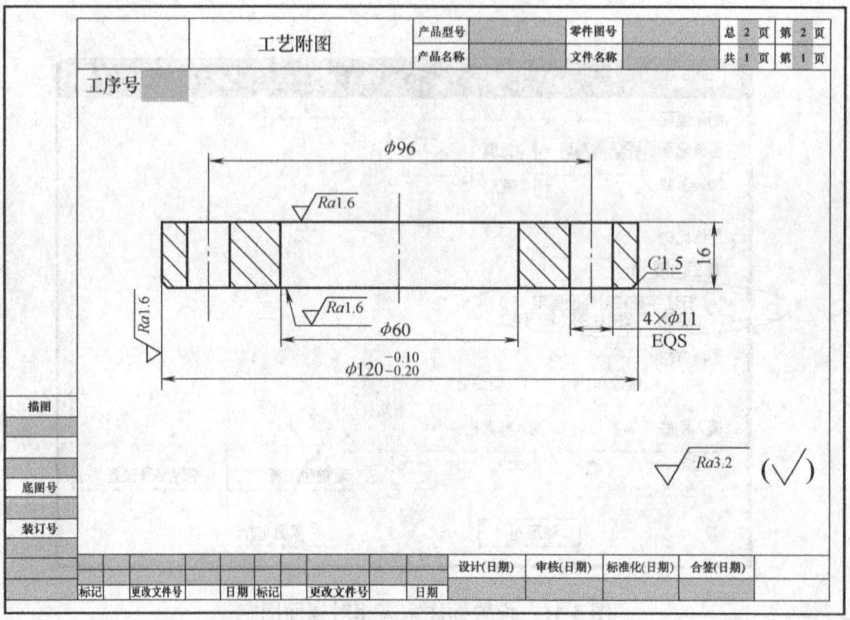

图3-40　粘贴后的工艺附图

（2）插入已有图样　除了可以直接插入CAXA电子图板文件外，也可以直接插入DWG、DXF等AutoCAD文件。

在编制工艺界面中，选择【工艺】/【插入图形文件】命令，跳出插入图形文件对话框。在文件类型中选择需要插入图形的文件格式，如是电子图板文件，可选择“图形文件（*.exb）”，并选择要插入的图形文件。

在窗口底部的立即菜单中显示了可用的选项：

1）【定点】方式。窗口底部命令行提示【请输入定位点】，单击卡片上某一点或直接输入定位点坐标并按“Enter”键，图形即粘贴到卡片上。

2）【定区域】方式。窗口底部命令行提示【请拾取需要粘贴图形的区域】，在要粘贴图形的单元格内部单击，图形即被粘贴到单元格内，并按单元格大小自动缩放。

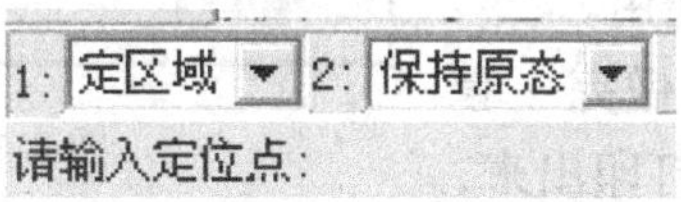

3）【拷贝为块】选项。被粘贴的图形自动生成为块，块中单个的图形元素不能直接编辑。

4）【保持原态】选项。图形被粘贴后，保持复制前的状态。

在插入图形文件前，一般需要对标注字高进行设置，进行此设置后，插入的图形的标注文字也将按比例缩放，否则将保持不变，造成显示上的混乱。单击【幅面】/【图幅设置】命令，弹出如图 3-41 所示的对话框，将“标注字高相对幅面固定”前的单选框标记去掉，单击【确定】按钮完成设置。

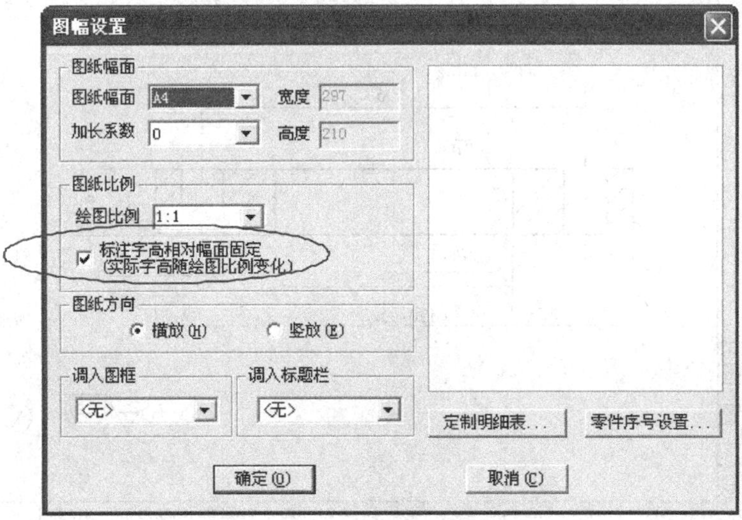

图 3-41　设置标注字高相对幅面固定

（3）插入图片　可以直接插入 JPG 等图片文件。

具体插入方法：在主菜单中选择【幅面】/【背景设置】/【插入图片】命令。跳出选择插入的图片对话框，在文件类型中选择要插入图片的文件格式，找到图形文件所在的位置，再确定。在窗口底部的立即菜单中将显示插入点，单击卡片上某一点或直接输入定位点坐标并按 Enter 键，图片插入到卡片中。

7. 工艺图的输出

在 CAXA 工艺图表中，提供了多种工艺卡片的输出打印形式，在实际应用中可根据具体情况灵活选择并使用。

（1）单套工艺规程打印　做完一套工艺规程后，可以将工艺卡片打印出来，

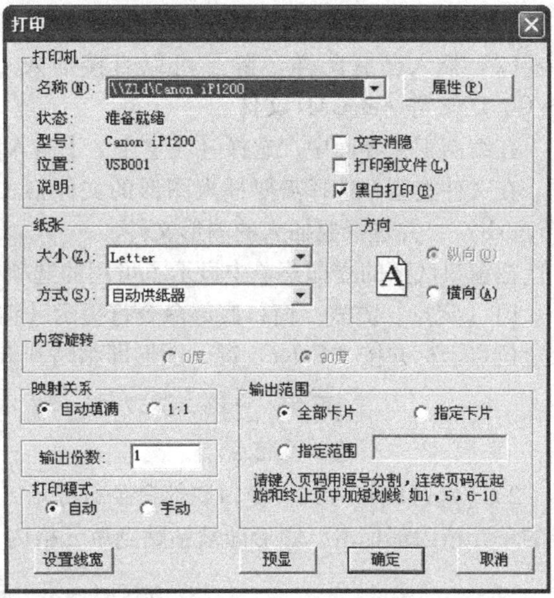

图 3-42　“打印”对话框

下发到车间，指导加工。这种对单套工艺进行打印输出，最好的形式就是“绘图输出”，利用【绘图输出】命令可以打印一套工艺规程中的所有卡片，也可以有选择地输出这套工艺规程的某一些卡片。

选择主菜单中的【文件】/【绘图输出】命令，或者在卡片树中右键单击某一张卡片，选择【打印】命令，弹出“打印”对话框，可以对当前打开的工艺文件中的卡片进行打印，如图 3-42 所示。

(2) 设置线宽　一般打印需要设置线宽，单击【设置线宽】按钮，弹出如图 3-43 所示对话框，可以设置打印输出的粗线和细线两种线型的线宽。

选择好打印机名称，设置好纸张大小以及输出份数，就可以打印了。

选择【文件】/【绘图输出】命令，或者单击绘图输出按钮，在弹出的绘图输出对话框中可以进行线宽设置、映射关系、文字消隐、定位方式等一系列相关内容的设置，即可进行绘图输出。

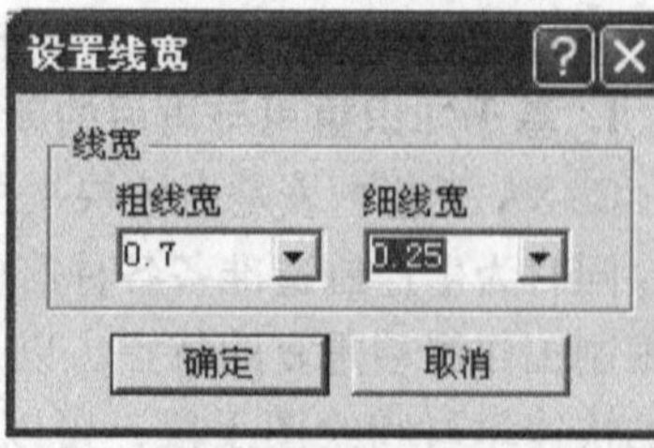

图 3-43　设置线宽

8. CAXA 工艺图表卡片填写实例

以图 3-44 所示典型零件在 CAXA 工艺图表中完成工艺填写过程为例，简述其填写过程。

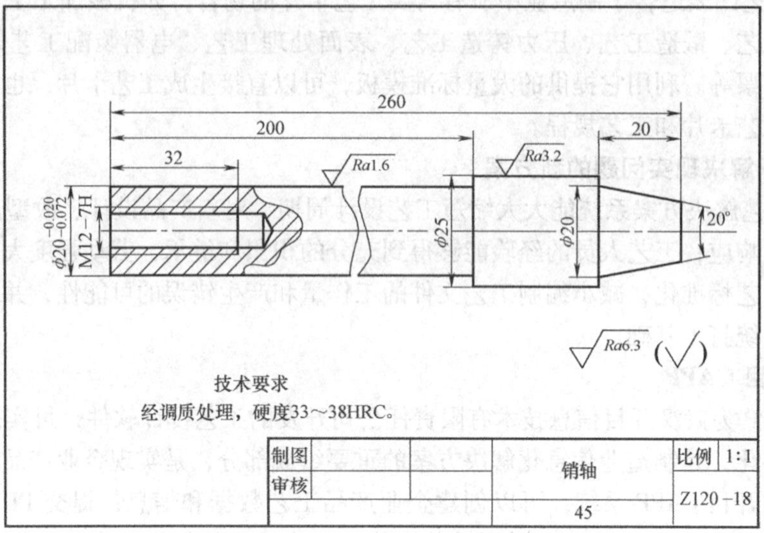

图 3-44　销轴零件图

运用 CAXA 编制的工艺过程卡如图 3-45 所示。

在工序 30 中，生成工序卡片：按下“Ctrl”键，选中工序 30，单击鼠标右键，选择【生成工序卡片】命令，再选择“机械加工工序卡片”，并按照图表内容填写。图 3-46 所示为工序卡。

三、相关知识

我国对 CAPP 的研究始于 20 世纪 80 年代初，1982 年同济大学正式推出了我国第一个 CAPP 系统——TOJICAP。在此之后，国内掀起了研究 CAPP 的热潮。特别在“九五”期间，随着机械设计“甩图板”工程和计算机辅助技术的应用，企业对 CAPP 的需求更加迫切。近几年来，我国市场上出现了几种有代表性的 CAPP 软件，包括北京北航海尔软件有限公司开发的 CAXA 工艺图表/CAXA 工艺汇总表，武汉开目 CAPP 软件，上海思普 SIPM/CAPP 软件系统和清华天河 CAPP 软件系统等，这在一定程度上满足了国内企业的需求。下面简单介绍国内主要工艺软件的特点。

（一）CAXA 工艺图表/CAXA 工艺汇总表

CAXA 是中国领先的 CAD/CAM/PLM/PDM 供应商，开发出了系列化的 CAD、CAPP、CAM、DNC、PDM、MPM 等 PLM 软件产品和解决方案，覆盖了制造业信息化设计、工艺、制造和管理四大领域。其 CAPP 软件是国内最先进的 CAPP 软件之一，主要特点如下。

1. 基于知识重用与再用的新思维

CAXA 工艺图表是高效快捷的工艺卡片编制软件，它可以方便地引用设计的图形和数据，同时为生产制造准备各种需要的管理信息。CAXA 工艺图表以工艺规程为基础，针对工艺编制工作繁琐重复的特点，以“知识重用和知识再用”为指导思想，提供了多种方便实用的快速填写和绘图手段，可以兼容多种 CAD 数据，真正做到“所见即所得”的操作方式，符合工艺人员的工作思维和操作习惯。

2. 适用于广泛应用领域的新工具

CAXA 工艺图表适合于制造业中所有需要工艺卡片的场合，如机械加工工艺、冷冲压工艺、热处理工艺、锻造工艺、压力铸造工艺、表面处理工艺、电器装配工艺以及质量跟踪卡、施工记录票等。利用它提供的大量标准模板，可以直接生成工艺卡片，也可以根据需要定制自己的工艺卡片和工艺规程。

3. 致力于解决现实问题的新方案

CAXA 工艺解决方案系统能大大缩短工艺设计周期，对新产品设计、改型产品和变更设计能快速作出响应；工艺人员的经验能够得到充分的积累和继承，劳动强度大大减轻；而且还可以加强工艺标准化，减小编制工艺文件的工作量和产生错误的可能性，并为建立集成的数字化制造系统打下基础。

（二）开目 CAPP

开目 CAPP 为武汉开目信息技术有限责任公司开发的工艺设计软件，可实现企业产品工艺设计的数字化，是制造业信息化解决方案的重要组成部分，是实现企业产品从设计到制造的桥梁。通过开目 CAPP 系统，可以创建企业产品工艺数据和信息，提交 PDM（产品数据管理）统一存储和管理，与 CAD 的设计信息等一起构成完整的企业产品数据信息，并可为后续的企业成本分析、生产计划安排等提供工时定额、材料定额、工艺路线等基础信息。其特点如下。

1）提供完备的系统工具，企业可以自定义、自扩充，充分满足工艺个性化的需求。

2）支持文件、数据库等多种工艺信息存储形式，提供 XML 国际通用标准格式，支持基于 WEB 的应用。

3）提出并实现基于知识的工艺设计思想，提供独特的工艺参数化设计模块；通过可视化的工艺知识建库工具，有效总结企业工艺知识和经验，显著提高工艺设计的效率和水平。

4）与各种主流 CAD、PDM、ERP 软件具有良好的集成性。

5）提出 CAPP 工具化思想。

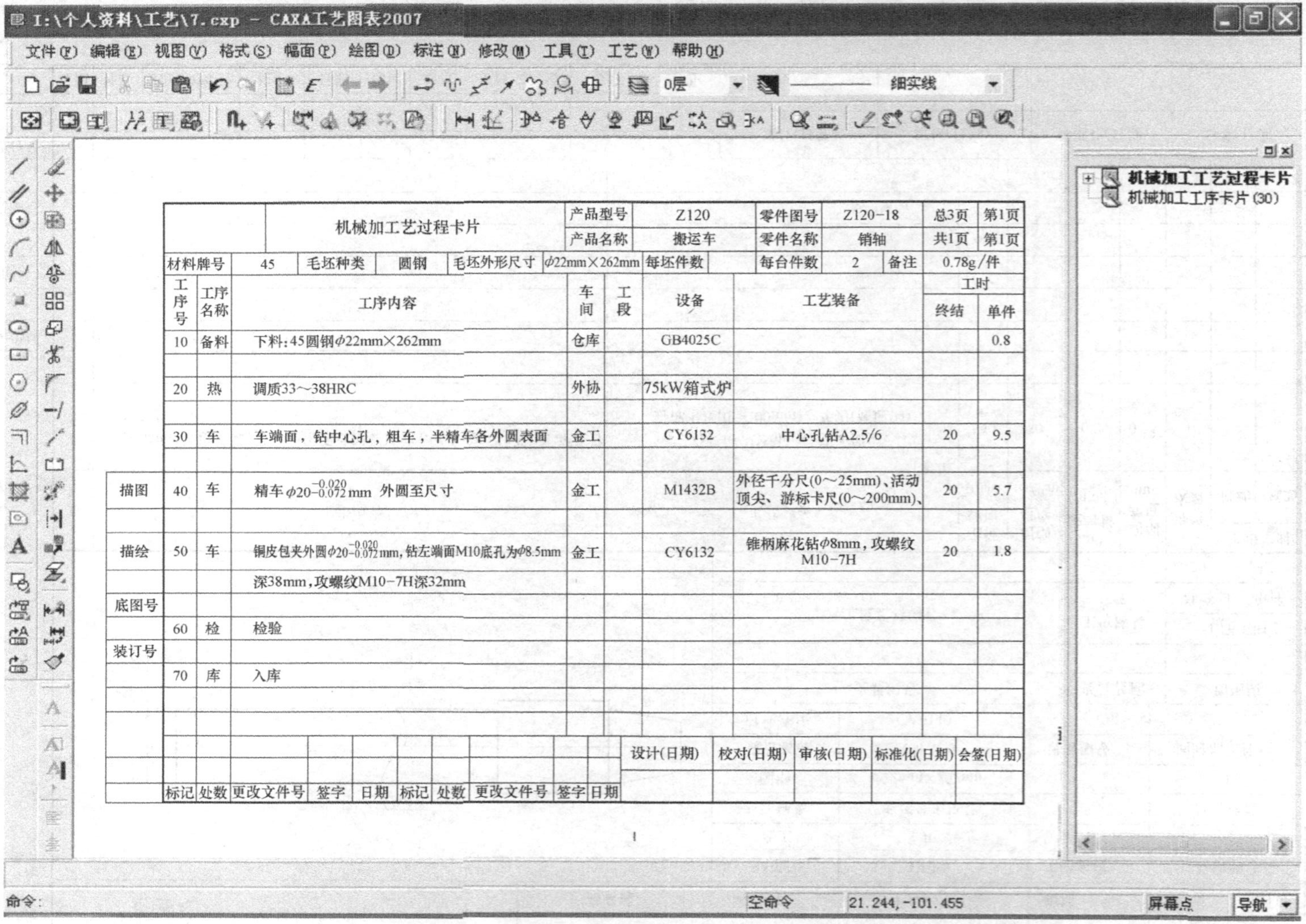

	机械加工工艺过程卡片				产品型号	Z120	零件图号	Z120-18	总3页	第1页
					产品名称	搬运车	零件名称	销轴	共1页	第1页
材料牌号	45	毛坯种类	圆钢	毛坯外形尺寸	ϕ22mm×262mm	每坯件数	每台件数	2	备注	0.78g/件
工序号	工序名称	工序内容	车间	工段	设备	工艺装备			工时 终结	工时 单件
10	备料	下料：45圆钢ϕ22mm×262mm	仓库		GB4025C					0.8
20	热	调质33～38HRC	外协		75kW箱式炉					
30	车	车端面，钻中心孔，粗车，半精车各外圆表面	金工		CY6132	中心孔钻A2.5/6			20	9.5
40	车	精车$\phi20^{-0.020}_{-0.072}$mm 外圆至尺寸	金工		M1432B	外径千分尺(0～25mm)、活动顶尖、游标卡尺(0～200mm)、			20	5.7
50	车	铜皮包夹外圆$\phi20^{-0.020}_{-0.072}$mm，钻左端面M10底孔为ϕ8.5mm深38mm，攻螺纹M10-7H深32mm	金工		CY6132	锥柄麻花钻ϕ8mm，攻螺纹M10-7H			20	1.8
60	检	检验								
70	库	入库								

描图	描绘	底图号	装订号

标记	处数	更改文件号	签字	日期	标记	处数	更改文件号	签字	日期	设计(日期)	校对(日期)	审核(日期)	标准化(日期)	会签(日期)

图 3-45　机械加工工艺过程卡

机械加工工序卡片	产品型号	Z120	零件图号	Z120−18	总2页	第2页
	产品名称	搬运车	零件名称	销轴	共1页	第1页

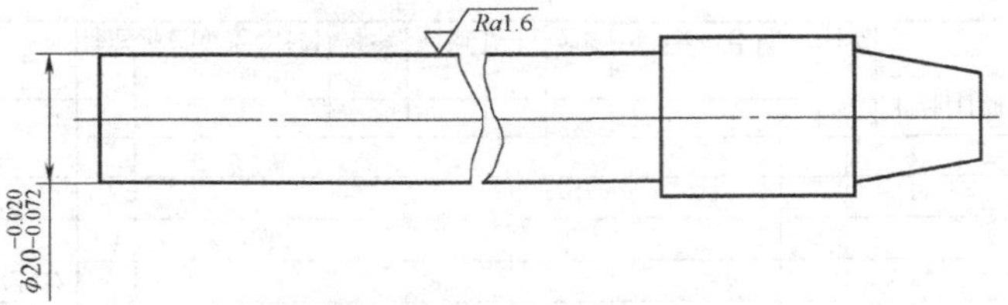

车间	工序号	工序名称	材料牌号
金工	40	精车	
毛坯种类	毛坯外形尺寸		每台件数
圆钢	ϕ22mm×262mm		1
设备名称	设备型号	设备编号	同时加工件数
卧式车床	CA6140		

夹具编号	夹具名称	切削液	
工位器具编号	工位器具名称	工序工时	
		准终	单件
		20	9.5

工步号	工步内容	工艺装备	主轴转速/(r/min)	切削速度/(m/min)	进给量/(mm/r)	切削深度/mm	进给次数	工步工时 机动	工步工时 辅助
1	夹ϕ25mm轴段外圆，另一段用活动顶尖顶住；精车$\phi 20_{-0.072}^{-0.020}$mm 至工序图尺寸	千分尺(0～25mm)、活动顶尖、游标卡尺(0～200mm)、车刀(高速钢)	650	50	0.2	0.25	1		

描图										
描校										
底图号										
装订号										
	标记	处数	理改文件号	签字	日期	标记	处数	更改文件号	签字	日期

设计(日期)	审核(日期)	标准化(日期)	会签(日期)

图 3-46　生成的机械加工工序卡

（三）艾克斯特 XTCAPP

XTCAPP 为北京艾克斯特信息技术有限公司开发的 CAPP 工艺规划系统，可以自动出各种工艺报表，编制各种工艺文件，汇总工艺数据，管理工装、加工量具及设备，自动生成产品结构树，配置工艺 BOM，提供 PDM/ERP 的数据接口，提供工艺数据管理，提供可嵌入式浏览器，支持网上远程浏览和在其他系统内浏览工艺文件等。

（四）天河 CAPP（TH-CAPP）

1. 交互式工艺设计

1）基于任务树完成对工艺文件的编制工作。

2）工艺文件基于产品结构进行管理。

3）基于产品结构的集成应用平台。

2. 增强功能

增强功能包括数据导出导入，符号库、系统资源库、用户资源库、单元工艺库维护及使用，汇总定义及汇总服务，归档工艺库、典型/标准工艺库，查询检索系统，帮助系统，数据集成工具，通用资源库，打印中心。

3. 网络功能

网络功能包括更改、浏览批注及版本控制系统，权限系统，任务流程管理。

四、思考与练习

1. 计算机辅助工艺规程设计的主要优点有哪些？
2. CAXA 工艺图表系统的功能特点有哪些？
3. 应用 CAXA 编制图 1-17 所示车床拨叉的加工工艺过程卡片和工序卡片。

项目四　专用夹具的设计

【项目内容】

专用夹具是为某一工件在某一道工序上的装夹而专门设计和制造的夹具，以满足零件加工精度及批量生产的要求。

专用机床夹具的作用可归结为以下四个方面：

（1）保证加工精度　机床夹具可准确确定工件、刀具和机床之间的相对位置，可以保证加工精度。

（2）提高生产效率　机床夹具可快速地将工件定位和夹紧，减少辅助时间。

（3）减轻劳动强度　采用机械、气动、液动等夹紧机构，可以减轻工人的劳动强度。

（4）扩大机床的工艺范围　利用机床夹具，可使机床的加工范围扩大，例如在卧式车床刀架处安装镗孔夹具可对箱体孔进行镗孔加工。

本项目中，学生通过完成异形件的孔加工、平面加工的专用夹具设计任务来掌握典型的专用机床夹具的设计方法、步骤。项目按三个模块展开，模块1为钻夹具设计，模块2为铣夹具设计，模块3为车床专用夹具设计。

【教学目标】

最终目标：掌握专用夹具的设计方法，能设计结构较简单的专用夹具。

促成目标：

1）熟悉专用夹具设计的基本要求、方法和步骤。

2）能合理选择定位元件、夹紧机构。

3）能根据工序加工要求，制订专用夹具的总体方案。

4）能设计专用夹具的总体结构。

模块1　钻夹具设计

一、教学目标

最终目标：掌握专用夹具的设计方法，会设计简单结构的钻夹具。

促成目标：

1）能描述专用夹具设计的基本要求、方法、步骤。

2）能根据零件加工要求拟订专用夹具设计方案。

3）能合理选用常用定位元件进行定位方案的设计。

4）能合理选用典型夹紧机构设计夹紧方案。

二、案例分析

用于钻床上进行孔的钻、扩、铰、锪、攻螺纹加工所用的夹具称为钻床夹具，简称钻夹具。

在工件上加工小孔时，由于在钻孔时不便于用试钻法把刀具调整到规定的位置，采用划线加工精度低、生产效率低，故当生产批量较大时，常使用钻夹具。在钻夹具上，一般都装有距定位元件一定距离的钻套，通过钻套引导刀具进行加工，有利于保证被加工孔对其定位基准和各孔之间的尺寸精度、位置精度及防止钻头在切入后的引偏，并可显著提高劳动生产率。

案例精选：了解专用夹具（以下简称夹具）的组成及夹具设计的基本要求、方法、步骤，完成加工 CL6140-20029 拨叉 ϕ10H7 小孔钻夹具的设计。图 4-1 所示为加工 CL6140-20029 拨叉 ϕ10H7 小孔工序图。工件材料为 HT200，生产批量为中批生产，机床为台式钻床（Z515），刀具为高速钢麻花钻。

要进行夹具设计，首先应了解专用夹具的组成及夹具设计的基本要求、方法、步骤，其次根据夹具的设计内容、设计要求及设计方法来进行设计。

1. 专用夹具的组成

在生产中使用的机床夹具种类繁多，结构千变万化，根据其元件、机构所起的作用，可以归纳出夹具一般由下列几部分组成。

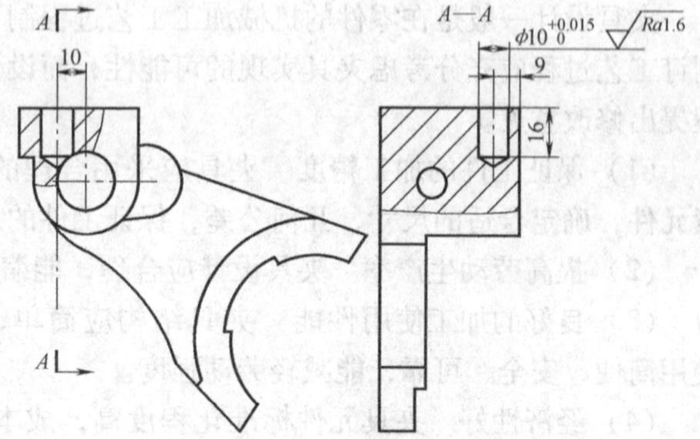

图 4-1　加工 CL6140-20029 拨叉 ϕ10H7 小孔工序图

（1）定位元件　定位元件是用以确定工件正确位置的元件。用工件定位基准或定位基面与夹具定位元件接触或配合来实现工件定位。图 4-2 中件 2 为定位元件。

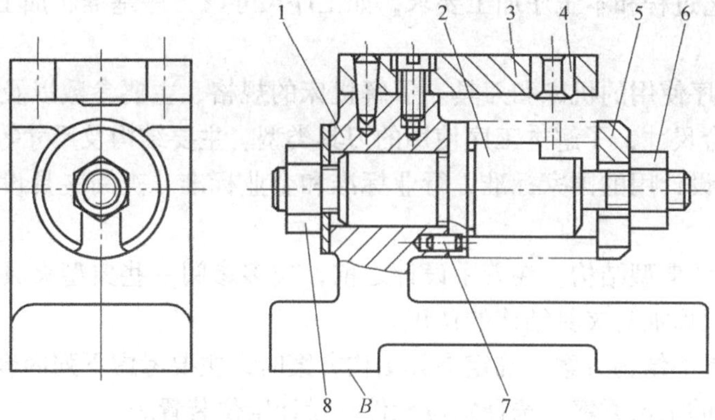

图 4-2　钻夹具

1—夹具体　2—定位心轴　3—钻模板　4—固定钻套
5—开口垫圈　6—夹紧螺母　7—防转销钉　8—锁紧螺母

（2）夹紧装置　夹紧装置是在工件定位后将工件夹紧的装置。图 4-2 中件 5、件 6 组成螺旋夹紧机构。

（3）对刀、导向元件　对刀、导向元件是指用于确定或引导刀具的元件，如钻套、镗套、对刀装置等，其作用是使刀具与定位元件之间获得正确的相对位置。

(4) 夹具连接元件　夹具连接元件是指用于保证夹具在机床上定位和夹紧用的元件，如铣床夹具底面上安装的定位键等。

(5) 其他元件及装置　根据工件加工要求，有些夹具除上述组成部分外，还需设置其他元件或装置，如进行多工位的分度转位装置、某些夹具的靠模装置、工件抬起装置和辅助支承等。

(6) 夹具体　夹具体是用于连接夹具各元件及装置，使之成为一个整体的基础件。

通常定位元件、夹紧装置和夹具体是夹具的基本组成部分，其他部分根据夹具所属的机床类型、工件加工表面的特殊要求设置。

2. 夹具设计的基本要求

夹具设计一般是在零件的机械加工工艺过程制订之后按照某一工序的具体要求进行的。制订工艺过程应充分考虑夹具实现的可能性，而设计夹具时，如确有必要，也可以对工艺过程提出修改意见。

(1) 保证工件的加工精度　夹具应采用合理的定位、夹紧方案，选择合适的定位、夹紧元件，确定合适的尺寸、几何公差，保证工件的加工精度要求。

(2) 提高劳动生产率　夹具设计应合理，能缩短辅助时间，提高生产效率。

(3) 良好的加工使用性能　夹具结构应简单、合理，便于加工、装配、检验、维修，使用简便、安全、可靠，能减轻劳动强度。

(4) 经济性好　夹具元件标准化程度高，成本低廉。根据生产批量，应设计不同复杂程度的夹具，以提高生产的经济效益。

3. 夹具设计的一般步骤

(1) 收集和研究有关资料

1) 分析零件图和工序图。了解零件的功用、特点、材料、生产类型及技术要求，详细分析工件加工工艺过程和本工序加工要求，如工序尺寸、工序基准、加工余量、定位基准和夹紧部位等。

2) 了解本工序使用的机床和刀具。了解机床的规格、主要参数以及在机床上安装夹具部位的结构和配合尺寸，了解本工序使用的刀具类型、主要结构及尺寸等情况。

3) 熟悉夹具设计用的国家标准、行业标准和企业标准。查阅夹具设计手册和夹具设计指导资料等。

4) 了解夹具的典型结构。在着手设计之前，应多参阅一些典型夹具结构图册及夹具部件的典型结构，以增加对夹具结构的认识。

(2) 确定夹具的结构方案　确定夹具结构方案时，主要考虑下列内容：

1) 确定工件的定位方案，选择定位元件，设计定位装置。

2) 确定工件的夹紧方案，选择夹紧机构，设计夹紧装置。

3) 确定刀具的对刀或引导方式。

4) 确定夹具和机床的连接方式，设计连接元件及安装基面。

5) 确定夹具其他组成部分的结构形式，如分度装置、吊装元件等。

6) 确定夹具体的结构形式及夹具在机床上的安装方式。

(3) 进行必要的分析计算，审查方案，改进设计　在确定夹具结构方案的过程中，工件定位、夹紧、对刀和夹具在机床上定位等各部分结构以及总体布局会有几种不同的方案可供选择，因而都应画出草图，进行必要的计算。进行定位误差计算以确定定位元件的结构尺寸与精度；进行夹紧力计算以确定夹紧装置的尺寸及结构形式，同时对夹紧机构中的薄弱环节进行强度校核以确定夹紧元件的结构尺寸。

画出夹具草图后，应征求有关人员的意见，并送达有关部门审查，然后根据意见对夹具方案作进一步修改。

（4）绘制夹具装配总图　按国家制图标准绘制夹具装配总图，绘图比例尽量采用1∶1。主视图按夹具面对操作者的方向绘制。总图应把夹具的工作原理、各装置的结构及其相互关系表达清楚。

夹具装配总图的绘制顺序如下。

1）用双点画线将工件的外形轮廓、定位基面、夹紧表面及加工表面绘制在各个视图的合适位置上。在总图中，工件可看做透明体，不遮挡后面夹具上的线条。

2）依次绘出定位装置、夹紧装置、对刀或导向装置、其他装置、夹具体、连接元件和安装基面。

3）标注必要的尺寸、公差和技术要求。

4）编制夹具明细栏及标题栏。

（5）绘制夹具零件图　对夹具中的非标准零件均要画零件图，并按夹具装配总图的要求确定零件的尺寸、公差及技术要求。

4. 钻夹具的设计

钻夹具一般由钻模板、钻套、定位元件、夹紧装置和夹具体组成，其中钻套、钻模板是钻削中引导钻头等孔加工刀具，增强刀具刚度，并保证被加工孔和工件其他表面准确的相对位置精度的构件。钻夹具的具体设计可按图4-3所示的流程进行。

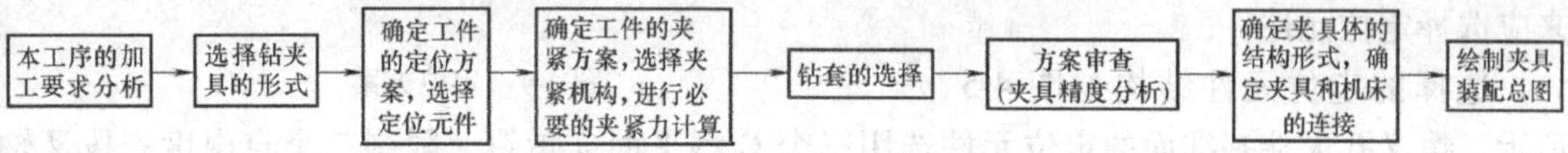

图4-3　钻夹具的设计流程

以下为本案钻夹具的设计过程。

（1）本工序的加工要求分析

1）钻、扩、铰拨叉ϕ10H7小孔。

2）ϕ10H7孔轴线与ϕ20H7孔轴线距离为10mm。

3）ϕ10H7孔轴线与拨叉轴孔右端面距离为9mm。

本工序除ϕ10.2mm孔未加工，其余表面都已加工。加工设备为Z515钻床，刀具为标准麻花钻。

（2）分析工件的定位基准及定位基面，确定定位方案　工件上其余表面均已加工。根据工序加工要求，要保证小孔轴线位置精度，工件在夹具中的定位方案有两种方案可供选择。

1）方案一如图4-4a所示，以拨叉轴孔右端面B作主要定位基面，限制三个自由度，并保证小孔中心线与B面距离9mm，以C面为防转基准面，限制一个自由度，保证C面与小孔中心垂直，以拨叉轴孔面为次要定位基准面，限制两个自由度，保证小孔与拨叉轴孔孔距10mm。

2）方案二如图4-4b所示，轴孔左端面D作主要定位基面，限制三个自由度，以拨叉轴孔作止推基准，限制两个自由度，以拨叉圆弧面作防转基准，限制一个自由度。

方案一是按照基准重合原则确定，不存在基准不重合误差，但由于防转基准面C基面较小，定位元件误差易产生转动定位误差（基准位移误差），影响小孔轴线与C面的垂直度误差。且B面作主定位面过小，定位安装不稳。

方案二中D面作主定位面，工件安放平稳，拨叉圆弧面作防转基准不符合基准重合原则，但定位装夹工件方便，虽然定位元件的尺寸误差、位置误差对工件的定位精度有一定影响，但只要提高定位元件的加工尺寸精度及位置精度，也易保证小孔轴线与C面的垂直度。

综合考虑两个方案的优、缺点，及本工序的具体情况，决定采用方案二。

(3) 定位元件的选择　确定了工件以孔、平面定位的方案，接下来应选择定位元件。

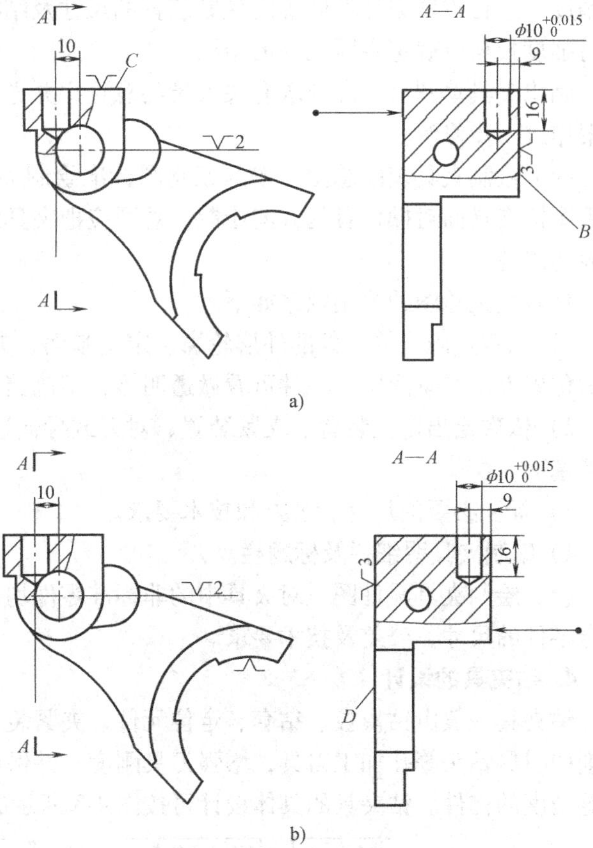

图4-4　定位方案

选择的定位元件结构如图4-5所示，拨叉孔大端基准面的定位元件选用三个C型平面支承钉，限制三个自由度；拨叉轴孔选用短圆柱销2定位，限制两个自由度，对于拨叉圆弧面防转基准面，选择定位元件时应考虑避免过定位，故选用削边销5，限制一个自由度。

(4) 钻模板与钻套类型的选择及设计

1）钻模板的选择及设计。钻模板是用来安放钻套并装配在夹具体或支架上，使刀具通过钻套引导，保证刀具中心对工件孔中心位置正确。常见的钻模板形式有：固定式钻模板、铰链式钻模板、可卸式钻模板。由于拨叉小孔加工时，工件是竖放的，工件的定位、装卸如图4-5所示。根据各种钻模板类型的特点，为了工件可以很方便地进行装卸，故可选用固定式钻模板。

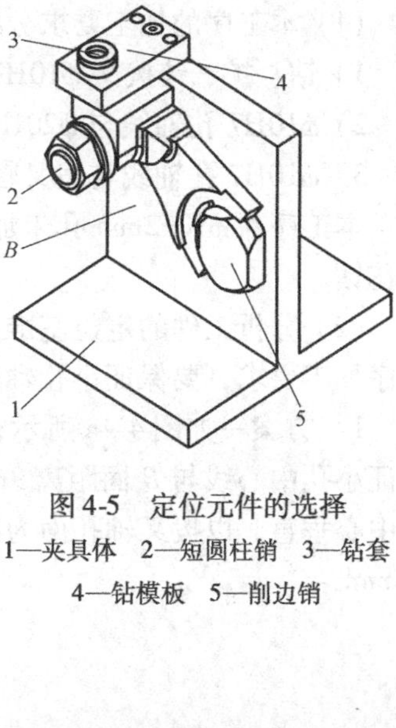

图4-5　定位元件的选择

1—夹具体　2—短圆柱销　3—钻套　4—钻模板　5—削边销

2）钻套的选择。钻套类型有固定式、可换式和快换式。当孔加工为多工步时，应选用快换式钻套，如钻、扩、铰三个工步或钻、攻两个工步等。当孔加工为一个工步时，应根据生产批量来选择，单件小批量时应选用固定式钻套；

中批、大批时应选用可换式钻套。

本工序拨叉小孔钻孔后再铰孔，故选择快换式钻套。

(5) 拨叉小孔钻夹具夹紧装置的设计

1) 夹紧力的确定。确定夹紧力的方向时，应按照有助于定位稳定，应朝向主要定位基准面及夹紧力的作用点，应尽量靠近加工表面等原则，加工拨叉小孔的夹紧力方向应朝向轴孔大端定位基准面，夹紧力点可选择轴孔小端面。夹紧力方向的确定如图 4-4b 所示。

由于钻小孔的钻削力较小，常用夹紧机构一般都能满足其夹紧力大小的要求。

2) 夹紧机构选择。螺旋夹紧机构结构简单，且夹紧力大小也能满足。

(6) 定位误差计算　因 ϕ10H7 孔的位置精度要求较低，故不必进行验算。

(7) 夹具体的设计　选择夹具体的制造方法时，应根据工厂的实际条件综合考虑。一般精度要求高、结构复杂，使用时有较大振动的宜选用铸造夹具体。其他场合则考虑利用焊接及组装结构等类型的夹具体。

本工序钻孔夹具采用铸造夹具体，如图 4-5 所示，夹具体 1 上的 *B* 面作为安装基面。短圆柱销 2 及钻模板 4 均安装在夹具体 1 上。此方案结构紧凑、安装稳定、刚度好，但制造周期较长，成本略高。

三、相关知识

(一) 常用定位方式及定位元件

工件在夹具中定位时，根据工件的结构特点和工序加工要求选择的定位基准（基面）有各种形式，如平面、内孔、外圆、圆锥面和型面等。在定位基准确定后就可以根据工件的结构特点和定位基面的形状、尺寸等选择不同类型的标准定位元件。如果没有合适的标准定位元件可供选择，设计者可自行设计非标准定位元件。

1. 对定位元件的要求

由于夹具定位元件是确定工件正确位置的元件，且要经常与定位基准（基面）接触，所以，必须满足以下几点要求。

(1) 一定的精度　定位元件的精度直接影响工件的加工精度，定位元件本身要有较高的制造精度，定位元件的尺寸及位置公差一般应为工件相应尺寸及位置公差的 1/5 ~ 1/2。

(2) 良好的耐磨性　定位元件与定位基准（或基面）直接接触，易引起磨损。为了能较长期地保证其精度，必须具有良好的耐磨性。不同的材料有不同的力学性能，定位元件常用的材料有优质碳素结构钢 20 钢、45 钢、65Mn；工具钢 T8、T10，合金结构钢 20Cr、40Cr、38CrMoAlA 等。

(3) 足够的刚度　为保证在受到切削力、夹紧力等外力作用下，不致发生较大的变形而影响加工精度，定位元件必须具有足够的刚度。可用类比法来保证定位元件的强度和刚度，以缩短夹具设计的周期。

(4) 良好的工艺性，便于制造、装配与维修　定位元件的结构应符合一般标准化要求，并应满足便于加工、装配、维修等工艺性要求。通常标准化的定位元件有良好的工艺性，设计时应优先选用标准定位元件。

2. 常用定位方式

夹具中常用的定位方式及定位元件，可按照工件的定位基准的形式分类，定位元件限制自由度情况见表 4-1。

表 4-1　定位元件限制自由度情况

工件定位基面	夹具定位元件	定位方式简图	限制的自由度
	小平面、一个支承钉	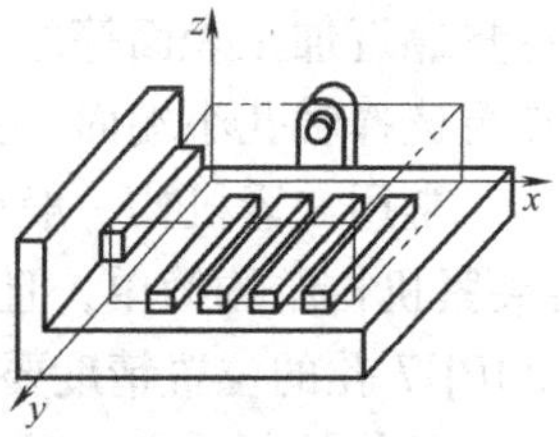	$\vec{y}$
	支承板、两个支承钉		$\vec{x}$ $\overset{\frown}{z}$
平面	大平面、支承板组合，支承钉组合		$\vec{z}$ $\overset{\frown}{x}$ $\overset{\frown}{y}$
	三点自位支承	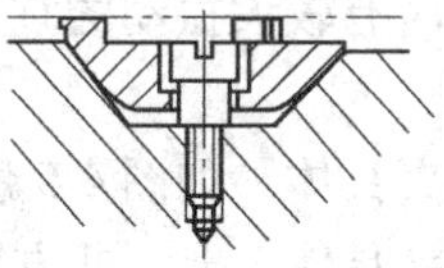	$\vec{z}$
	两点自位支承	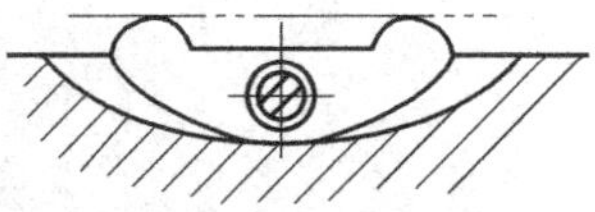	$\vec{z}$
	短心轴	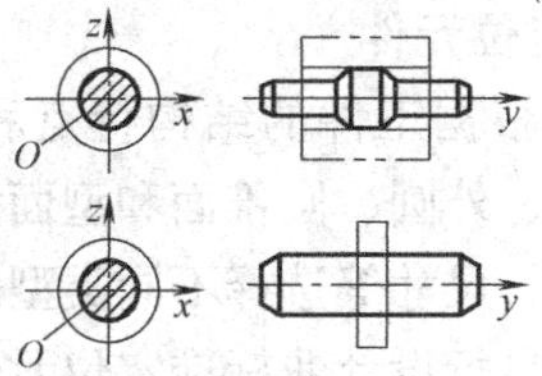	$\vec{x}$ $\vec{z}$
	长心轴	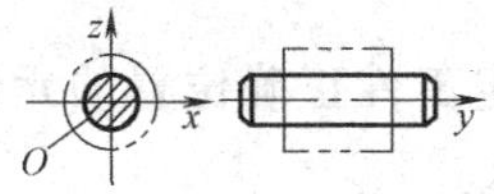	$\vec{x}$ $\vec{z}$ $\overset{\frown}{x}$ $\overset{\frown}{z}$
内孔	短圆柱销	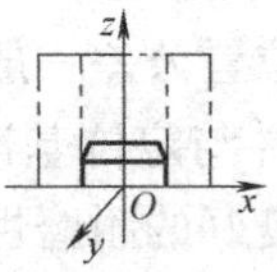	$\vec{x}$ $\vec{y}$
	长圆柱销	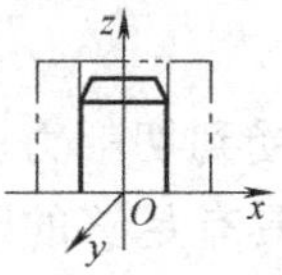	$\vec{x}$ $\vec{y}$ $\overset{\frown}{x}$ $\overset{\frown}{y}$
	削边销（菱形销）	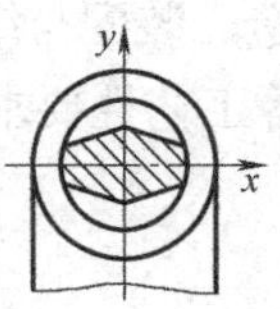	$\vec{x}$

（续）

工件定位基面	夹具定位元件	定位方式简图	限制的自由度
内孔	短锥销	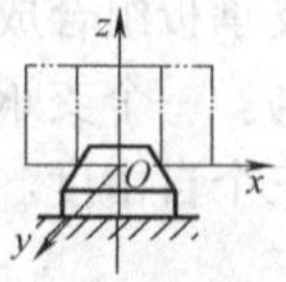	$\vec{x}$ $\vec{y}$ $\vec{z}$
外圆柱面	支承板	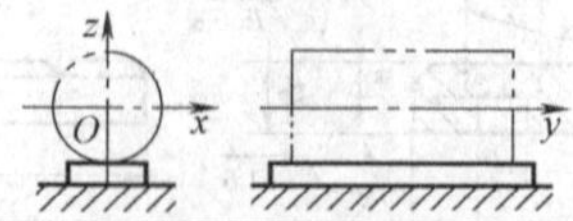	$\vec{z}$ $\overset{\frown}{x}$
	短 V 形块	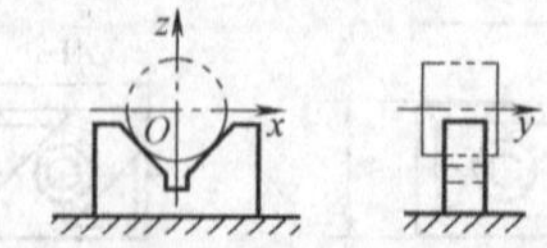	$\vec{x}$ $\vec{z}$
	长 V 形块	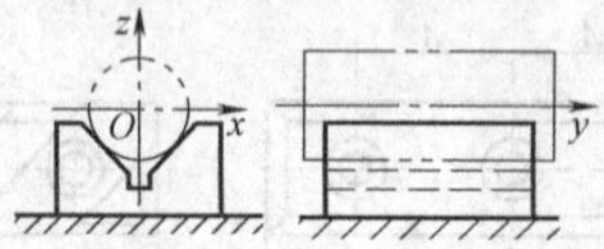	$\vec{x}$ $\vec{z}$ $\overset{\frown}{x}$ $\overset{\frown}{z}$
	两个短 V 形块	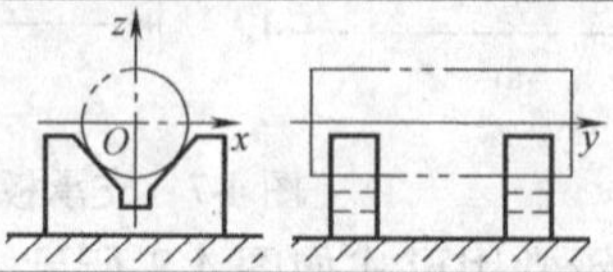	$\vec{x}$ $\vec{z}$ $\overset{\frown}{x}$ $\overset{\frown}{z}$
	浮动短 V 形块	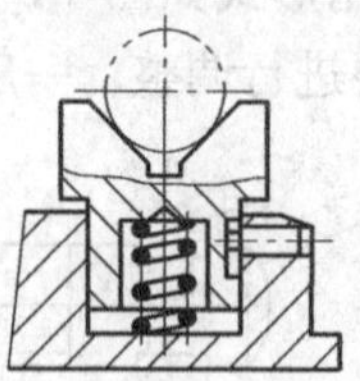	$\vec{x}$
	短定位套	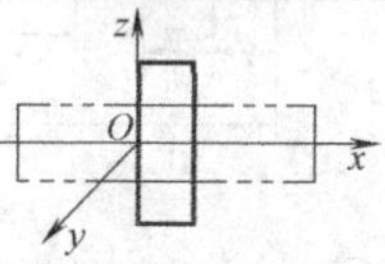	$\vec{y}$ $\vec{z}$

3. 常用定位元件

（1）工件以平面为定位基准时的常用定位元件

1）支承钉。常用支承钉的结构如图 4-6 所示。选用标准支承钉可查有关设计手册。平头支承钉（A 型）用于支承精基准平面；球头支承钉（B 型）用于支承粗基准平面；网纹顶面支承钉（C 型）常用于要求摩擦力大的工件侧面定位。一个支承钉相当于一个支承点，限制一个自由度；在一平面内，两个支承钉限制两个自由度；不在同一直线上的三个支承钉限制三个自由度。

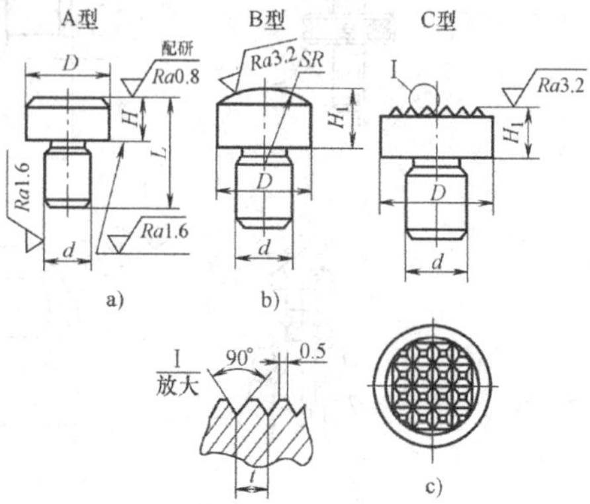

图 4-6　支承钉

2）支承板。选用标准支承板可查有关设计手册。图 4-7a 所示为平面型支承板（A 型），其结构简单，但埋头螺钉处清理切屑比较困难，适用于侧面和顶面定位；图 4-7b 所示为带斜槽型支承板（B 型），其槽中可以容纳切屑，清除切屑也比较容易，适用于底面定位。当支承定位基准平面较大时，常用几块支承板组合成一平面，各支承板组装到夹具体上之后，应将其工作表面一起磨削，以保证等高。一个支承板相当于两个支承点，限制两个自由度，多个支承板组合成一个平面可以限制三个自由度。

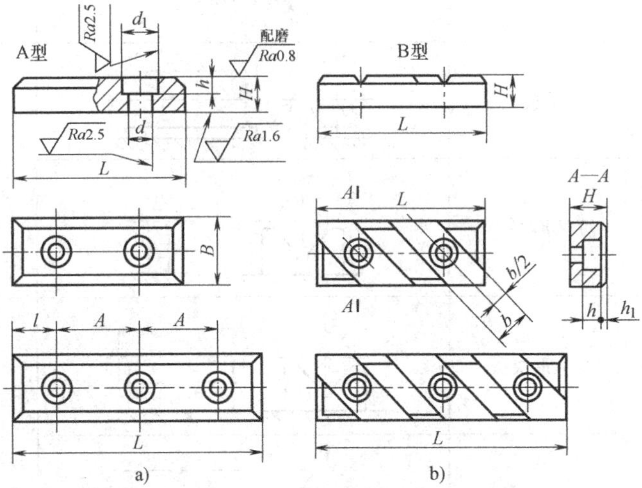

图 4-7　支承板

3）可调支承。可调支承常用形式如图 4-8 所示。可调支承多用于支承工件的粗基准表面，其支承的高度可以根据需要进行调整。一般每加工一批工件时，应根据粗基准的位置变

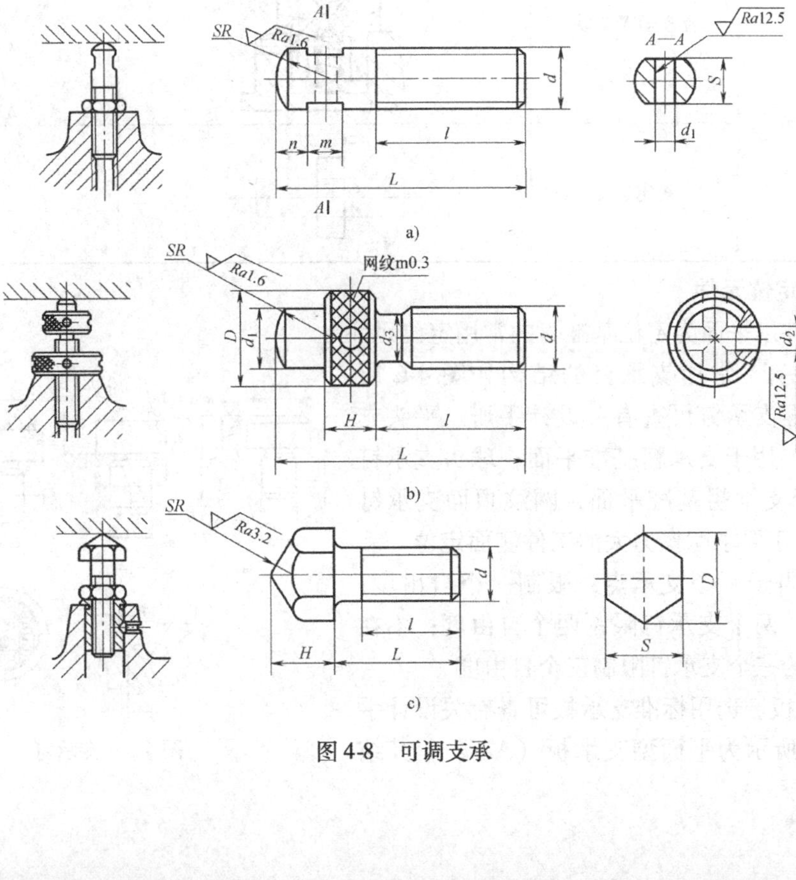

图 4-8　可调支承

化情况，相应加以调整，以保证加工余量均匀或保证加工表面与非加工面间的位置尺寸，调整到位后将其用螺母锁紧。在加工同一批工件时，一般不再进行调整，其定位作用与固定支承相同。

4）自位支承。自位支承常用的几种形式如图4-9所示。由于自位支承是活动的或浮动的，无论结构上是两点或三点支承，其实质只起一个支承点的作用，所以自位支承只限制一个自由度。自位支承用以增加与工件的接触点，减小工件变形或减少接触应力。

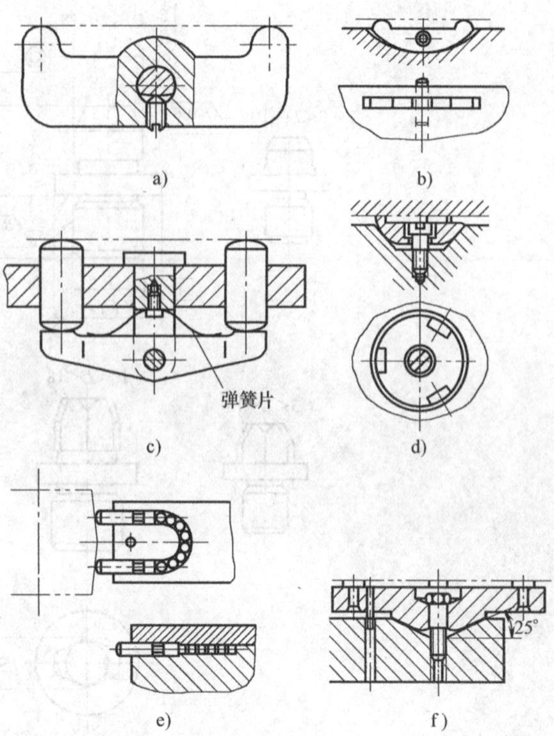

图4-9　自位支承

a)、b)、c)、e）两点式自位支承　d)、f）三点式自位支承

5）辅助支承。辅助支承不能作为定位元件，不能限制工件的自由度，它只起到增加工件在加工过程中的刚度的作用，使用完毕需放松支承，待工件重新定位后再支撑。图4-10a所示为已标准化的自动调节支承。支承1由弹簧3的作用与工件保持良好的接触，锁紧顶销2即可起支撑作用。图4-10b表示了平面用辅助支承的支撑作用，用这种方法可提高工件的刚度，减少工件加工的平面度误差。

（2）工件以孔为定位基面时的常用定位元件

1）定位销

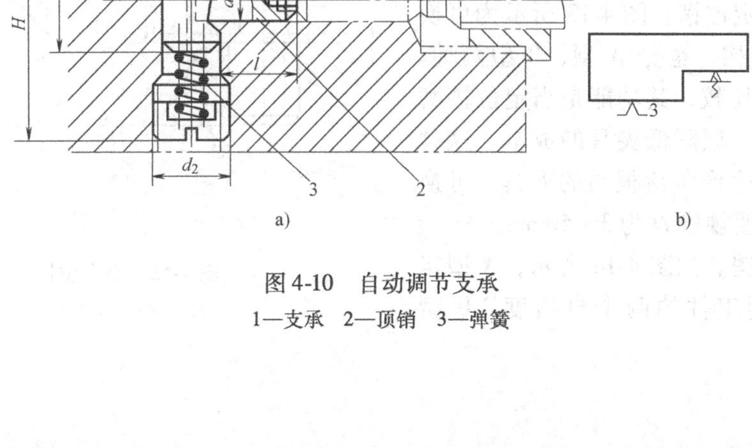

图4-10　自动调节支承

1—支承　2—顶销　3—弹簧

①固定式定位销。定位销是组合定位中最常用的定位元件之一。图 4-11a 所示为 A 型定位销，可限制工件的两个自由度。图 4-11b 所示为 B 型（菱形）定位销，只能限制工件的一个自由度。

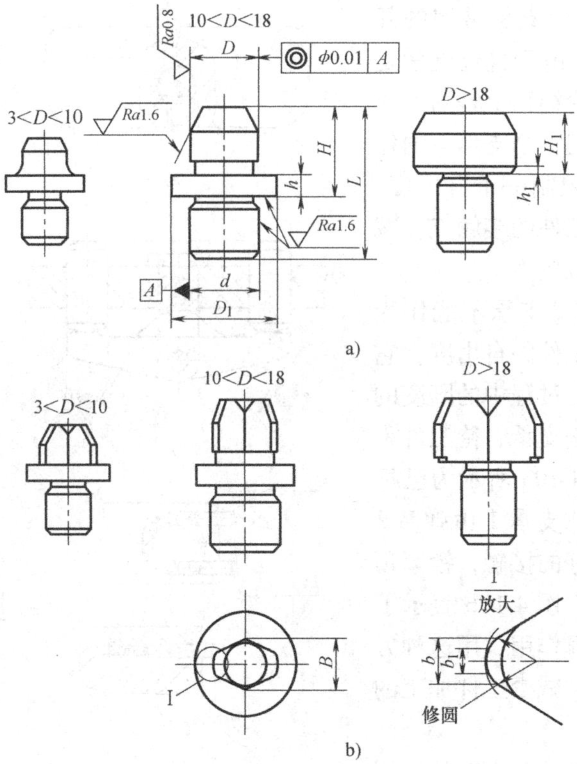

图 4-11　固定式定位销

a) A 型　b) B 型

固定式定位销的主要规格 D 为 3 ~ 50mm。定位销材料：$D \leqslant 18$mm 时，用碳素工具钢 T8，经热处理至 55 ~ 60HRC。$D > 18$mm 的定位销用优质碳素结构钢 20 钢，渗碳淬硬至 55 ~ 60HRC。B 型（菱形）定位销的应用较特殊，它布置在会发生定位干涉的部位上。

②小定位销。如图 4-12 所示，小定位销也分 A 型、B 型两种，其主要参数 D 为 1 ~ 3mm，故功能上与固定式定位销相同，仅结构有所不同。

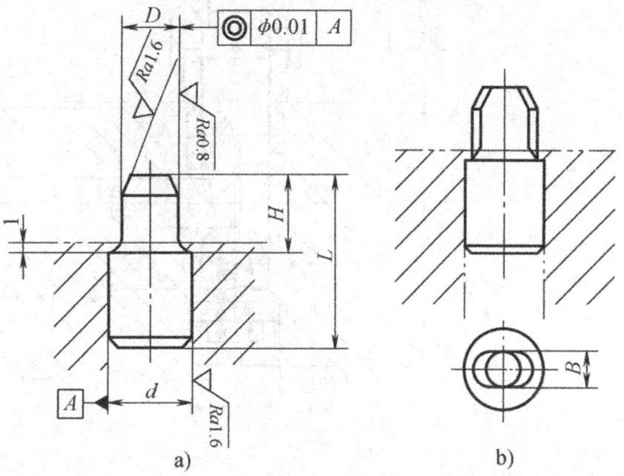

图 4-12　小定位销

a) A 型　b) B 型

③可换式定位销。图 4-13 所示为可换式定位销的结构，也分 A 型、B 型两种。与上述定位销比较，其功能是当定位销磨损后可以更换，以降低夹具的成本。这种定位销常用于生产负荷很高的夹具。可换式定位销的主要规格 D 为 3 ~ 50mm。

④定位插销。如图 4-14 所示，A 型定位插销可限制工件的两个自由度，B 型

（菱形）定位插销则限制工件的一个自由度。定位插销常用于不便于装卸的部位和工件以被加工孔为定位基准（自位基准）的定位中。其主要规格 d 为 3 ~78mm。

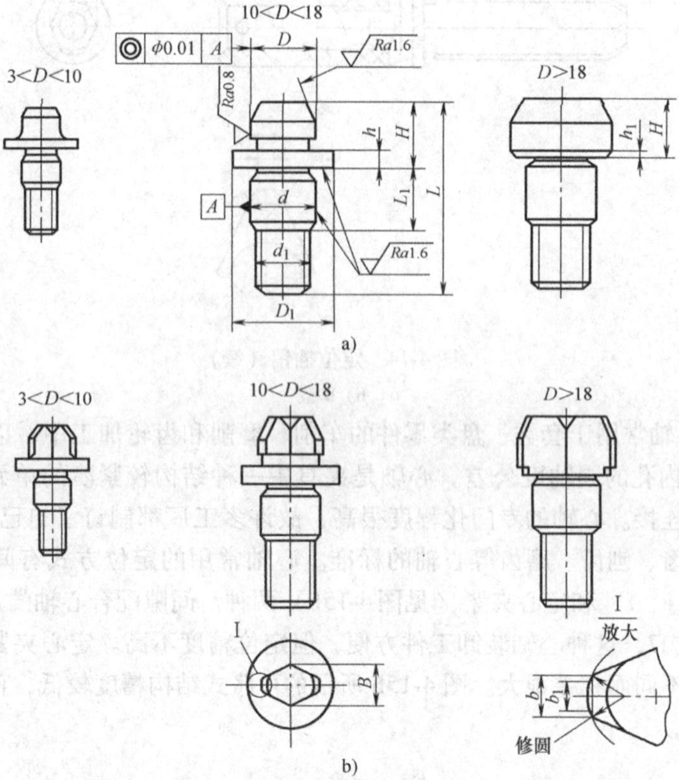

图 4-13　可换式定位销

a）A 型　b）B 型

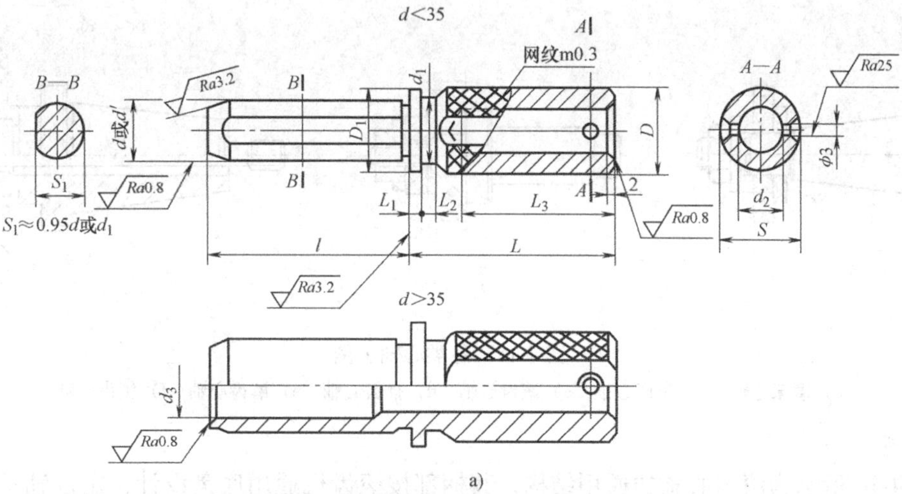

图 4-14　定位插销

a）A 型

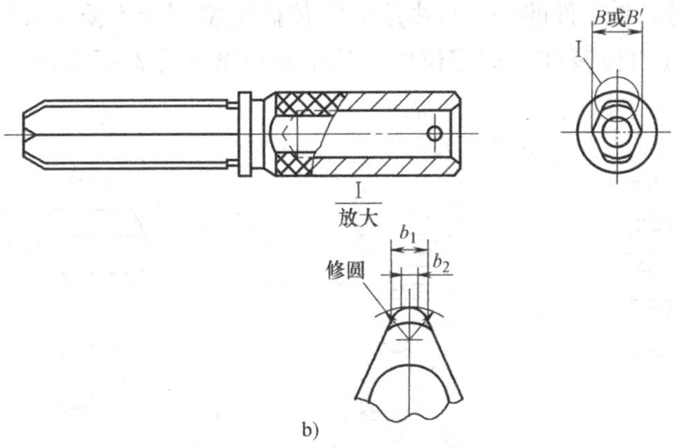

图 4-14　定位插销（续）

b）B 型

2）心轴。心轴常用于套类、盘类零件的车削、磨削和齿轮加工中，以保证加工面（或齿轮分度圆）对内孔的同轴度公差。心轴是夹具中一种结构较紧凑的单元体，心轴以柄部或中心孔与机床连接。心轴的专门化程度很高，故许多工厂都制订了自己的标准，如磨床、车床、滚齿、插齿、刨齿、磨齿等心轴的标准。心轴常用的定位方式有间隙配合定心（见图 4-15a、c、d、e、f）和定心夹紧（见图 4-15b）两种。间隙配合心轴的定位圆直径公差带一般为 h6、g6 或 f7，这种心轴装卸工件方便，但定位精度不高。定心夹紧心轴所能达到的定位精度因结构不同而相差很大。图 4-15b 所示的可胀式结构精度较低，而液性塑料心轴的定心精度则很高。

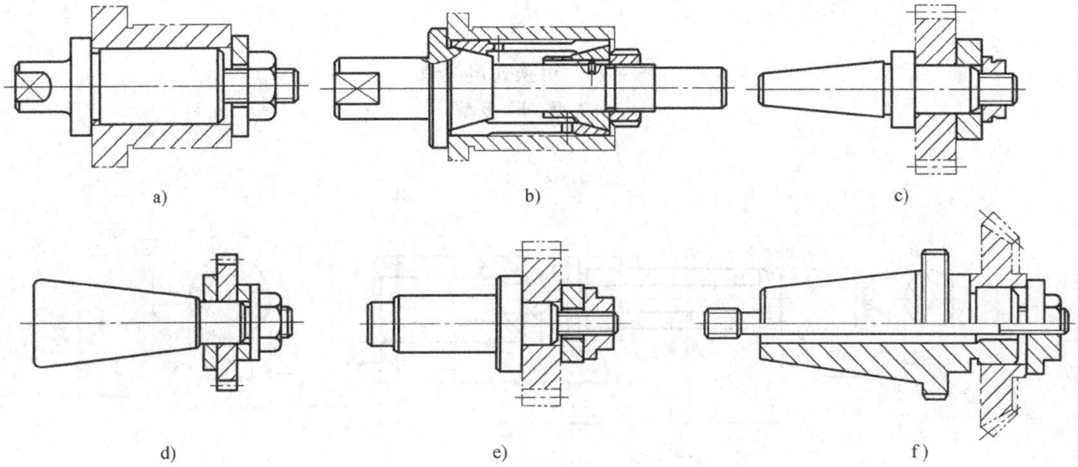

图 4-15　各类心轴示例

a）磨床心轴　b）车床心轴　c）滚齿心轴　d）插齿心轴　e）磨齿心轴　f）刨齿心轴

举例：

图 4-16 所示为滚齿心轴的通用结构，其柄部按滚齿机通用底盘设计，定位轴颈 D 的公差带为 h6。心轴采用合金结构钢 20Cr，经热处理渗碳淬硬至 50～55HRC。心轴的主要技术要求是同轴度和垂直度等。

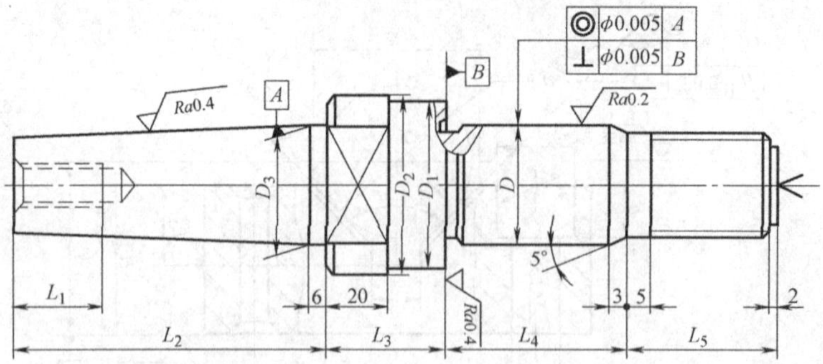

图 4-16　滚齿心轴

图 4-17 所示为锥度心轴，主要规格直径为 8 ~ 100mm，锥度为 1∶3000 ~ 1∶8000。

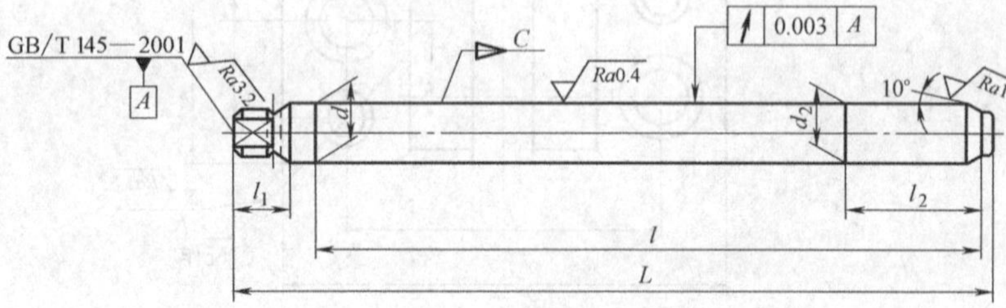

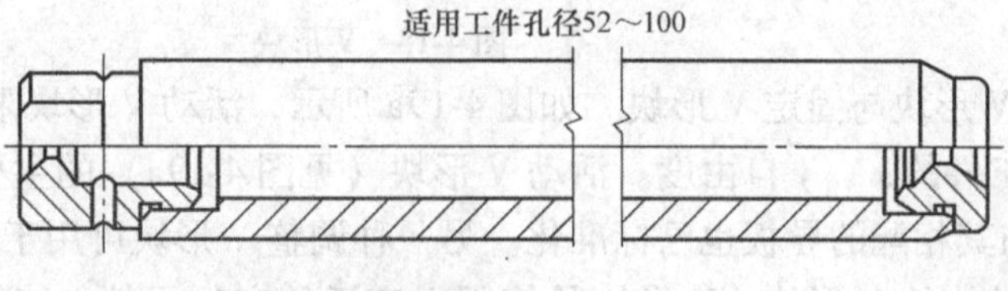

图 4-17　锥度心轴

由于心轴锥面与孔壁间有很大的接触面，故工件被锁紧且不会产生较大的偏斜，通常可达到 0.01mm 的同轴度公差。当锥度为 1∶10000 时，同轴度公差可达 0.005mm。这类用于精磨光套外圆的心轴，对基面有严格的要求，通常其孔径公差等级为 IT6、IT7，表面粗糙度 *Ra* 值应小于 0.8μm。心轴采用工具钢 T10A，经热处理至 58 ~ 64HRC。大型尺寸可用优质碳素结构钢 20 钢的无缝钢管制造。

(3) 工件以外圆为定位基面时的常用定位元件　工件以外圆为定位基面时，一般常用 V 形块、半圆定位块、定位套及自动定心机构等作为定位元件。

1) V 形块。作为外圆定位主要的定位元件，V 形块有各种结构。

①固定 V 形块。如图 4-18 所示，V 形块的两半角（$\alpha/2$）对称布置，定位精度较高。当工件用长圆柱面定位时，可限制其四个自由度。主要规格 N 有 9mm、14mm、18mm 等。V 形块的定位高度 T 可按下式计算（V 形面夹角 $\alpha = 90°$），即

$$T = H + 0.707D - 0.5N \tag{4-1}$$

式中　H——V 形块的高度尺寸（mm）；

D——V 形块理论圆直径（mm）；

N——V 形块的开口尺寸（mm）；

T——V 形块理论圆的中心高度尺寸（mm）。

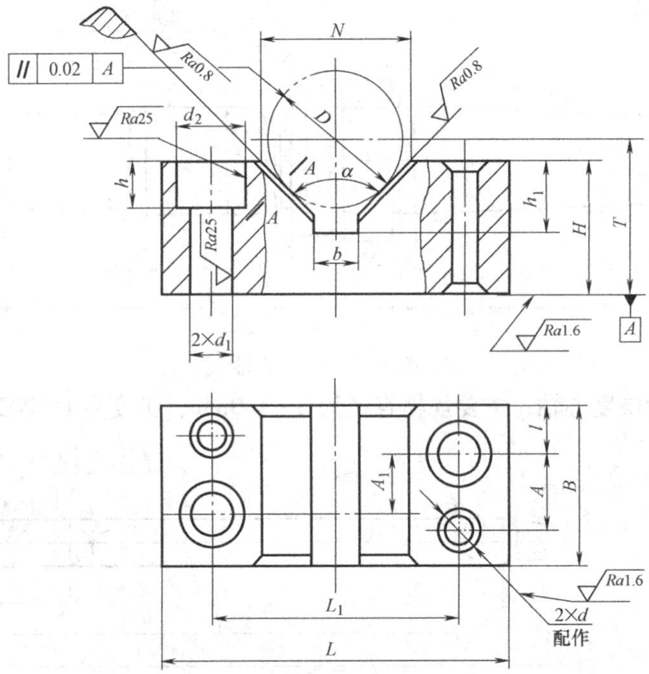

图 4-18　V 形块

②活动 V 形块与固定 V 形块。如图 4-19a 所示，活动 V 形块限制工件的$\vec{z}$自由度，固定 V 形块限制工件的$\vec{x}$、$\vec{y}$自由度。活动 V 形块（见图 4-19a）的主要规格 N 为 9mm、14mm、18mm 等。与其相配的导板也已标准化。另一种调整 V 形块可用于生产批量较大的场合中。

③其他结构的 V 形块。V 形块是使用很广泛的定位元件，能用于粗基准或精基准的定位，使用也很方便，故除了标准结构外，其专用非标准结构也很多，设计也很灵活（见图 4-20）。图 4-20a 所示的 V 形夹具用于内圆磨床的加工中，两 V 形块可调整，V 形面上的硬

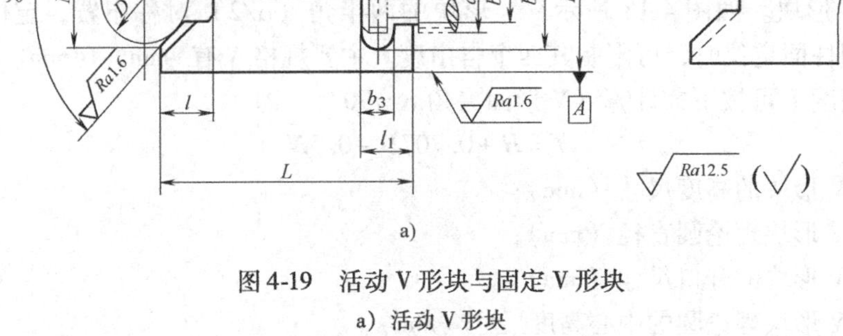

a)

图 4-19　活动 V 形块与固定 V 形块

a）活动 V 形块

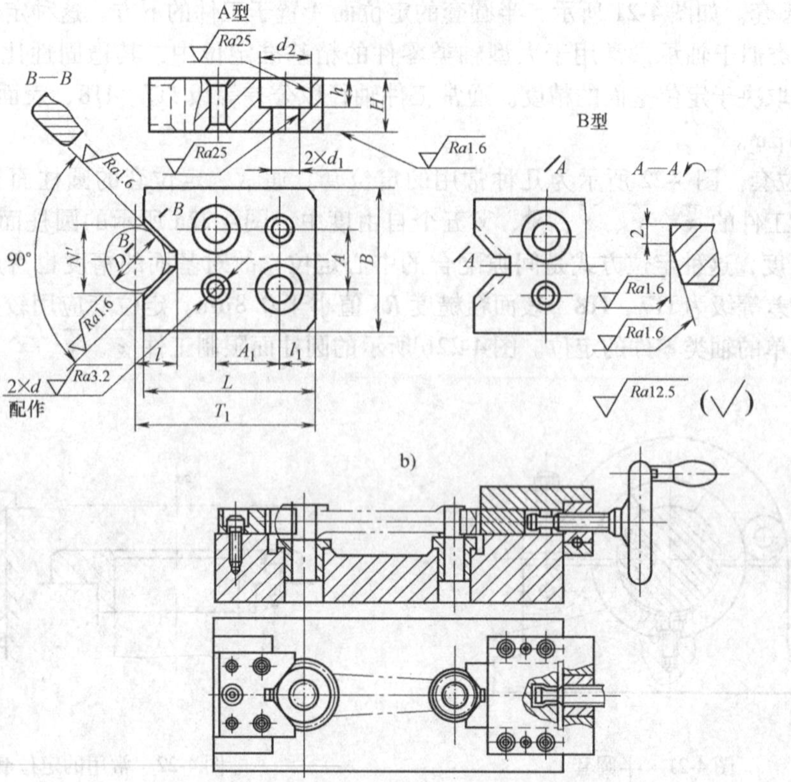

图 4-19　活动 V 形块与固定 V 形块（续）

b）固定 V 形块　c）示例

质合金填片可延长夹具的使用寿命；图 4-20b、c 所示的 V 形块用于铣床的加工中。有些场合的 V 形面夹角还可制成 60°或 120°。

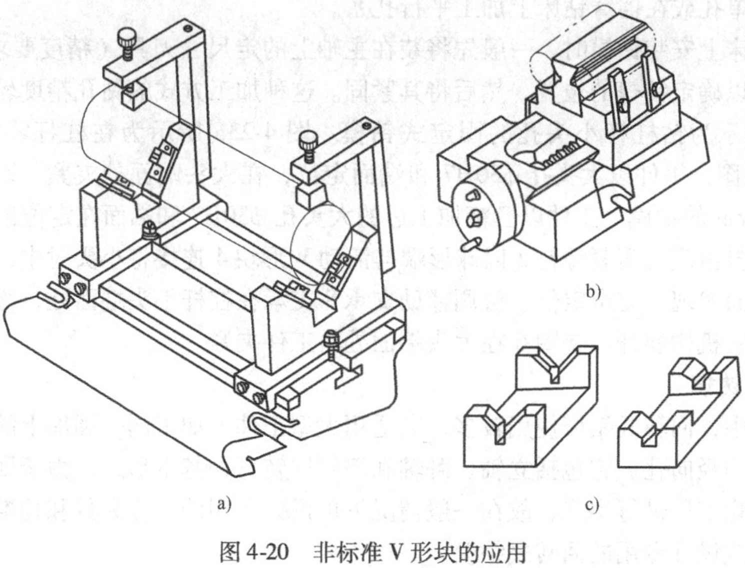

图 4-20　非标准 V 形块的应用

a）用于内圆磨床　b）、c）用于铣床

2）半圆套。如图 4-21 所示，半圆套的定位面 A 置于工件的下方。这种定位方式类似于 V 形块，也类似于轴承，常用于大型轴类零件的精基准定位中，其稳固性比 V 形块更好。其定位精度取决于定位基面的精度。通常工件轴径取公差等级 IT7、IT8，表面粗糙度 Ra 值为 0.8～0.4μm。

3）定位套。图 4-22 所示为几种常用的定位套。通常，定位套的圆柱面与端面组合定位。在限制工件的 $\vec{x}$、$\vec{y}$、$\vec{z}$、$\overset{\curvearrowright}{x}$、$\overset{\curvearrowright}{y}$ 五个自由度中，图 4-22a 所示的圆柱面限制工件 $\vec{x}$、$\vec{y}$ 两个自由度，这种定位方式是间隙配合的中心定位，故对基面的精度也有严格要求，通常取轴径公差等级为 IT7、IT8，表面粗糙度 Ra 值小于 0.8μm。定位套应用较少，常用于小型的形状简单的轴类零件的定位。图 4-22b 所示的圆柱面限制工件 $\vec{x}$、$\vec{y}$、$\overset{\curvearrowright}{x}$、$\overset{\curvearrowright}{y}$。

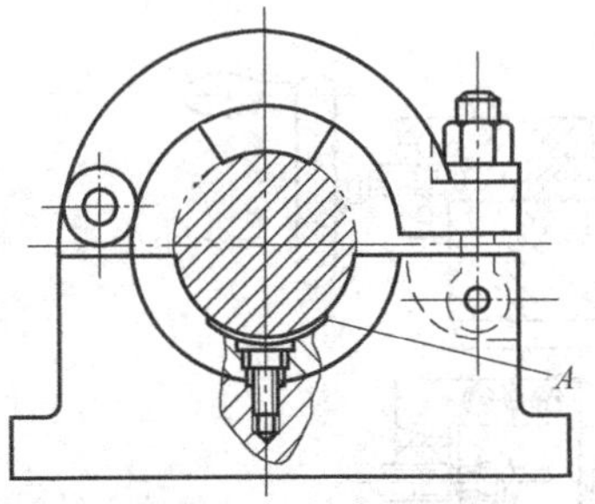

图 4-21　半圆套

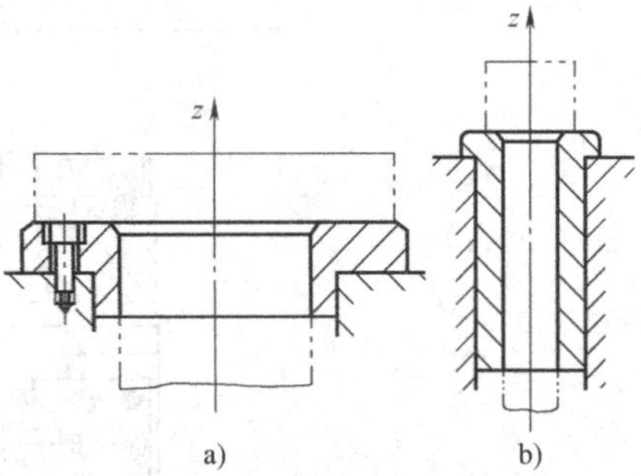

图 4-22　常用的定位套

（二）钻模的选择

钻床夹具通常称为钻模。钻模的种类繁多，一般分为固定式、回转式、翻转式、盖板式和滑柱式等几种类型。

1. 固定式钻模

固定式钻模在加工过程中，夹具和工件在机床上的位置固定不变，常用在立式钻床上加工较大工件的单孔或在摇臂钻床上加工平行孔系。

在立式钻床上安装钻模时，一般先将装在主轴上的定尺寸刀具（精度要求高时用心轴）伸入钻套中，以确定钻模的位置，然后将其紧固。这种加工方式的钻孔精度较高。

图 4-23 所示为钻杠杆小头孔的固定式钻模。图 4-23a 所示为在杠杆零件上钻小头孔 ϕ10mm 的工序图，工件以大头孔 ϕ30H7 和端面定位，在大头端面处夹紧。图 4-23b 所示为钻小头孔 ϕ10mm 的钻模。工件以已精加工过的大头孔 ϕ30H7 和端面在定位销 7 上定位，限制工件的五个自由度，压紧螺钉 2 以球形端与活动 V 形块 4 连接将小头对中，限制工件的一个自由度，从而实现了完全定位。可调辅助支承 8 支承在杠杆小头端面处，增强钻孔处的刚度。由螺旋夹紧机构和开口垫圈 6 在大头端面处将工件夹紧。

2. 回转式钻模

钻削加工中，回转式钻模使用较多，它适用大型工件上加工同一圆周上的平行孔系，或分布在圆周上的径向孔。它包括立轴、卧轴和斜轴回转三种基本形式。由于回转台已经标准化，并有专业化工厂进行生产，故在一般情况下可设计专用的工件夹具和标准回转台联合使用，但必要时应设计专用的回转式钻模。

图 4-24 所示为专用回转式钻模，用其加工工件上均布的径向孔。转盘锁紧装置采用螺

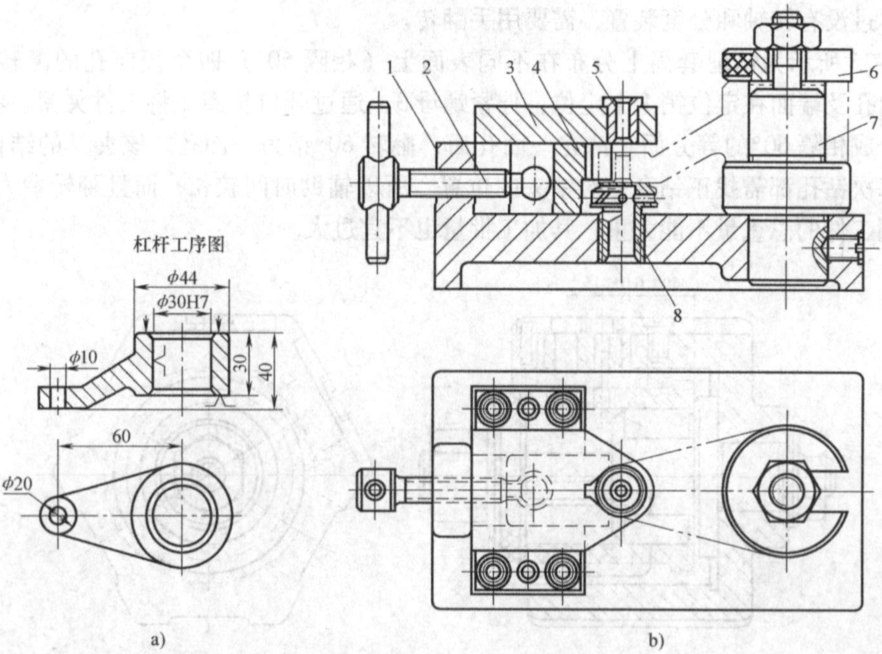

图 4-23　钻杠杆小头孔的固定式钻模

1—夹具体　2—压紧螺钉　3—固定式钻模板　4—活动 V 形块

5—固定式钻套　6—开口垫圈　7—定位销　8—可调辅助支承

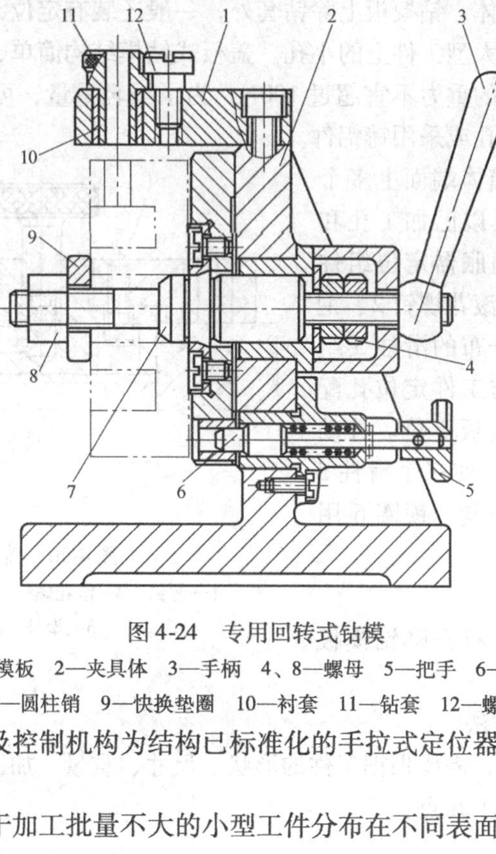

图 4-24　专用回转式钻模

1—钻模板　2—夹具体　3—手柄　4、8—螺母　5—把手　6—对定销

7—圆柱销　9—快换垫圈　10—衬套　11—钻套　12—螺钉

旋锁紧，分度对定机构及控制机构为结构已标准化的手拉式定位器。

3. 翻转式钻模

翻转式钻模主要用于加工批量不大的小型工件分布在不同表面上的孔。它是一种转动夹具，只不过没有转轴和分度装置，需要用手翻转。

图 4-25 所示为钻削套筒上分布在不同表面上（相隔 60°）四个径向孔的翻转式钻模。工件以内孔及端面在定位销 1 上定位，拧紧螺母 3，通过开口垫圈 2 将工件夹紧。将夹具体外表面分成相隔 60°的等分面。钻完一面孔后，翻转 60°钻另一面孔。该夹具的结构比较简单，但每次钻孔都需找正钻套相对钻头的位置，所以辅助时间较长，而且翻转费力。因此，夹具连同工件的总重量不能太重，其加工批量也不宜过大。

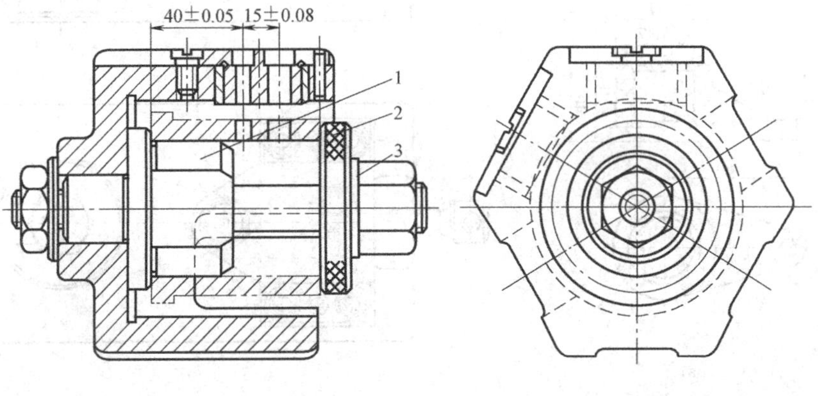

图 4-25　翻转式钻模

1—定位销　2—开口垫圈　3—螺母

4. 盖板式钻模

盖板式钻模没有夹具体，钻模板上除钻套外，一般还装有定位元件和夹紧装置，只要将它覆盖在工件上即可加工大型工件上的小孔。盖板式钻模结构简单，因夹具在使用时经常搬动，故盖板式钻模所产生的重力不宜超过 100N。为了减轻重量，可在盖板上设置加强肋而减小其厚度，设置减轻窗孔或采用铸铝件。

图 4-26 所示为加工箱体端面上多个小孔的盖板式钻模。夹具以已加工孔和端面定位。钻模板 4 与内胀器定位组件用螺钉 1 连接。内胀器由滚花螺钉 2、钢球 3 和三个沿圆周径向分布的滑柱 5 组成。内胀器本体以外圆与工件定位孔配合，工件端面直接由钻模板定位。拧动滚花螺钉 2，通过钢球 3，使三个滑柱 5 均匀伸出，在工件孔中胀紧。锁圈 6 用来防止滑柱掉出。

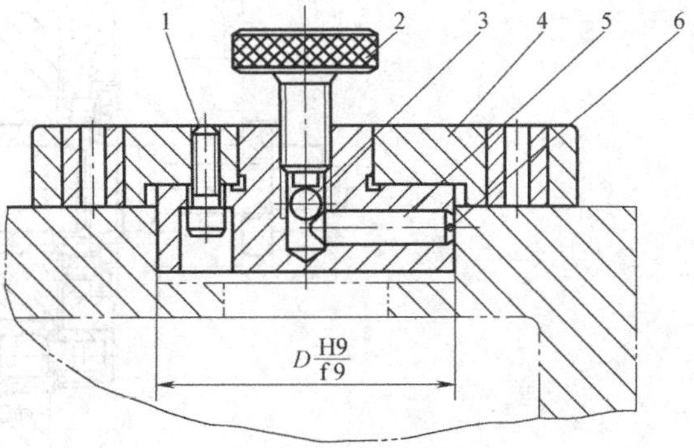

图 4-26　盖板式钻模

1—螺钉　2—滚花螺钉　3—钢球　4—钻模板
5—滑柱　6—锁圈

5. 滑柱式钻模

滑柱式钻模是一种带有升降钻模板的通用可调夹具。

6. 钻模类型的选择方法

选择钻模的结构类型，需要根据工件的形状、尺寸、重量、加工要求和生产批量等条件综合考虑。选择时注意以下几点：

1）加工孔直径大于10mm的中、小型工件时，宜采用固定式钻模。

2）加工孔与定位基面之间或孔距公差小于0.05mm时，宜采用固定式钻模。

3）加工分布不在同心圆周上的平行孔系时，如工件与夹具所产生的总重力超过150N，宜采用固定钻模在摇臂钻床上加工。如生产批量大，则可在立式钻床上采用多轴传动头加工。

4）中、小批量生产加工中、小型工件几个面上的孔且包括工件在内所产生的总重力不超过100N时，宜采用翻转式钻模。

5）加工大型工件上位于同一平面的孔时，宜采用盖板式钻模。

6）对于孔的垂直度和孔距要求不高的中、小型工件（如孔的垂直度公差大于0.1mm，孔距尺寸公差大于±0.15mm）时，宜优先采用滑柱式钻模。

7）钻模板和夹具体为焊接式的钻模，因焊接应力不能彻底消除，精度不能长期保持，故一般在工件孔距精度要求不高（大于±0.15mm）时才采用。

（三）夹紧装置

1. 夹紧装置设计的基本要求

夹紧装置是为保持工件定位时所确定的正确加工位置，防止工件在切削力、惯性力、离心力及重力等作用下发生位移和振动而设置的。夹紧装置设计方案的合理与否，不仅关系到工件的加工质量，而且对提高生产效率、降低加工成本以及创造良好的工作条件等方面都有很大的影响。对夹紧装置设计的基本要求为：

1）夹紧过程中，不改变工件定位时所确定的正确加工位置。

2）夹紧力的大小要可靠和适当，既要保证工件在整个加工过程中不产生移动或振动，又要不使工件产生过大的夹紧变形和损伤。

3）夹紧装置的自动化和复杂程度与产品的生产类型相适应，在保证生产率的前提下，其结构要力求简单，以便于制造和维修。

4）夹紧装置的操作应当安全、方便、省力。

要设计夹紧装置，就必须了解夹紧装置的组成、夹紧力的确定、典型夹紧机构。

夹紧装置的设计主要是进行夹紧力的确定及夹紧机构的选择。

2. 夹紧力确定的基本原则

确定夹紧力时应合理地确定夹紧力的三要素，即方向、大小和作用点，还应依据工件的结构特点、加工要求，并结合工件加工中的受力状况及定位元件的结构和布置方式等综合考虑。

（1）确定夹紧力方向的原则

1）夹紧力的方向应有助于定位稳定，且主夹紧力应朝向主要定位基面。

2）夹紧力的方向应有利于减小夹紧力。

3）夹紧力的方向应是工件刚度较高的方向。

（2）确定夹紧力作用点的原则　夹紧力的方向确定后，应根据下述原则确定作用点的位置。

1）夹紧力的作用点应落在定位元件的支承范围内。

2）夹紧力的作用点应选在工件刚度较高的部位。

3）夹紧力的作用点应尽量靠近加工表面。

(3) 夹紧力大小的估算　夹紧力的大小要适当，过大会使工件产生变形，过小则在加工时会松动，造成报废甚至发生事故。

在手动夹紧时，可凭人力来控制夹紧力的大小，一般不作计算。

当设计机动（如气动、液压、电力等）夹紧装置时，则应计算夹紧力的大小，以便决定动力部件的尺寸（如气缸、活塞的直径等)。

夹紧的计算，通常先根据切削原理的公式求出切削力的大小。必要时，也要算出惯性力和离心力，再与工件重力及待求的夹紧力组成静平衡力系，求出夹紧力的大小。算出夹紧力后，再乘以安全系数 K，作为实际所需的夹紧力。粗加工时 K 取2.5~3，精加工时 K 取1.5~2。

理论上，夹紧力的大小应与作用在工件上的其他力（力矩）相平衡；而实际上，夹紧力的大小还与工艺系统的刚度、夹紧机构的传递效率等因素有关，计算是很复杂的。因此，实际设计时常采用估算法、类比法和试验法确定所需的夹紧力。

当采用估算法确定夹紧力的大小时，为简化计算，通常将夹具和工件看成一个刚体。根据工件所受切削力、夹紧力（大型工件应考虑重力、惯性力等）的作用情况，找出加工过程中对夹紧最不利的状态，按静力平衡原理计算出理论夹紧力，最后再乘以安全系数作为实际所需夹紧力，即

$$F_{WK} = KF_W \tag{4-2}$$

式中　F_{WK}——实际所需夹紧力（N）；

F_W——在一定条件下，由静力平衡算出的理论夹紧力（N）；

K——安全系数。

安全系数 K 按下式计算，即

$$K = K_0K_1K_2K_3K_4K_5K_6 \tag{4-3}$$

式中　K_0~K_6——考虑了各种因素的安全系数，见表4-2和表4-3。

表4-2　安全系数 K_0~K_6 的数值

符号	考虑的因素		系数值	符号	考虑的因素		系数值
K_0	考虑工件材料及加工余量均匀性的基本安全系数		1.2~1.5	K_4	夹紧力的稳定性	手动夹紧	1.3
						机动夹紧	1.0
K_1	加工性质	粗加工	1.2	K_5	手动夹紧时的手柄位置	操作方便	1.0
		精加工	1.0			操作不方便	1.2
K_2	刀具钝化程度		1.0~1.9	K_6	仅有力矩使工件回转时，工件与支承面的接触情况	接触点确定	1.0
K_3	切削特点	连续切削	1.0			接触点不确定	1.5
		断续切削	1.2				

表4-3　安全系数 K_2

加工方法	切削分力或切削力矩	K_2	
		铸铁	钢
钻削	M_K	1.15	1.15
	F_z	1.0	1.0
粗扩（毛坯）	M_K	1.3	1.3
	F_z	1.2	1.2

（续）

加工方法	切削分力或切削力矩	K_2	
		铸铁	钢
精扩	M_K	1.2	1.2
	F_z	1.2	1.2
粗车或粗镗	F_z	1.0	1.0
	F_y	1.2	1.4
	F_x	1.25	1.6
精车或精镗	F_z	1.05	1.0
	F_y	1.4	1.05
	F_x	1.3	1.0
圆周铣削（粗、精）	F_z	1.2~1.4	1.6~1.8（碳的质量分数小于0.3%） 1.2~1.4（碳的质量分数大于0.3%）
端面铣削（粗、精）	F_z	1.2~1.4	1.6~1.8（碳的质量分数小于0.3%） 1.2~1.4（碳的质量分数大于0.3%）
磨削	F_z	—	1.15~1.2
拉削	F	—	1.5

常见的各种夹紧形式所需夹紧力及摩擦因数，见表4-4和表4-5。

表4-4　常见夹紧形式所需的夹紧力计算公式

夹紧形式	加工简图	计算公式
用卡盘夹爪夹紧工件外圆	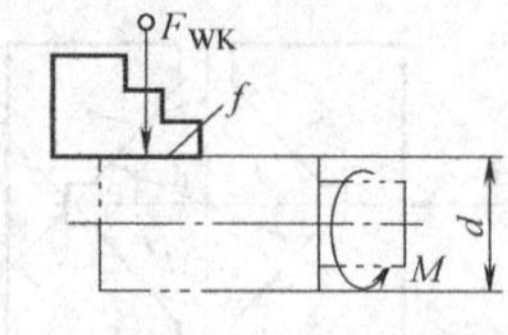	$F_{WK}=\frac{2KM}{ndf}$
用可胀心轴斜楔夹紧工件内孔	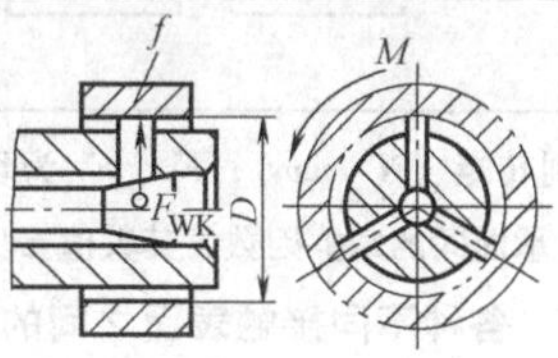	$F_{WK}=\frac{2KM}{nDf}$
用拉杆压板夹紧工件端面	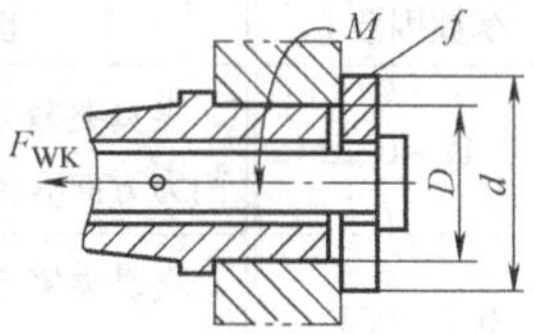	$F_{WK}\approx\frac{4KM}{(d+D)\ f}$
用弹簧夹头夹紧工件	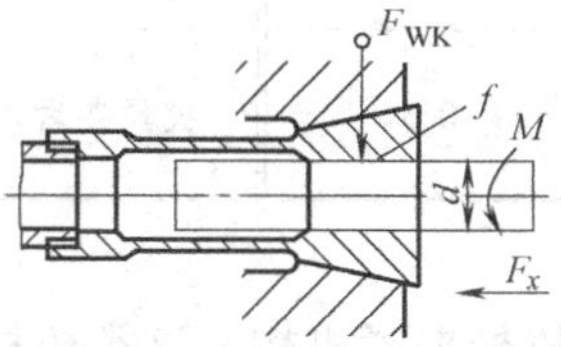	$F_{WK}=\frac{K}{f}\sqrt{\frac{4M^2}{d^2}+F_x^2}$

（续）

夹紧形式	加工简图	计算公式
用压板夹紧工件端面	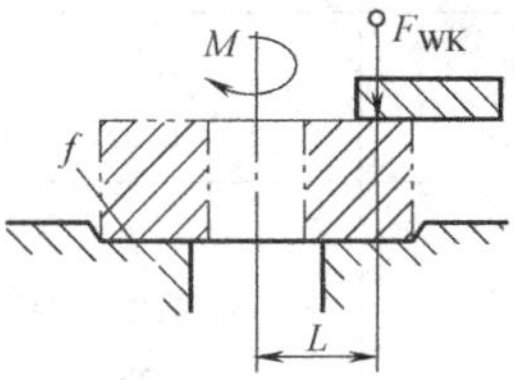	$F_{WK} \approx \frac{KM}{Lf}$
用钳口夹紧工件端面	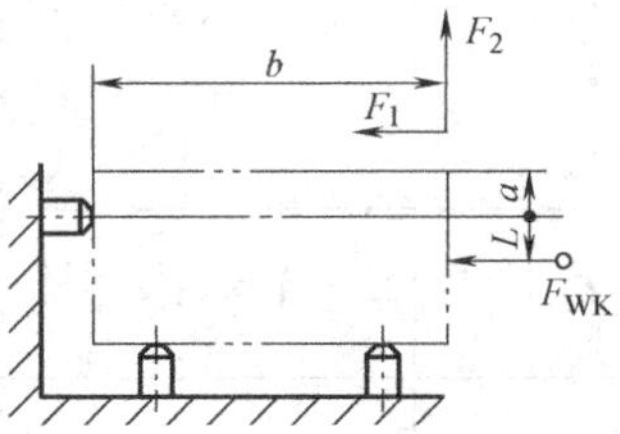	$F_{WK} = \frac{K\ (F_1 a + F_2 b)}{L}$
用压板和 V 形块夹紧工件	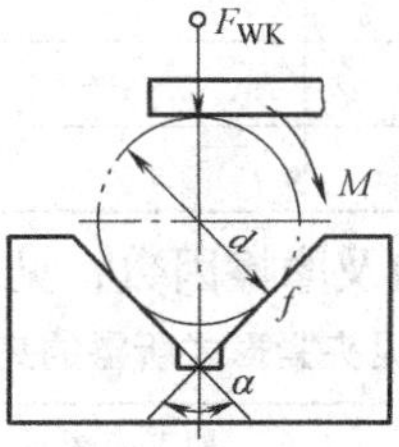	$F_{WK} = \frac{2KM}{df} \frac{\sin\frac{\alpha}{2}}{1+\sin\frac{\alpha}{2}}$
用两个 V 形块夹紧工件	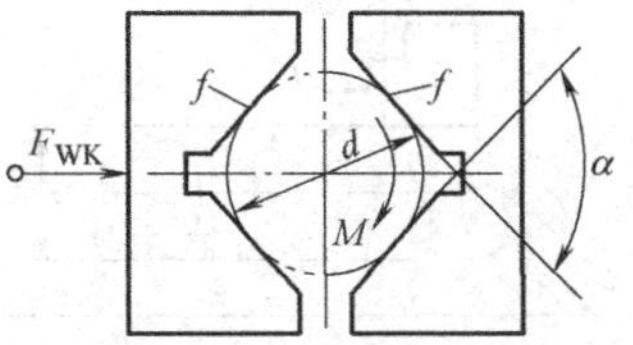	$F_{WK} = \frac{KM}{df} \frac{1}{\sin\frac{\alpha}{2}}$

注：F_{WK}为所需夹紧力（N）；M为切削转矩（N · mm）；F_1、F_2为切削力（N）；K为安全系数；d为工件的直径（mm）；n为夹爪数；f为工件与支承面间的摩擦因数，其数值参见表 4-5。

表 4-5　各种不同接触表面之间的摩擦因数

接触表面的形式	摩擦因数 f	接触表面的形式	摩擦因数 f
接触表面均为加工过的光滑表面	0.12 ~ 0.25	夹具夹紧元件的淬硬表面在垂直主切削力方向有齿纹	0.4
工件表面为毛坯，夹具的支承面为球面	0.2 ~ 0.3	夹具夹紧元件的淬硬表面有相互垂直的齿纹	0.4 ~ 0.5
夹具夹紧元件的淬硬表面在沿主切削力方向有齿纹	0.3	夹具夹紧元件的淬硬表面有网状齿纹	0.7 ~ 0.8

3. 常见夹紧机构的应用

机床夹具中使用最普遍的是机械夹紧机构，这类机构绝大部分都是利用机械摩擦自锁原理来夹紧工件的。斜楔夹紧是其中最基本的形式。螺旋、偏心、凸轮等机构是斜楔夹紧的变化应用。

(1) 斜楔夹紧

1) 斜楔夹紧的原理。图4-27所示为斜楔夹紧的原理，当外力 F_Q 将斜楔推入工件与夹具之间后，斜楔对工件产生推力 Q，对夹具产生推力 R，由于工件与斜楔间、夹具体与斜楔间都存在摩擦力。一般钢与铸铁件接触面的摩擦因数 $f=0.1\sim0.15$，当斜楔的斜角 $\alpha=11°\sim17°$则斜楔能自锁，即使撤去外力 F_Q，工件仍不会放松。由此可见，斜楔主要是利用其斜面移动时所产生的压力夹紧工件的。

斜楔夹紧有以下特点：

①斜楔结构简单，有增力作用，一般扩力比 I_f 为

$$I_f = Q/F_Q \leqslant 3 \tag{4-4}$$

斜角 α 越小，增力作用越大。当采用带滚子的斜楔结构时，其扩力比 I_f 可达5。

②斜楔夹紧的行程小，且受斜楔斜角 α 的影响，增大斜角 α 可加大行程，但自锁性能差。

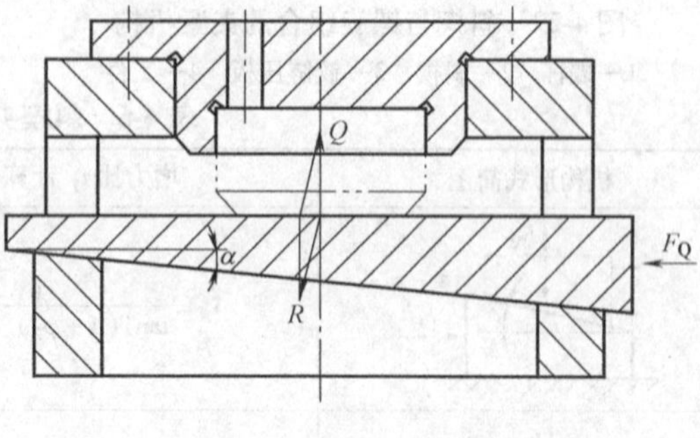

图4-27　斜楔夹紧的原理

③使用手动操作的简单斜楔夹紧时，工件的夹紧和松开都需敲击斜楔的大、小端。因此，单独应用较少，通常都与其他夹紧机构联合使用，以改变夹紧力方向或作增力机构用。

④手动操作斜楔夹紧时，为保证夹紧的自锁性能取斜角 $\alpha=6°\sim8°$；当斜楔结构和气动、液动装置或螺旋机构联合使用时，由于作用在斜楔上的动力来自气缸、液压缸或螺旋机构，所以不必考虑自锁。这时，斜角可增大到 $\alpha=15°\sim30°$。

2) 斜楔夹紧机构。因用手动的斜楔直接夹紧工件费时费力，效率极低，所以实际生产中应用得不多，多数情况下是斜楔与其他元件或机构组合起来使用。

图4-28所示是一个以气缸作动力的斜楔夹紧机构。由于不必考虑自锁，可采用较大的楔角 α，因而其工作行程也可增大。当气缸带动斜楔活塞杆1向右运动时，钩形压板3在弹簧力推动下通过滑柱4向上运动而松开工件2。

图4-29所示是斜楔与螺旋组合的夹紧机构。当转动螺杆1推动斜楔2向左移动，使铰链压板3转动而夹紧工件4。当反向转动螺杆时，楔块右移，在弹簧力作用下，铰链压板松开工件。

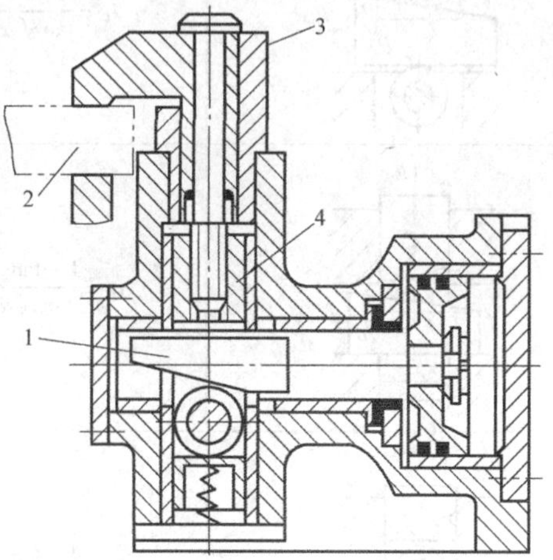

图4-28　斜楔—气缸夹紧机构

1—斜楔活塞杆　2—工件　3—钩形压板　4—滑柱

图4-30所示为斜楔与压板组合的夹紧机构。该机构用于手动夹紧，转动端面斜楔1，通过螺钉2使压板3转动，夹紧工件4。

3) 斜楔夹紧机构的计算。斜楔夹紧机构的计算见表4-6。

斜楔一般采用20钢制造，表面渗碳淬硬至55~60HRC，使斜楔表面比较耐磨。

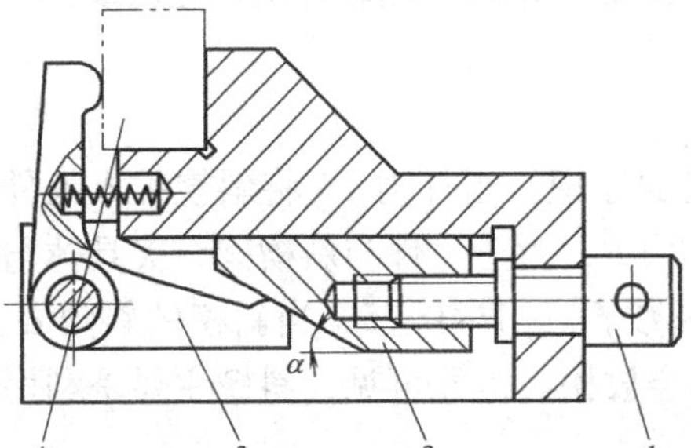

图 4-29　斜楔与螺旋组合的夹紧机构

1—螺杆　2—斜楔　3—铰链压板　4—工件

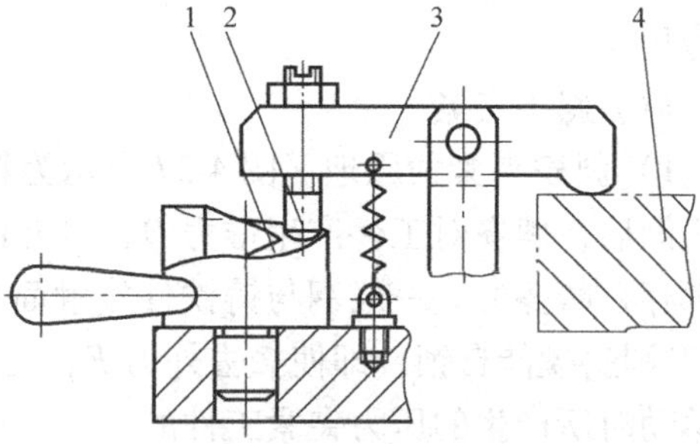

图 4-30　斜楔与压板组合的夹紧机构

1—端面斜楔　2—螺钉　3—压板　4—工件

表 4-6　斜楔夹紧机构的计算

机构形式简图	增力比 i_F 计算公式	夹紧力 F_W 计算公式
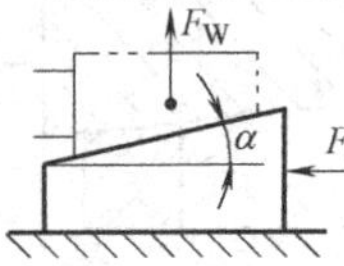	$i_F=\dfrac{1}{\tan(\alpha+\varphi_2)+\tan\varphi_1}$	$F_W=i_F F_Q$
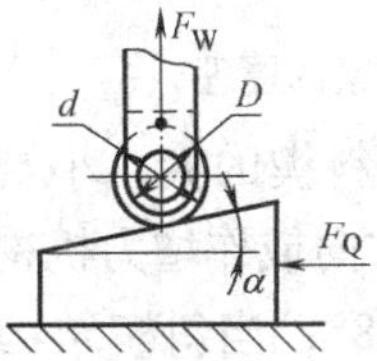	$i_F=\dfrac{1}{\tan(\alpha+\varphi_2')+\tan\varphi_1}$	$F_W=i_F F_Q$
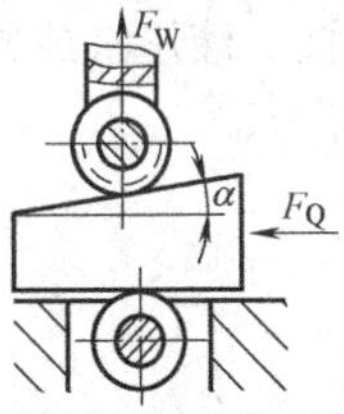	$i_F=\dfrac{1}{\tan(\alpha+\varphi_2')+\tan\varphi_1'}$	$F_W=i_F F_Q$
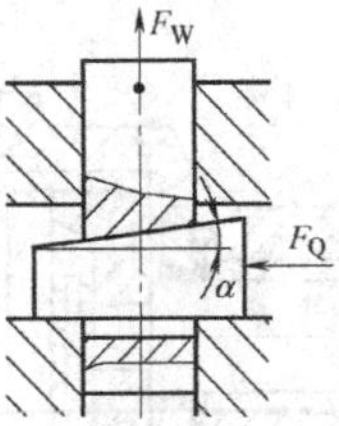	$i_F=\dfrac{1-\tan(\alpha+\varphi_2)\tan\varphi_3}{\tan(\alpha+\varphi_2)+\tan\varphi_1}$	$F_W=i_F F_Q$
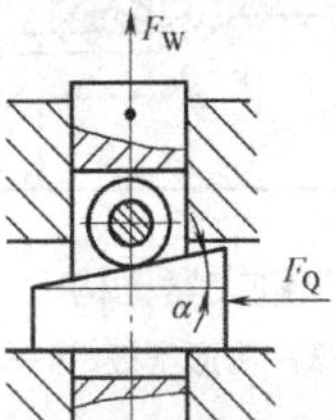	$i_F=\dfrac{1-\tan(\alpha+\varphi_2')\tan\varphi_3}{\tan(\alpha+\varphi_2')+\tan\varphi_1}$	$F_W=i_F F_Q$

注：α 为斜楔升角；φ_2 为平面摩擦时作用在斜面上的摩擦角；φ_1 为平面摩擦时作用在斜楔基面上的摩擦角；φ_3 为导向孔对移动柱塞的摩擦角；φ_2' 为滚子作用在斜面上的当量摩擦角，$\tan\varphi_2'=d/D\tan\varphi_1$；$\varphi_1'$ 为滚子作用在斜楔基面上的当量摩擦角，$\tan\varphi_1'=d/D\tan\varphi_2'$；

F_Q 为作用在斜楔上的外力（N）；d 为滚子转轴直径（mm）；D 为滚子外径（mm）。

(2) 螺旋夹紧机构　螺旋夹紧的原理与斜楔相同，可将螺旋看成升角为 α 的斜面绕在圆柱体上形成的斜楔。

螺旋夹紧机构在生产中使用极为普遍。螺旋夹紧机构结构简单、夹紧行程大，特别是它具有增力大、自锁性能好（螺旋升角 α 很小）两大特点，且许多元件都已标准化，适用于手动夹紧。它主要有两种典型的结构形式。

1）单个螺旋夹紧机构。图 4-31 所示为单个螺旋夹紧，它是螺钉头部直接压紧工件的一种结构。

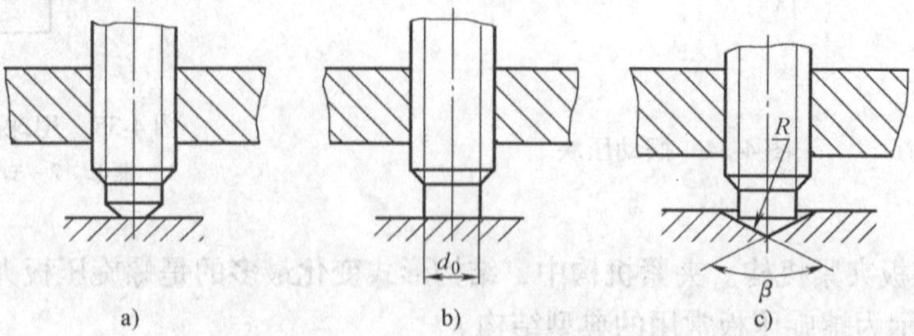

图 4-31　单个螺旋夹紧
a）点接触　b）平面接触　c）圆周线接触

图 4-32 所示为了保护夹具体不致过快磨损和简化修理工作，常在夹具体 2 中装配一个钢质螺母套 3。

图 4-33 所示在螺钉头部装上摆动压块，可防止螺钉转动时损伤工件表面或带动工件转动。

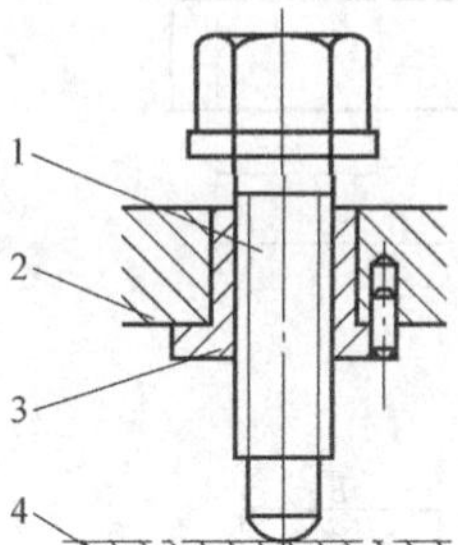

图 4-32　夹具体中装配螺母套
1—螺杆　2—夹具体
3—螺母套　4—工件

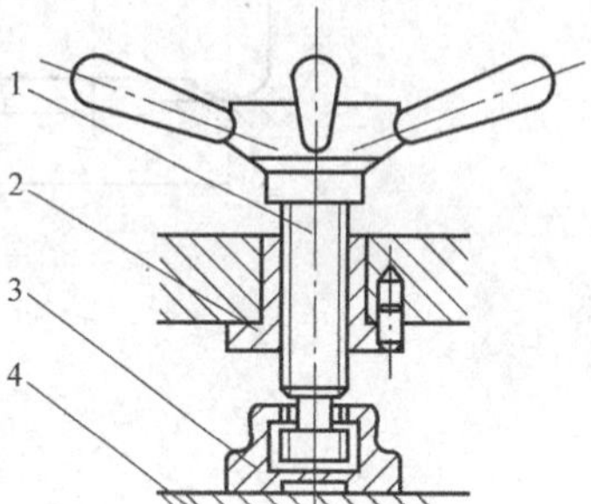

图 4-33　螺钉头部装上摆动压块
1—螺钉　2—螺套　3—摆动压块　4—工件

图 4-34 所示为摆动压块，光面压块用于夹紧已加工面（见图 4-34a），槽面压块用于夹紧毛坯面（见图 4-34b），圆压块要求螺钉只移动不转动（见图 4-34c）。

图 4-35 所示为用球面带肩螺母夹紧的结构。螺母 1 和工件 3 之间加球面垫圈 2，可使工件受到均匀的夹紧力并避免螺杆弯曲。

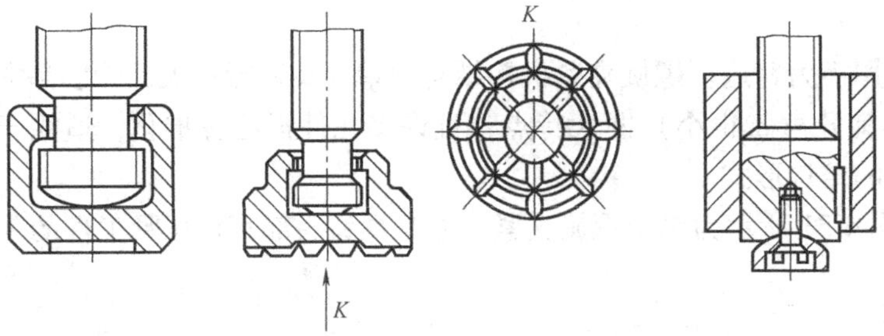

a)　　b)　　c)

图 4-34　摆动压块

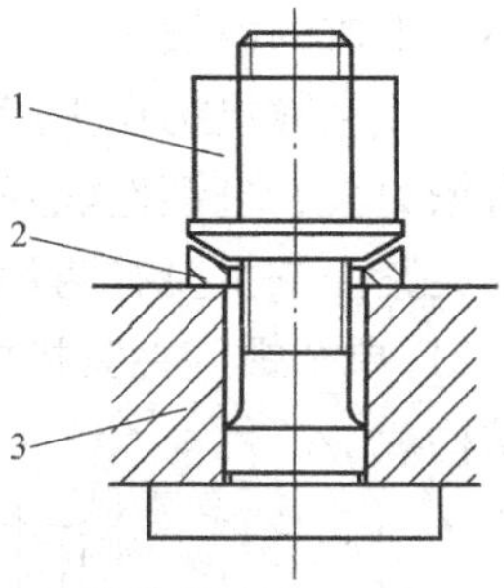

图 4-35　用球面带肩螺母夹紧
1—螺母　2—球面垫圈　3—工件

2）螺旋压板夹紧机构。夹紧机构中，结构形式变化最多的是螺旋压板夹紧机构。图 4-36 所示为螺旋压板常用的典型结构。

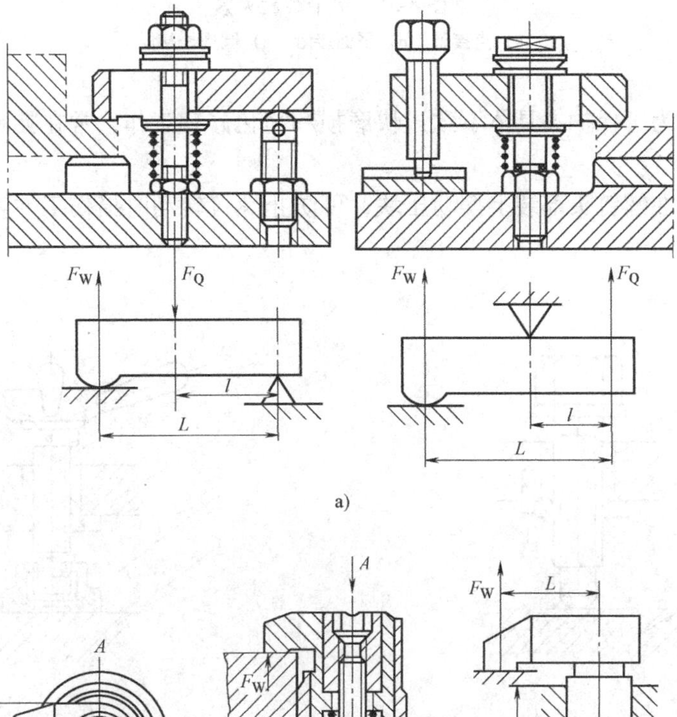

a)

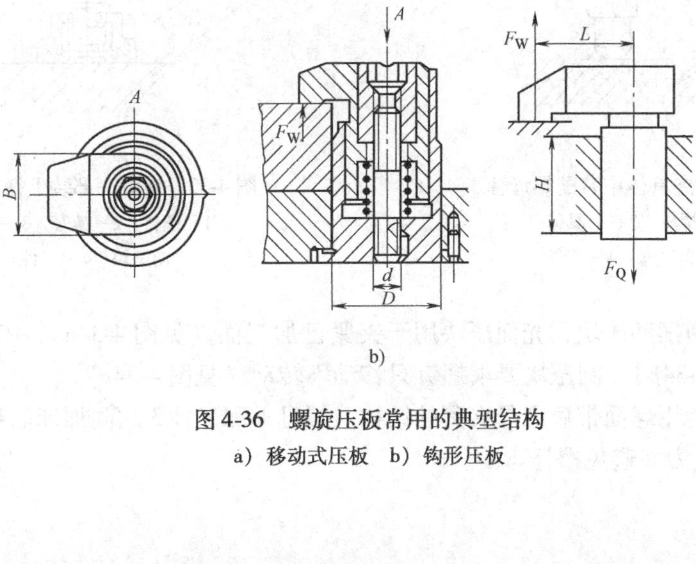

b)

图 4-36　螺旋压板常用的典型结构
a）移动式压板　b）钩形压板

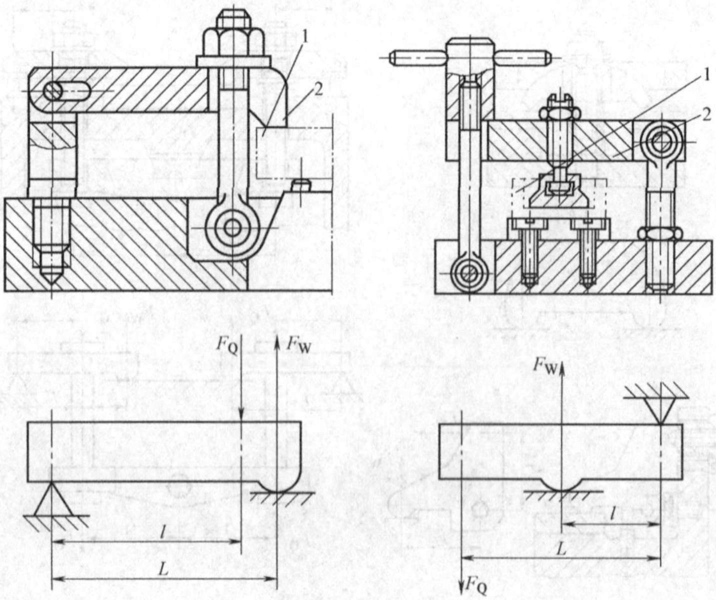

c)

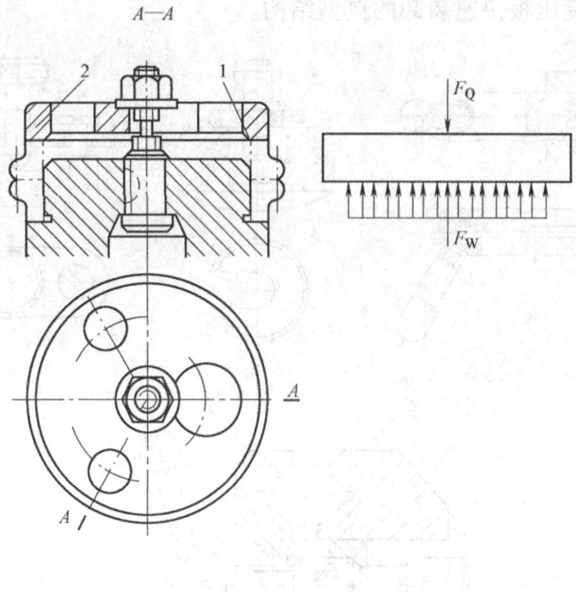

d)

图 4-36　螺旋压板常用的典型结构（续一）

c）铰链压板　d）可卸压板

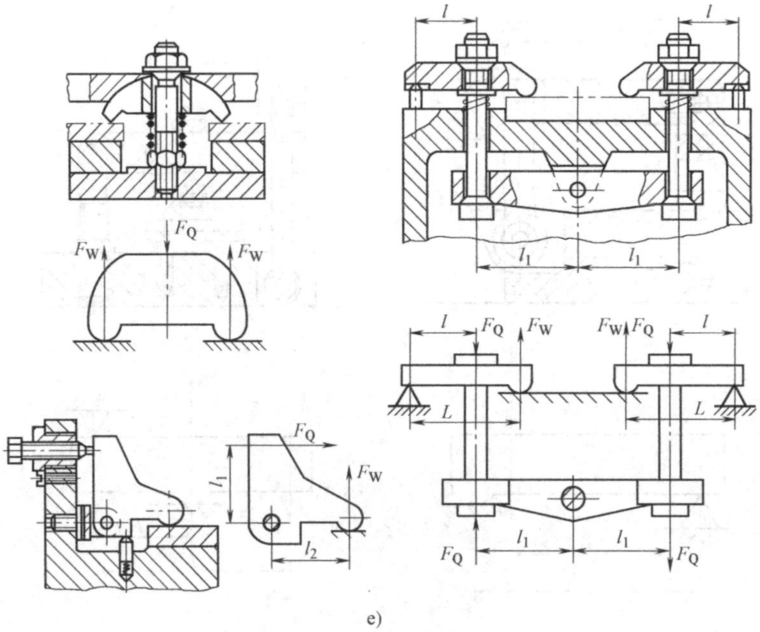

图 4-36　螺旋压板常用的典型结构（续二）

e）其他形式压板

3）快速装卸机构。螺旋夹紧的缺点是夹紧动作慢，在有些情况下，为了减少辅助时间，可以采用各种快速接近或快速撤离工件的螺旋夹紧机构。

图 4-37 所示为螺旋压板快速装卸的典型结构。

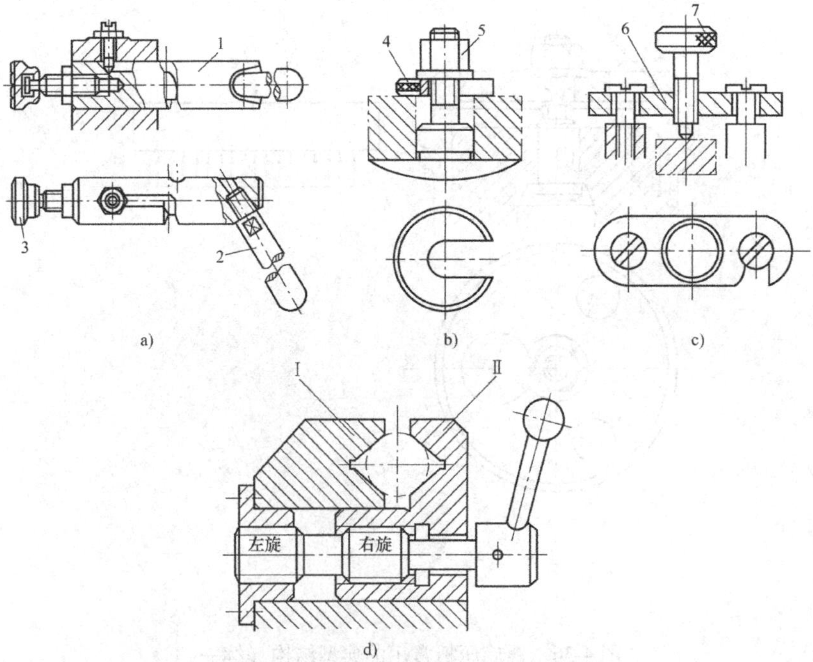

图 4-37　螺旋压板快速装卸的典型结构

1—螺杆　2—手柄　3—压块　4—快卸垫圈　5—螺母　6—回转压板　7—螺钉

图 4-37a 中，螺杆 1 上的直槽连着螺旋槽，当转动手柄 2 松开工件，并将直槽对准螺钉头时，便可迅速抽动螺杆 1，装卸工件。其夹紧行程较大。

图 4-37b 所示为带有快卸垫圈的螺母夹紧机构，螺母最大外径小于工件孔径，松开螺母取下快卸垫圈 4，工件即可穿过螺母被取出。

图 4-37c 所示是回转压板夹紧机构，旋松螺钉 7 后，将回转压板 6 逆时针方向转过适当角度，工件便可取出。

图 4-37d 所示是含双螺旋副且两螺旋副旋向相反的复式螺旋机构，它可以使左压块Ⅰ和右压块Ⅱ较快地靠近或离开工件。

4）螺旋夹紧机构的计算。螺旋夹紧机构的夹紧力计算与斜楔相似，可将螺旋看成升角为 α 的斜面绕在圆柱体上形成的斜楔，得

$$F_W = \frac{F_Q L}{\frac{d_2}{2}\tan(\alpha + \varphi_1) + r'\tan\varphi_2} \tag{4-5}$$

式中　F_W——夹紧力（N）；

F_Q——原始作用力（N）；

L——作用力臂（mm）；

d_2——螺纹中径（mm）；

α——螺纹升角（°）；

φ_1——螺纹处的摩擦角（°）；

φ_2——螺纹顶部与工件（或压块）间的摩擦角（°）；

r'——螺纹顶部与工件（或压块）间的当量摩擦半径（mm），见表 4-7。

表 4-7　螺旋副的当量摩擦半径　（单位：mm）

形式		简图	计算公式	数值				
				M8	M10	M12	M16	M20
Ⅰ	点接触	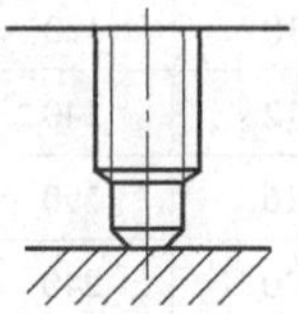	$r'=0$	0	0	0	0	0
Ⅱ	平面接触	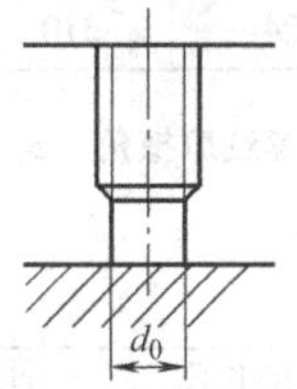	$r'=\frac{d_0}{3}$	$d_0=6$	$d_0=7$	$d_0=9$	$d_0=12$	$d_0=15$
				2	2.3	3	4	5
Ⅲ	圆周线接触	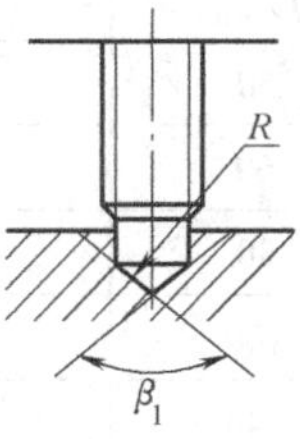	$r'=R\cot\frac{\beta_1}{2}$	$R=8$	$R=10$	$R=12$	$R=16$	$R=20$
				4.6	5.8	6.9	9.2	11.5

（续）

形式		简图	计算公式	数值				
				M8	M10	M12	M16	M20
Ⅳ	圆环面接触	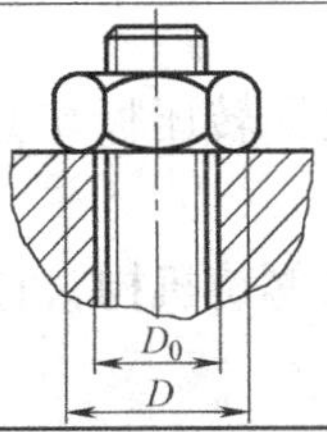	$r' = \frac{1}{3}\frac{D^3 - D_0^3}{D^2 - D_0^2}$	6.22	7.78	9.33	12.44	15.56

注：$\beta_1 = 120°$，$D \approx 200\text{mm}$。

螺旋夹紧机构绝大部分用于手动夹紧，无需精确计算。在实际设计中，应根据现场经验，由表4-8、表4-9选取螺纹的结构尺寸。必要时对夹紧力进行核算，算出的单个螺旋实际夹紧力应小于表中相应规格螺旋的夹紧力。

表4-8中，夹紧力数值建立在 $\varphi_2 = 5°34'$，$f = 0.1$ 等条件的基础上，并考虑了螺纹所能承受的强度。

表4-8　螺旋夹紧机构夹紧力的计算

类型	机构简图	夹紧力计算公式	螺栓直径 d/mm	手柄长 L/mm	作用力 F_Q/N	夹紧力 F_W/N
螺杆端面为球面	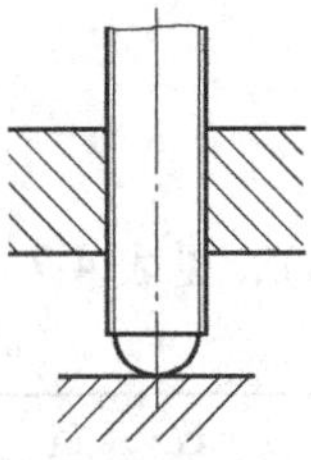	$F_W = \frac{2F_QL}{d_2\tan(\alpha + \varphi_1)}$	M8	100	15	2600
			M10	120	25	4200
			M12	140	35	5700
			M16	190	65	10600
			M20	240	100	16500
			M24	310	130	23000
螺杆端面为环形面	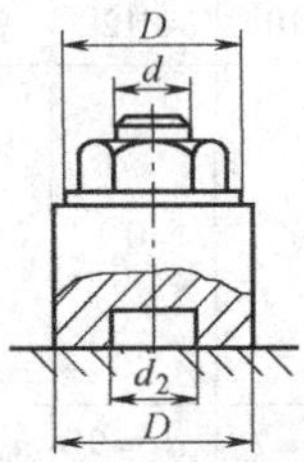	$F_W = F_QL/\left[d_2/2\tan(\alpha + \varphi_1) + \frac{1}{3}\left(\frac{D^3 - d^3}{D^2 - d^2}\right)\tan\varphi_2\right]$	M8	100	15	1700
			M10	120	25	3000
			M12	140	35	4000
			M16	190	65	7200
			M20	240	100	11400
			M24	310	130	16000

注：d_2 为螺纹中径（mm）；α 为螺纹升角，$\tan\alpha = \frac{P}{\pi d_2}$，$P$ 为螺距；φ_1 为螺纹摩擦角；φ_2 为螺杆（螺母）端面与工件间的摩擦角。

表4-9　螺母的夹紧力

形式	简　图	螺纹公称直径 d/mm	螺纹中径 d_2/mm	手柄长度 L/mm	手柄上的作用力 F_Q/N	产生的夹紧力 F_W/N
带柄螺母	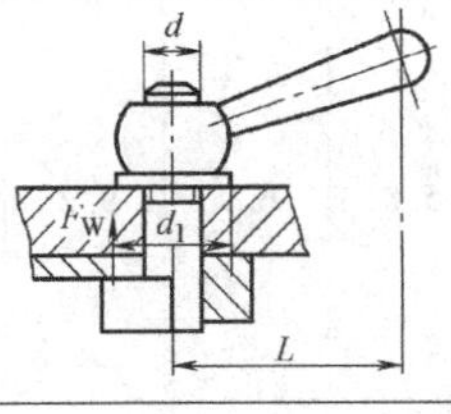	8	7.188	50	50	2060
		10	9.026	60	50	2990
		12	10.863	80	80	3540
		16	14.701	100	100	4210
		20	18.376	140	100	4700

（续）

形式	简　图	螺纹公称直径 d/mm	螺纹中径 d_2/mm	手柄长度 L/mm	手柄上的作用力 F_Q/N	产生的夹紧力 F_W/N
用扳手的六角螺母	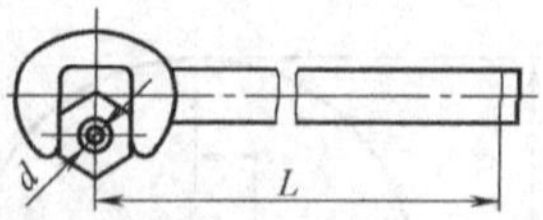	10	9.026	120	45	3570
		12	10.863	140	70	5420
		16	14.701	190	100	8000
		20	18.376	240	100	8060
		24	22.052	310	150	13030
蝶形螺母	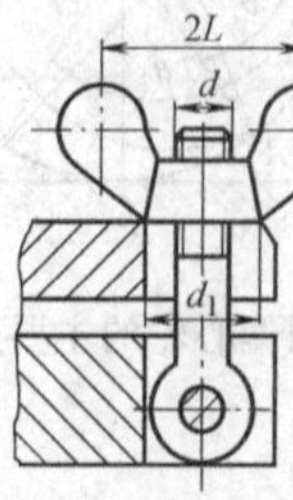	4	3.545	8	10	130
		5	4.480	9	15	178
		6	5.350	10	20	218
		8	7.188	12	30	296
		10	9.026	17	40	450

注：螺母支承端面的外径 d_1 取 $2d$。

（3）偏心夹紧机构　用偏心件直接或间接夹紧工件的机构，称为偏心夹紧机构。偏心夹紧机构因结构简单、制造容易而得到广泛的应用。图 4-38 所示为常见的几种偏心夹紧机构。图 4-38a 采用的是圆偏心轮，图 4-38b 采用的是凸轮，图 4-38c 采用的是偏心轴。

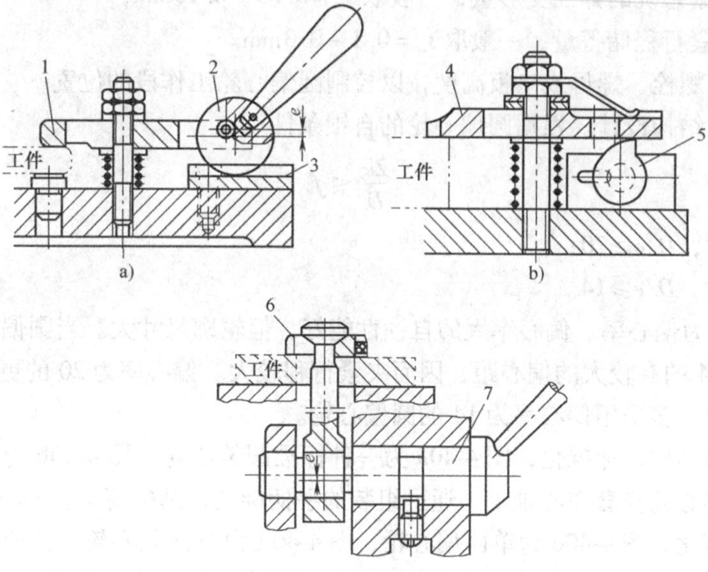

图 4-38　常见的几种偏心夹紧机构

a）圆偏心轮夹紧机构　b）凸轮偏心夹紧机构　c）偏心轴夹紧机构

1、4、5—压板　2—圆偏心轮　3—垫板　6—螺母　7—偏心轴

1）圆偏心轮的应用特性。圆偏心轮操作方便、夹紧迅速，缺点是夹紧力和夹紧行程均不大，结构不耐振，自锁可靠性差，故一般适用于夹紧行程及切削负荷较小且平稳的场合。

2）圆偏心轮的主要几何参数。图 4-39 所示为圆偏心轮的主要几何参数。

①自锁条件。圆偏心轮的弧形楔夹紧与斜楔夹紧的实质相同，其自锁条件为

$$\frac{2e}{D} \leqslant f \tag{4-6}$$

式中　f——圆偏心轮与工件间的摩擦因数，一般取$f=0.10\sim0.15$。

②圆偏心轮工作段选择。圆偏心中点（P点）的楔角最大，且在P点附近楔角变化最小，常以P点左右$30°\sim45°$的范围为夹紧工作段（AB段）。

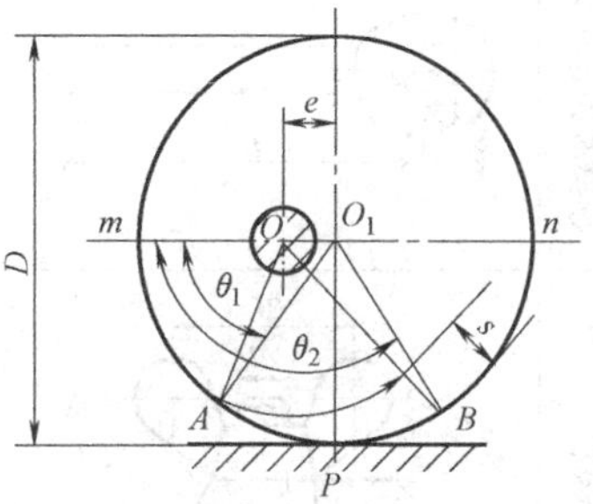

图4-39　圆偏心轮的主要几何参数

③偏心距e的确定

$$e = \frac{s}{\cos\theta_1 - \cos\theta_2} \tag{4-7}$$

式中　e——圆偏心轮的偏心距（mm）；

θ_1、θ_2——圆偏心轮工作段的回转角，一般取$\theta_1=45°\sim60°$，$\theta_2=120°\sim135°$；

s——圆偏心轮的夹紧行程（mm）。

夹紧行程s可按下式计算

$$s = s_1 + s_2 + s_3 + s_4 \tag{4-8}$$

式中　s_1——工件在夹紧方向上的尺寸公差；

s_2——装卸工件所需的间隙，一般取$s_2\geqslant0.3$mm；

s_3——夹紧系统的弹性变形量，一般取$s_3=0.05\sim0.15$mm；

s_4——夹紧行程储备量，一般取$s_4=0.1\sim0.3$mm。

通常可调整螺栓、螺母或垫板高度，以控制圆偏心轮工作段的位置。

④偏心率及结构设计。根据圆偏心轮的自锁条件

$$\frac{2e}{D} \leqslant f$$

f取0.10时，$D/e\geqslant20$；

f取0.15时，$D/e\geqslant14$。

D/e之值称为偏心率。偏心率大的自锁性能好，但轮廓尺寸大。当圆偏心轮的外径相同时，偏心率为14的有较大的偏心距，因而夹紧行程较大。偏心率为20的更能确保自锁。

实际应用中，多采用偏心率为14的圆偏心轮。

圆偏心轮的结构已标准化，图4-40a为一种标准圆偏心轮，图4-40b为一种标准叉形偏心轮，这两种偏心轮空套在心轴上，通过组装的手柄旋动，结构简单。偏心轮用垫板和偏心轮用压板均标准化。图4-40c为单面偏心轮，图4-40d为双面偏心轮，此两种偏心轮固定于转轴上，通过手柄转动转轴而旋动，用于偏心轮不便或不能直接安装手柄的场合。将偏心轮的非工作面做成不完整的外形，便于装卸工件。双面偏心轮主要用于夹紧两个工件，或需要增大夹紧行程的场合。

（4）联动夹紧机构　利用一个原始作用力实现单件或多件的多点、多向同时夹紧的机构，称为联动夹紧机构。由于该机构能有效提高生产率，因而在自动线和各种高效夹具中得到了广泛的采用。

1）单件联动夹紧机构。单件联动夹紧机构大多用于分散的夹紧力作用点或夹紧力方向

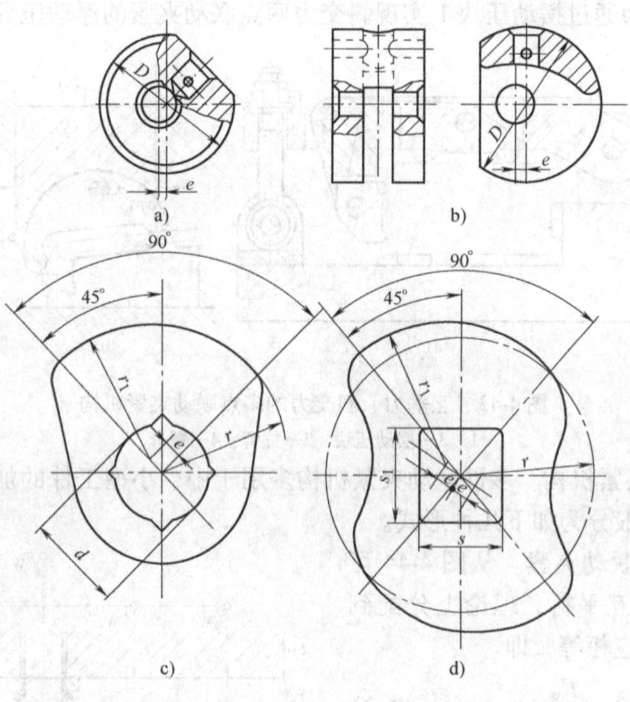

图 4-40　标准偏心轮结构

差别较大的场合。常见的单件联动夹紧有：

①单件同向联动夹紧。图 4-41 所示为单件同向多点联动夹紧机构。通过浮动柱 2 的水平滑动协调浮动压头 1、3 实现对工件 4 的夹紧。

②单件对向联动夹紧。图 4-42 所示为对向侧夹紧联动夹紧机构。当液压缸中的活塞杆 3 向下移动时，通过双臂铰链使浮动压板 2 相对转动，最后将工件 1 夹紧。

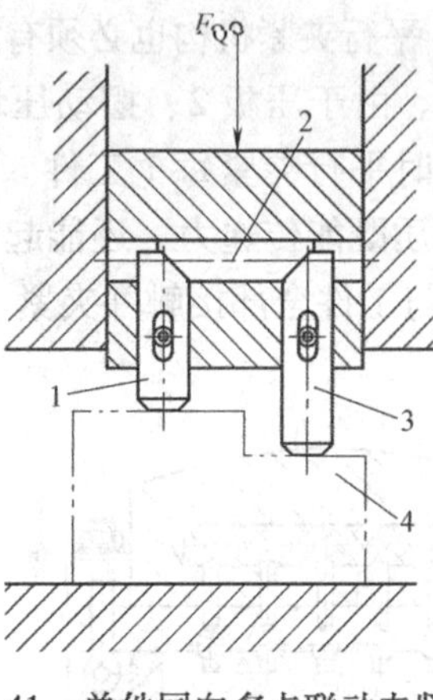

图 4-41　单件同向多点联动夹紧机构

1、3—浮动压头　2—浮动柱　4—工件

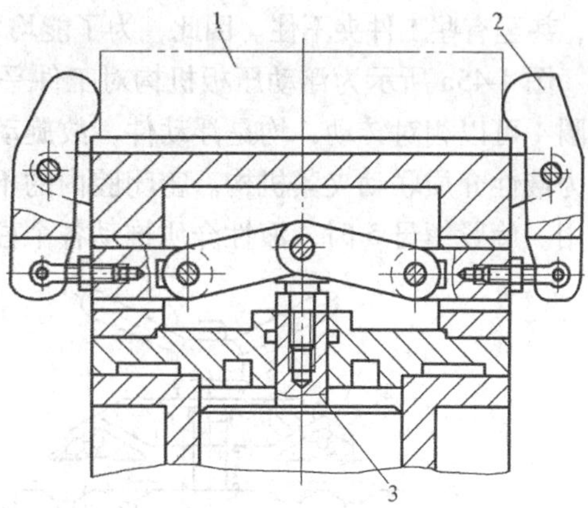

图 4-42　单件对向多点联动夹紧机构

1—工件　2—浮动压板　3—活塞杆

③互垂力或斜交力的联动夹紧。图 4-43a 所示为双向浮动四点联动夹紧机构。由于摇臂 2 可以转动并与摆动压块 1、3 铰链连接，因此，当拧紧螺母 4 时，便可从两个相互垂直的方向上实现四点联动夹紧。

图 4-43b 所示为通过摆动压块 1 实现斜交力两点联动夹紧的浮动压头。

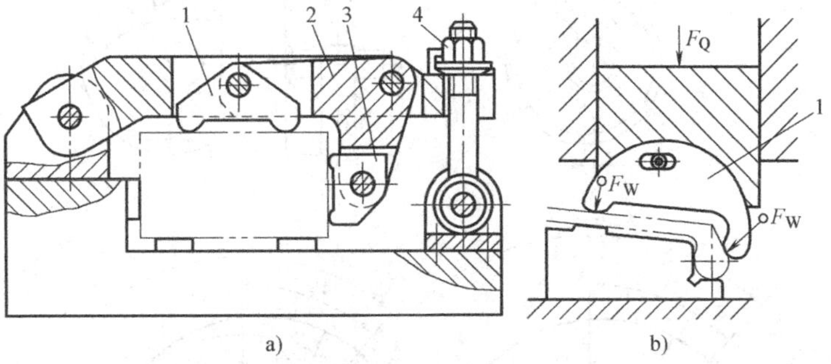

图 4-43 互垂力、斜交力的多点联动夹紧机构

1、3—摆动压块 2—摇臂 4—螺母

2）多件联动夹紧机构。多件联动夹紧机构多用于中、小型工件的加工，按其对工件施力方式的不同，一般分为如下几种形式。

①平行式多件联动夹紧。从图 4-44 可知，各个夹紧力相互平行，理论上分配到各工件上的夹紧力应相等，即

$$F_{Wi}=\frac{F_W}{n} \tag{4-9}$$

式中 F_W——夹紧机构产生的总夹紧力（N）；

F_{Wi}——理论上每个工件承受的夹紧力（N）；

n——同时被夹紧的工件数量。

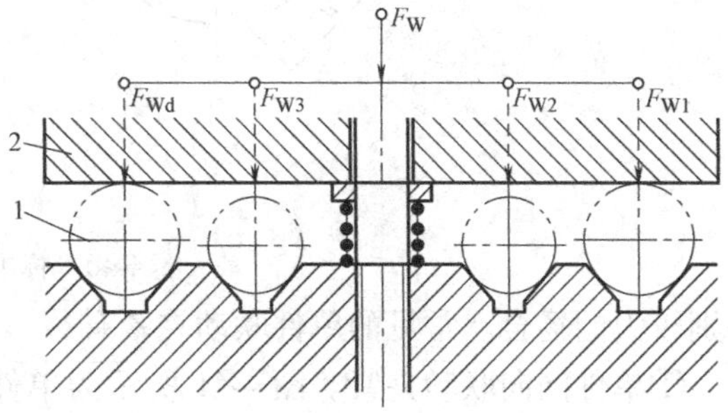

图 4-44 平行式多件联动夹紧

1—工件 2—刚性压板

由于工件有尺寸公差，如采用图 4-44 所示的刚性压板 2，则各工件所受的夹紧力就不能相同，甚至有些工件夹不住。因此，为了能均匀地夹紧工件，平行夹紧机构也必须有浮动环节。

图 4-45a 所示为浮动压板机构对工件平行夹紧的实例。由于压板 2、摆动压块 3 和球面垫圈 4 可以相对转动，均是浮动件，故旋动螺母 5 即可同时平行夹紧每个工件。图 4-45b 所示为液性介质联动夹紧机构。密闭腔内的不可压缩液性介质既能传递力，还能起浮动环节的作用。旋紧螺母 5 时，液性介质推动各个柱塞 7，使它们与工件全部接触并夹紧。

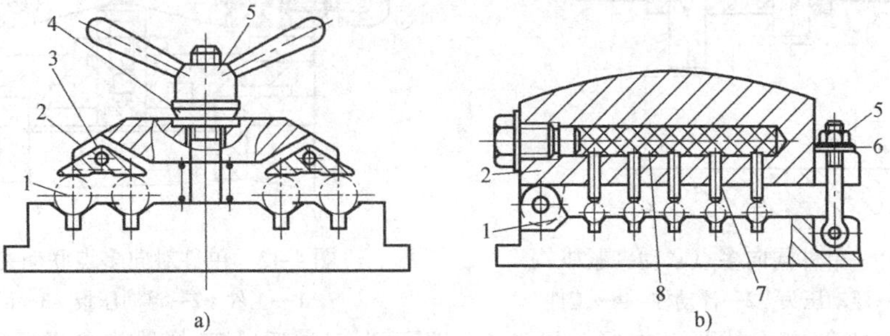

图 4-45 平行式多件联动夹紧机构

1—工件 2—压板 3—摆动压块 4—球面垫圈 5—螺母 6—垫圈 7—柱塞 8—液性介质

②对向式多件联动夹紧。如图4-46所示，两对向压板1、4利用球面垫圈及间隙构成了浮动环节。当旋动偏心轮6时，迫使压板4夹紧右边的工件，与此同时拉杆5右移使压板1将左边的工件夹紧。这类夹紧机构可以减小原始作用力，但相应增大了对机构夹紧行程的要求。

3）复合式多件联动夹紧。凡将上述多件联动夹紧方式合理组合构成的机构，均称为复合式多件联动夹紧机构。图4-47所示为平行式和对向式组合的复合式多件联动夹紧机构。

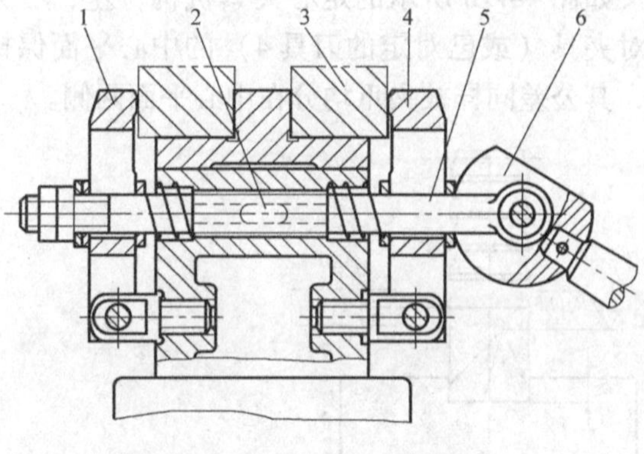

图4-46　对向式多件联动夹紧机构

1、4—压板　2—键　3—工件　5—拉杆　6—偏心轮

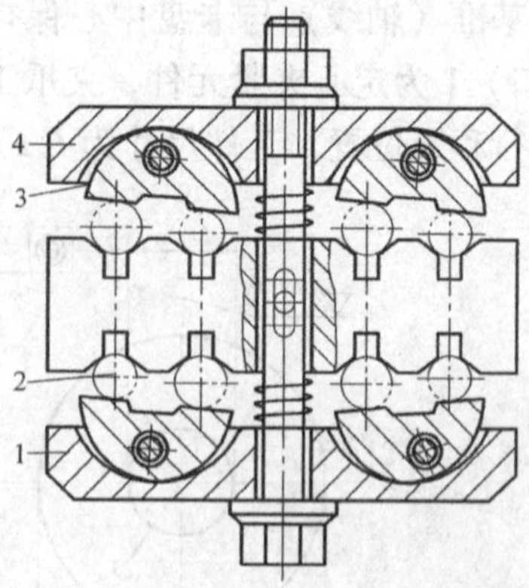

图4-47　复合式多件联动夹紧机构

1、4—压板　2—工件　3—摆动压块

联动夹紧机构在两个夹紧点之间必须设置必要的浮动环节，并具有足够的浮动量，动作灵活，符合机械传动原理。如前述联动夹紧机构中，采用滑柱、球面垫圈、摇臂、摆动压块和液性介质等作为浮动件的各个环节，它们补偿了同批工件尺寸公差的变化，确保了联动夹紧的可靠性。

常见的浮动环节结构如图4-48所示，其中图4-48a、b为两点式，图4-48c、d为三点式，图4-48e、f为多点式。

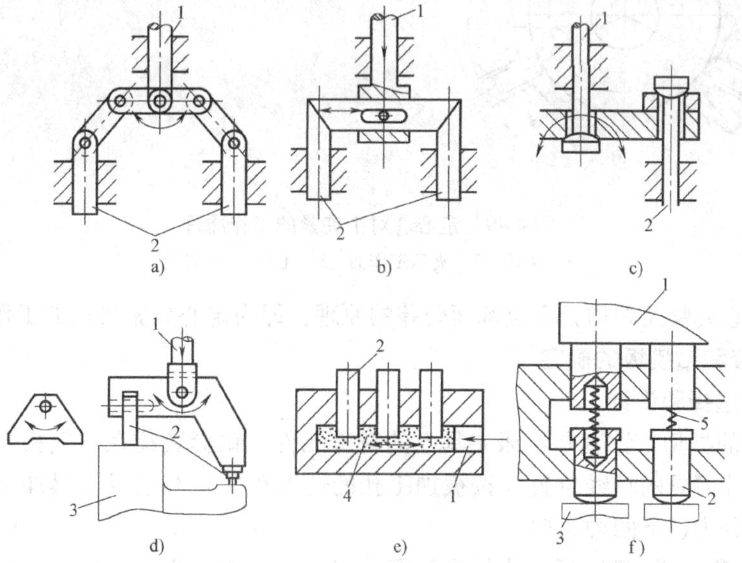

图4-48　浮动环节的结构类型

1—动力输入　2—输出端　3—工件　4—液性介质　5—弹簧

（5）定心夹紧机构　当工件被加工面以中心要素（轴线、中心平面等）为工序基准时，为使基准重合以减少定位误差，就须采用定心夹紧机构。

定心夹紧机构具有定心和夹紧两种功能，如图 4-49a 所示的自定心卡盘。三个夹爪 1 为定心夹紧元件，能等速趋近或离开卡盘中心 O（夹爪保持等距性行程），使夹爪工作面 2 对中心总保持相等的距离。当工件定位直径不同时，由夹爪 1 通过等距移动来调整，使工件的工序基准（轴线）与卡盘中心保持一致。又如图 4-49b 所示的定心夹紧机构，左、右夹爪（钳口）1 为定心夹紧元件，夹爪工作面 2 对夹具（或已对定的刀具 4）的中心平面保持等距性行程及位置，工件尺寸为 $L\pm\Delta L/2$ 时，其公差同样被夹爪均分在中心平面两侧。

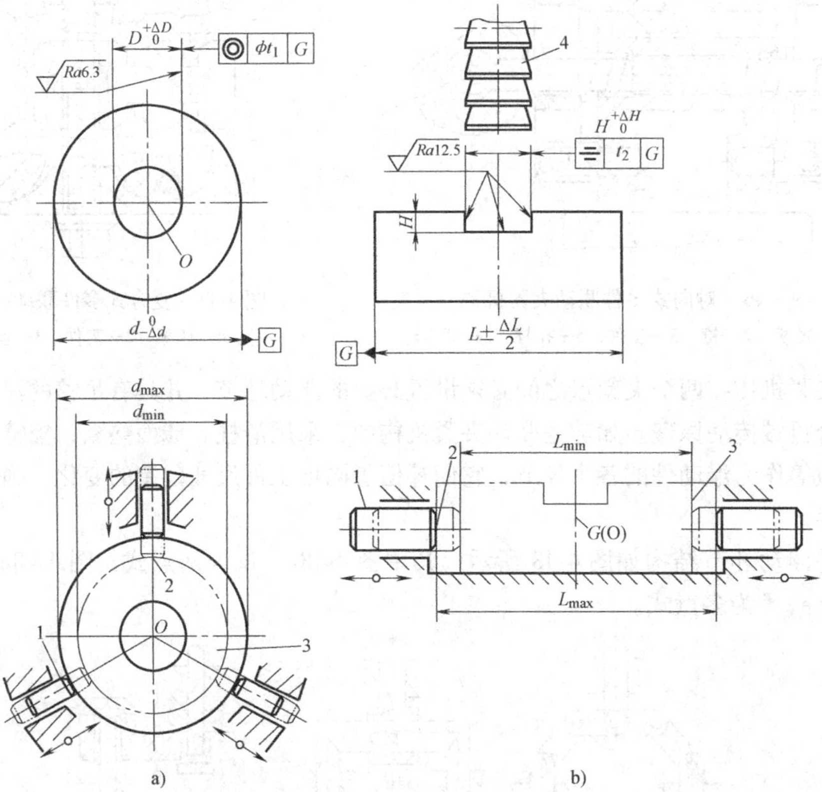

图 4-49　定心、对中夹紧的工作原理

1—夹爪　2—夹爪工作面　3—工件　4—刀具

上面以定心夹紧元件均分定位基面公差的原理，即为定心夹紧机构的工作原理。

（四）钻套和钻模板的确定

1. 钻套的选择和设计

（1）钻套的类型　钻套是钻床夹具上的特殊元件。钻套装配在钻模板上，其作用是确定钻削时定尺寸刀具的轴线位置（按被加工孔的位置布置）和引导刀具加工。钻套按结构和使用情况可分为以下四种类型。

1）固定钻套。图 4-50a 所示为标准钻套，它分为 A 型、B 型两种。钻套外圆 D 以 H7/n6 或 H7/r6 配合压入钻模板中。B 型带肩固定钻套主要用于钻模板较薄时，用以保持必需的引导长度，也可作为刀具进给时的轴向定程挡块。固定钻套结构简单，钻孔精度高，适用于单一钻孔工序和小批生产。图 4-50b 为结构简图。

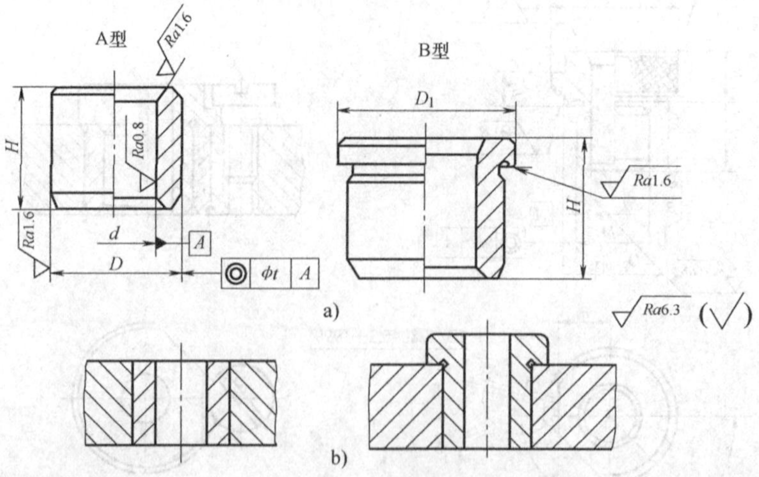

图 4-50　固定钻套

2）可换钻套。如图 4-51 所示，图 4-51a 为标准钻套，当工件为单一钻孔工步的大批量生产时，为便于更换磨损的钻套，选用可换钻套。图 4-51b 为结构简图。钻套 1 装在衬套 2 中，钻套由螺钉 4 固定，防止加工时钻套转动和退刀时随刀具拔出。钻套与衬套之间采用 F7/m6 或 F7/k6 配合，衬套与钻模板 3 之间采用 H7/n6 配合。当钻套磨损后，可卸下螺钉，更换新的钻套。

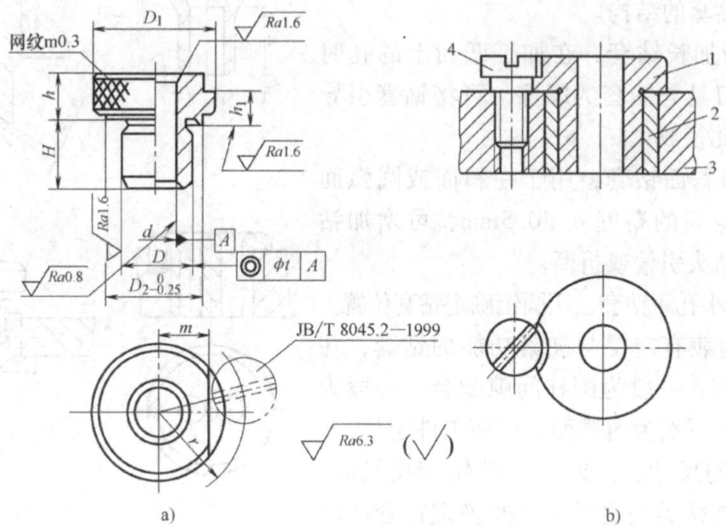

图 4-51　可换钻套

1—钻套　2—衬套　3—钻模板　4—螺钉

3）快换钻套。如图 4-52 所示，图 4-52a 为标准钻套，当工件需钻、扩、铰多工步加工时，为能快速更换不同孔径的钻套，应选用快换钻套。快换钻套的有关配合同可换钻套。更换钻套时，将钻套削边平面转至螺钉处，即可取出钻套。削边的方向应考虑刀具的旋向，以免钻套随刀具自行拔出。图 4-52b 为结构简图。

以上三类钻套已标准化，其结构参数、材料、热处理方法等，可查阅有关手册。

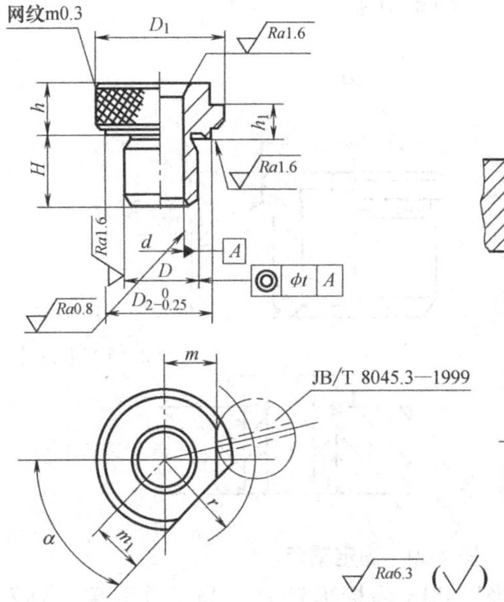

a)　　　　　　b)

图 4-52　快换钻套

4）特殊钻套。由于工件形状或被加工孔位置的特殊性，需要设计特殊结构的钻套。图 4-53 所示是几种特殊钻套的结构。

图 4-53a 为加长钻套，在加工凹面上的孔时使用。为减少刀具与钻套的摩擦，可将钻套引导高度 H 以上的孔径放大。

图 4-53b 为斜面钻套，用于在斜面或圆弧面上钻孔，排屑空间的高度 $h<0.5$mm，可增加钻头刚度，避免钻头引偏或折断。

图 4-53c 为小孔距钻套，用圆销确定钻套位置。

图 4-53d 为兼有定位与夹紧功能的钻套，在钻套与衬套之间，一段为圆柱间隙配合，一段为螺纹联接，钻套下端为内锥面，可使工件定位。

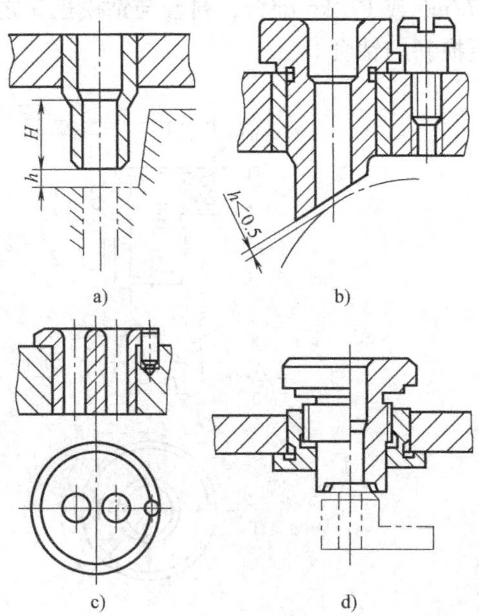

图 4-53　特殊钻套

（2）钻套的尺寸、公差　设计钻床夹具时，在选定钻套的结构类型之后，需要确定钻套的内孔尺寸、公差及导向高度 H、排屑空间 h。

1）一般钻套导向内孔的基本尺寸取刀具的最大极限尺寸，采用基轴制间隙配合。

钻孔时，其公差取 F7 或 F8；

粗铰孔时，其公差取 G7；

精铰孔时，其公差取 G6。

若刀具用圆柱部分导向（如接长的扩孔钻、铰刀等）时，可采用 H7/f7（g6）配合。

2）钻套的导向高度 H 增大，则导向性能好，刀具刚度高，加工精度高，但钻套与刀具的磨损加剧。

一般取 $H=1\sim2.5d$（其中 d 为钻套孔径）。

对于加工精度要求较高的孔，或被加工孔较小、钻头刚度较差时，应取较大值，反之取较小值。

3）排屑空间 h 指钻套底部与工件表面之间的空间。增大 h 值，排屑方便，但刀具的刚度和孔的加工精度都会降低。

钻削易排屑的铸铁时，常取 $h=(0.3\sim0.7)d$；

钻削较难排屑的钢件时，常取 $h=(0.7\sim1.5)d$；

工件精度要求高时，可取 $h=0$，使切屑全部从钻套中排出。

（3）钻套的材料、热处理　在加工过程中，钻套与刀具产生摩擦，故钻套必须有很高的耐磨性。

当钻套孔径 $d\leqslant26$mm 时，用 T10A 钢制造，热处理硬度为 58～64HRC；

当 $d>26$mm 时，用 20 钢制造，渗碳深度为 0.8～1.2mm，热处理硬度为 58～64HRC。

2. 钻模板的选择和设计

钻模板用于安装钻套，并确保钻套在钻模上的正确位置。常见的钻模板有以下几种：

（1）固定式钻模板　钻模板和夹具体或支架连接，一般采用螺钉联接，这种钻模板可在装配时调整位置，因而使用较广泛。固定式钻模板结构简单、钻孔精度高。也可采用整体的铸件或焊接结构，如图 4-54a 所示。

（2）铰链式钻模板　当钻模板妨碍工件装卸或钻孔后需攻螺纹时，可采用铰链式钻模板，如图 4-54b 所示。铰链销与钻模板的销孔采用 G7/h6 配合，与铰链座的销孔采用 N7/h6 配合。钻模板与铰链座凹槽一般采用 H8/g7 配合，精度要求高时应配制，控制 0.01～0.02mm 的间隙。钻套导向孔与夹具安装面的垂直度，可通过调整垫片或修磨支承件的高度予以保证。加工时，钻模板需用螺钉或其他方法予以锁紧。由于铰链销孔之间存在配合间隙，其加工精度比采用固定式钻模板低。

（3）分离式钻模板　钻模板与夹具体分离，钻模板在工件上定位，并与工件一起装卸，如图 4-54c 所示。这类结构加工的工件精度高，但工效低，费时费力。

（五）夹具体设计

夹具体是夹具的基础元件。夹具体的基面与机床连接，其他工作表面则装配各种元件和装置，以组成夹具的总体。

1. 对夹具体的要求

（1）有适当的精度和尺寸稳定性　夹具体上的重要表面，如安装定位元件的表面、安装对刀或导向元件的表面以及夹具体的安装基面（与机床相连接的表面）等，应有适当的尺寸和形状精度，它们之间应有适当的位置精度。

为使夹具体尺寸稳定，铸造夹具体要进行时效处理，焊接和锻造夹具体要进行退火处理。

（2）有足够的强度和刚度　加工过程中，夹具体要承受较大的切削力和夹紧力。为保证夹具体不产生不允许的变形和振动，夹具体应有足够的强度和刚度。因此，夹具体需有一定的壁厚，铸造夹具体的壁厚一般取 15～30mm；焊接夹具体的壁厚为 8～15mm。必要时可

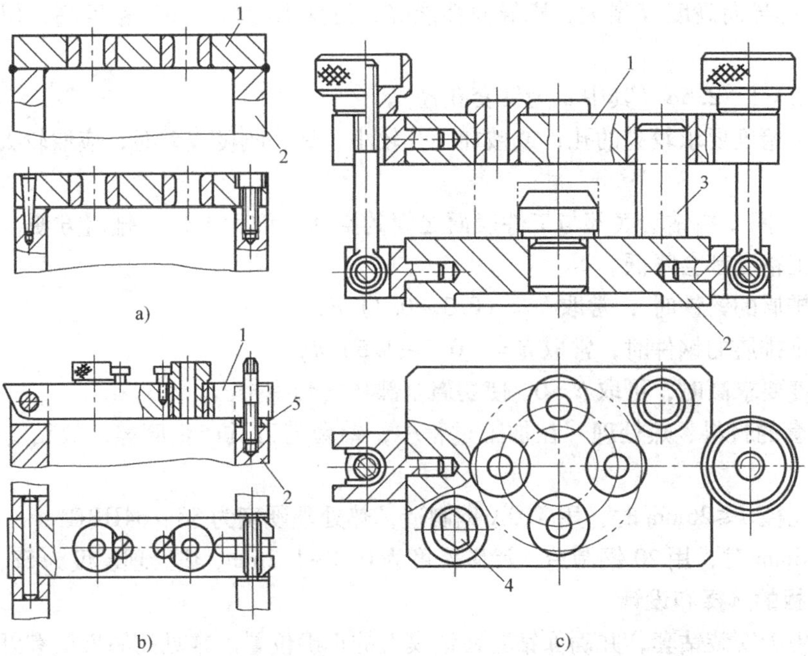

图 4-54　夹具上的几种钻模板

a）固定式钻模板　b）铰链式钻模板　c）分离式钻模板

1—钻模板　2—夹具体（支架）　3—圆柱销　4—菱形销　5—垫片

用肋来提高夹具体的刚度。肋的厚度取壁厚的 0.7 ~ 0.9 倍。铸造和焊接夹具体常设置加强肋，或在不影响工件装卸的情况下采用框架式夹具体，如图 4-55c 所示。

（3）结构工艺性好　夹具体应便于制造、装配和检验。铸造夹具体上安装各种元件的表面应铸出凸台，以减少加工面积。夹具体毛面与工件之间应留有足够的间隙，一般为 4 ~ 15mm。夹具体的结构形式应便于工件的装卸，如图 4-55 所示，分为开式结构（见图 4-55a）、半开式结构（见图 4-55b）和框架式结构（见图 4-55c）等。

图 4-55　夹具体的结构形式

a）开式结构　b）半开式结构　c）框架式结构

（4）排屑方便　切屑多时，夹具体上应考虑排屑结构。如图 4-56a 所示，在夹具体上开排屑槽；图 4-56b 所示为在夹具体下部设置排屑斜面，斜角可取 30° ~ 50°。

（5）在机床上安装稳定可靠　夹具在机床上的安装都是通过夹具体上的安装基面与机床上相应表面的接触或配合实现的。当夹具在机床工作台上安装时，夹具的重心应尽量低，重心越高则支承面应越大；夹具底面四边应凸出，使夹具体的安装基面与机床的工作台面接触良好。夹具体安装基面的形式如图 4-57 所示，图 4-57a 为周边接触，图 4-57b 为两端接触，图 4-57c 为四个支脚接触。接触边或支脚的宽度应大于机床工作台梯形槽的宽度，应一

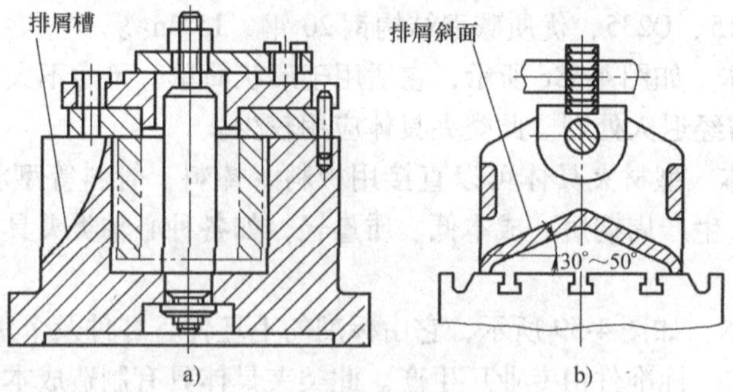

图 4-56　夹具体上设置排屑结构

次加工出来，并保证一定的平面精度。当夹具在机床主轴上安装时，夹具安装基面与主轴相应表面应有较高的配合精度，并保证夹具体安装稳定可靠。

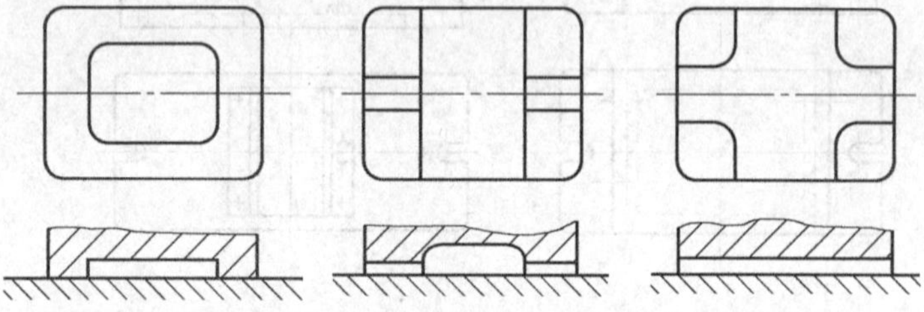

图 4-57　夹具体安装基面的形式

2. 夹具体毛坯的类型

（1）铸造夹具体　如图 4-58a 所示，铸造夹具体的优点是工艺性好，可铸出各种复杂形状，具有较好的抗压强度、刚度和抗振性；但生产周期长，需进行时效处理，以消除内应力。常用材料为灰铸铁（如 HT200），要求强度高时用铸钢（如 ZG270—500），要求质量轻时用铸铝（如 ZL104 ）。目前铸造夹具体应用较多。

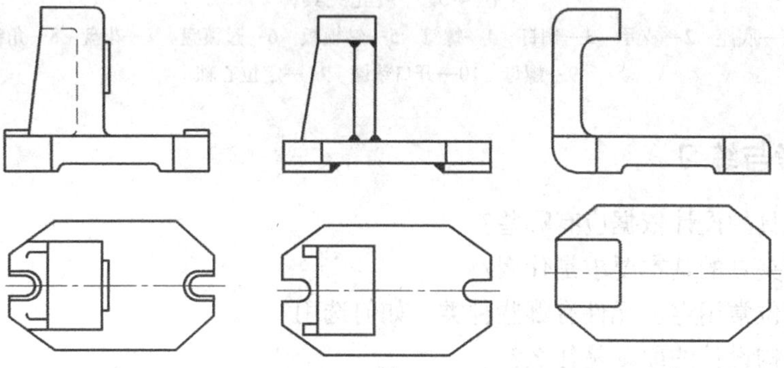

图 4-58　夹具体毛坯类型

a）铸造夹具体　b）焊接夹具体　c）锻造夹具体

（2）焊接夹具体　如图 4-58b 所示，它由钢板、型材焊接而成，这种夹具体制造方便、生产周期短、成本低、质量轻（壁厚比铸造夹具体薄）。但焊接夹具体的热应力较大，易变形，需经退火处理，以保证夹具体尺寸的稳定性。焊接件材料的可焊性要好，适用材料有碳素结构钢 Q195、Q215、Q235，优质碳素结构钢 20 钢、15Mn 等。

（3）锻造夹具体　如图 4-58c 所示，它适用于形状简单、尺寸不大、要求强度和刚度大的场合。锻造后也需经退火处理。此类夹具体应用较少。

（4）型材夹具体　型材夹具体可以直接用板料、棒料、管料等型材加工装配而成。这类夹具体取材方便、生产周期短、成本低、质量轻，如各种心轴类夹具的夹具体及钢套钻模夹具体。

（5）装配夹具体　如图 4-59 所示，它由标准的毛坯件、零件及个别非标准件通过螺钉、销钉联接，组装而成。标准件由专业厂生产。此类夹具体具有制造成本低、周期短、精度稳定等优点，有利于夹具标准化、系列化，也便于夹具的计算机辅助设计。

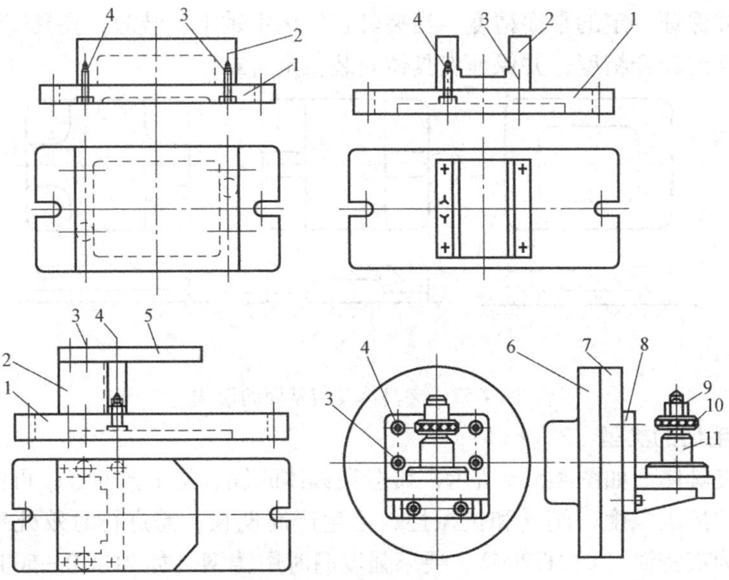

图 4-59　装配夹具体

1—底座　2—支承　3—销钉　4—螺钉　5—钻模板　6—过渡盘　7—花盘　8—角铁　9—螺母　10—开口垫圈　11—定位心轴

四、思考与练习

1. 专用夹具的设计依据应有哪些？
2. 对专用夹具的基本要求是什么？
3. 平面定位常用定位元件有哪些种类？如何选用？
4. 夹紧机构设计的原则是什么？
5. 夹具体毛坯有哪些类型？如何选用？
6. 夹具体的结构形式有哪几种？
7. 钻夹具分哪些类型？各类钻模有何特点？
8. 设计钻夹具总体结构时应考虑哪些问题？
9. 在工件上钻铰 ϕ14H7 孔，铰削余量为 0.1mm，铰刀直径为 ϕ14mm。试设计所需钻套（计算导向孔尺寸，画出钻套零件图，标注尺寸及技术要求）。

模块 2　铣夹具设计

一、教学目标

最终目标：掌握铣夹具（即铣床夹具）的设计方法，会设计简单结构的铣夹具。

促成目标：

1）能描述铣夹具的特点及设计要点。

2）能根据零件加工要求拟订铣夹具的总体设计方案。

3）能运用有关专用夹具设计手册进行铣夹具的结构设计。

4）能绘制专用夹具的总装图。

5）会分析定位误差。

二、案例分析

案例精选：掌握铣夹具结构的特点及设计要点，完成图 4-60 所示杠杆零件上铣两斜面工序的单件铣夹具方案设计。图 4-60 所示为杠杆零件上铣两斜面工序图，批量为中批生产，机床为铣床。

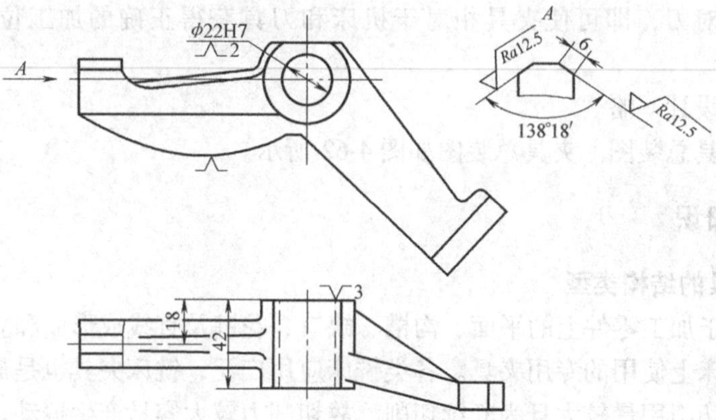

图 4-60　杠杆零件上铣两斜面工序图

1. 铣夹具的设计流程

铣夹具设计可按图 4-61 所示铣夹具的设计流程进行。

2. 杠杆零件铣斜面夹具的设计

图 4-62 所示为杠杆零件上铣两斜面铣夹具，其设计的主要过程如下。

（1）确定工件的定位方案，选择定位元件　根据工序简图已确定的定位基准，工件以已精加工过的孔 ϕ22H7 和端面作为主定位基准面，定位元件选用短定位销 9，以定位销 9 的圆柱表面及定位销台阶面限制工件的五个自由度。以圆弧面在可调支承 6 上定位，限制工件的一个自由度，从而实现了完全定位。倘若工件的毛坯是同批铸造的，则可调支承 6 需每批调整一次。

（2）夹紧装置设计　采用螺旋夹紧机构。拧紧夹紧机构的螺母，以钩形压板 10 将工件

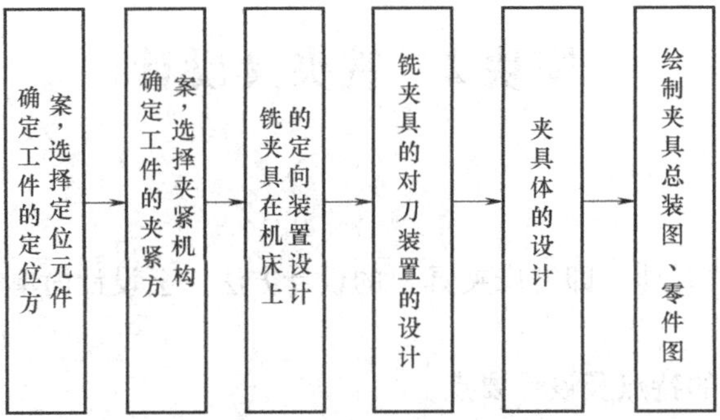

图 4-61　铣夹具的设计流程

夹紧，其结构见 *A—A* 剖面图。为增强工件的刚度，在接近加工表面处采用浮动的辅助夹紧机构，当拧紧该机构的螺母时，卡爪 2 和 3 对向移动，同时将工件夹紧。在卡爪 3 的末端开有三条轴向槽，形成三片簧瓣，继续拧紧螺母，锥套 5 即迫使簧瓣胀开，使其锁紧在夹具体中，从而增强夹紧刚度，以免铣削时产生振动。

（3）定向装置的设计　夹具通过两个定位键 8 与铣床工作台 T 形槽对定。

（4）对刀装置的设计　采用两把角度铣刀同时加工工件两斜面。夹具上的角度对刀块 7 与定位销 9 的台阶面和轴线有一定的尺寸联系，而定位销的轴线又与定位键的侧面垂直，故通过塞尺对刀，即可使夹具相对于机床和刀具获得正确的加工位置，从而保证加工要求。

（5）夹具体设计　略。

（6）绘制夹具总装图　夹具总装图如图 4-62 所示。

三、相关知识

（一）铣夹具的结构类型

铣床主要用于加工零件上的平面、沟槽、缺口、花键及直线成形面和立体成形面。铣床夹具包括各类铣床上使用的专用夹具。各类铣床应用广泛，铣床夹具也是最常用的夹具。铣削加工时，一般切削用量较大且为断续切削，故切削力较大容易产生振动。因此，夹紧装置要有足够的夹紧力，夹具整体也应有足够的刚度和强度。铣床夹具在结构上常采用定向键和对刀装置来确定夹具与机床、刀具之间的相对位置。

按照铣削时的进给方式，通常将铣床夹具分为三类，即直线进给式、圆周进给式以及靠模铣床夹具。

1. 直线进给式铣床夹具

这类夹具安装在铣床工作台上，随工作台一起作直线进给运动，是应用最多的一种铣床夹具。按照在夹具上一次装夹工件的数目，它可分为单件夹具和多件夹具。单件夹具多用于加工较大型工件或定位夹紧方法较特殊的中、小型工件。多件夹具广泛用于成批生产或大量生产的中、小型工件加工，它可按先后加工、平行加工或平行—先后加工等方式设计铣床夹具，以节省切削的基本时间或使切削的基本时间重合。

2. 圆周进给式铣床夹具

圆周铣削法的进给运动是连续不断的，能够在不停机床的情况下装卸工件，是一种生产

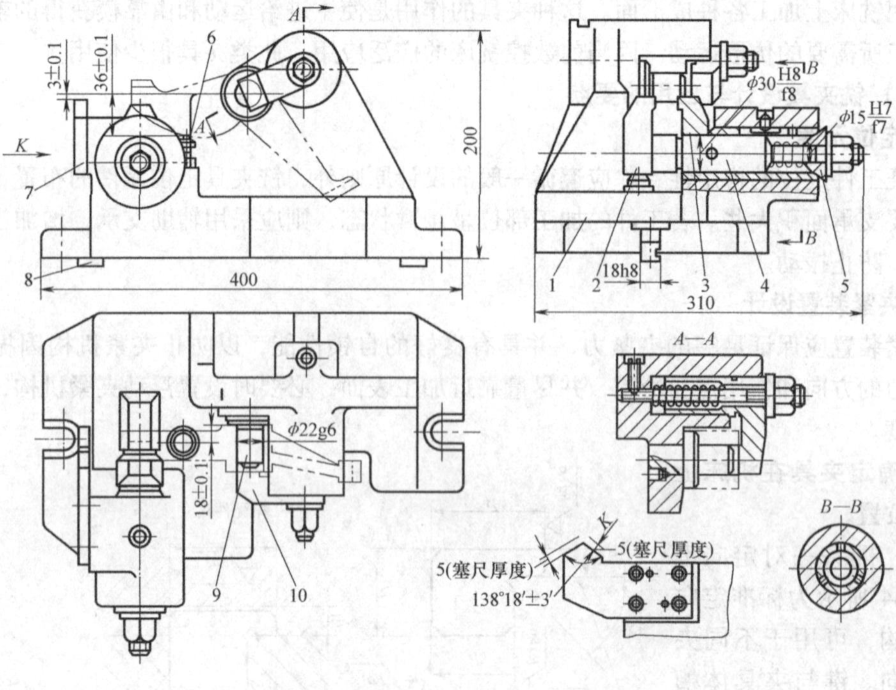

图 4-62　杠杆斜面上铣两斜面铣夹具

1—夹具体　2、3—卡爪　4—连接杆　5—锥套　6—可调支承　7—角度对刀块　8—定位键　9—定位销　10—钩形压板

率很高的加工方法，适用于较大批量的生产。

圆周进给式铣床夹具一般在有回转工作台的专用铣床上使用。在通用铣床上使用时，应进行改装，增加一个回转工作台。

如图 4-63 所示，铣削拨叉上、下两端面时，工件以圆孔、端面及侧面在定位销 2 和挡销 4 上定位，由气缸 6 驱动拉杆 1 通过快换垫圈 3 将工件夹紧。夹具上可同时装夹 12 个工件。工作台由电动机通过蜗杆副传动回转。*AB* 是工件的切削区域，*CD* 是装卸工件区域，可在不停机床的情况下装卸工件，使切削的基本时间和装卸工件的辅助时间重合。因此，生产效率高，适用于大批大量生产中的中、小件加工。

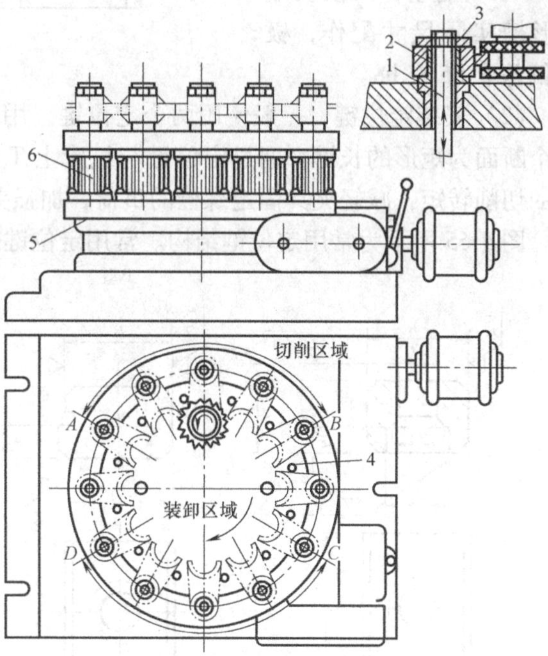

图 4-63　圆周进给式铣床夹具

1—拉杆　2—定位销　3—快换垫圈　4—挡销　5—转台　6—气缸

3. 靠模铣床夹具

带有靠模装置的铣床夹具，用于专

用或通用铣床上加工各种成形面。这种夹具的作用是使主进给运动和由靠模获得的辅助运动合成加工所需要的仿形运动。因当前数控铣床的广泛应用，此类夹具很少使用。

（二）铣夹具设计与应用的要点

1. 定位元件

保证工件定位的稳定性，除应遵循一般的设计原则外，铣夹具定位元件的布置，还应尽量使主要支承面积大些。若工件的加工部位呈悬臂状态，则应采用辅助支承，增加工件的安装刚度，防止振动。

2. 夹紧装置设计

夹紧装置应保证足够的夹紧力，并具有良好的自锁性能，以防止夹紧机构因振动而松夹。施力的方向和作用点要恰当，并尽量靠近加工表面，必要时设置浮动夹紧机构，以提高夹紧刚度。

3. 确定夹具在机床上的正确位置

（1）配备一对定向键　图 4-64 所示为标准定向键的结构，可用于不同夹具的定向。键与夹具体槽的配合取 H7/h6，与机床上 T 形槽的配合尺寸 B_1 留有 0.5mm 磨量，可按机床 T 形槽实际尺寸配作，极限偏差取 h6 或 h8。

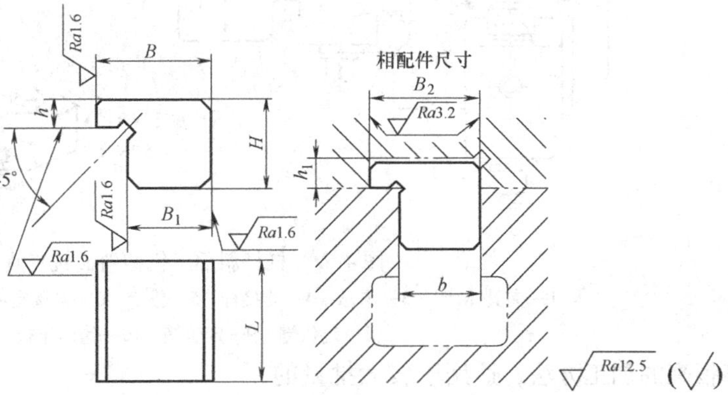

图 4-64　定向键

（2）安装定位键　一般使用两个定位键，用开槽圆柱头螺钉固定。小型夹具也可使用一个断面为矩形的长键。通过定位键与机床上 T 形槽的配合，定位键还可承受铣削时所产生的切削转矩，减轻夹具固定螺栓的负荷，加强夹具在加工过程中的稳固性。

图 4-65 所示为常用定位键结构。常用定位键的断面为矩形，矩形定位键已标准化。

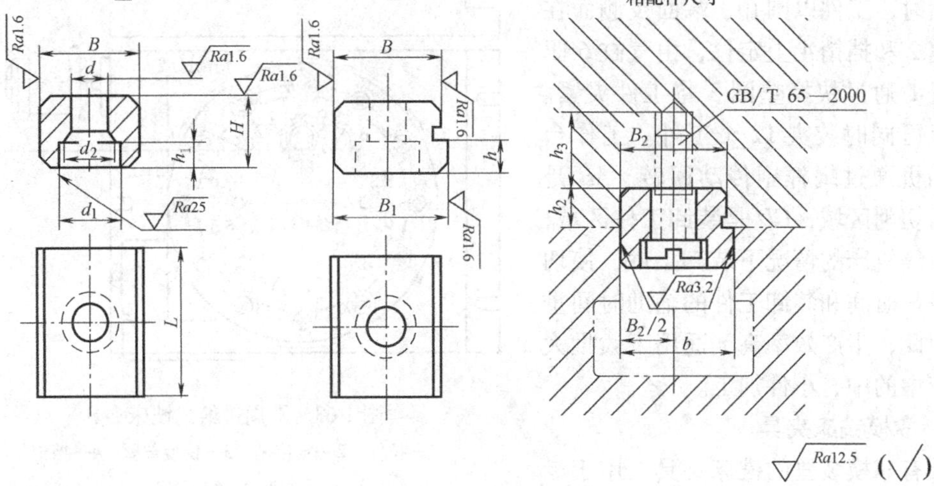

图 4-65　定位键

对于A型键，其与夹具体槽和机床上T形槽的配合尺寸均为B，其极限偏差可选h6或h8。夹具体上用于安装定位键的槽宽B_2与B尺寸相同，极限偏差可选H7或JS6。

对于B型键，常在精度要求高时选用，其与机床上T形槽配合的尺寸B_1留有0.5mm磨量，可按机床T形槽实际尺寸配作，极限偏差取h6或h8。

为了提高精度，两个定位键（或定向键）间的距离尽可能加大些，安装夹具时，让键靠向T形槽一侧，以避免间隙的影响。

（3）找正安装夹具　对于位置精度要求高的夹具，常不设置定位键（或定向键），而用找正的方法安装夹具。因为用这种方法是直接按成形运动确定定位元件的位置，避免了中间环节的影响，夹具可获得所需的准确位置。

图4-66a所示的V形块上放入精密心棒，通过固定在床身或主轴上的百分表1进行找正。

图4-66b为了找正方便，还可在夹具体上专门加工出找正基准平面A，用以代替对元件定位面的直接测量，此时定位元件与找正基准平面A之间应有严格的相对位置要求。

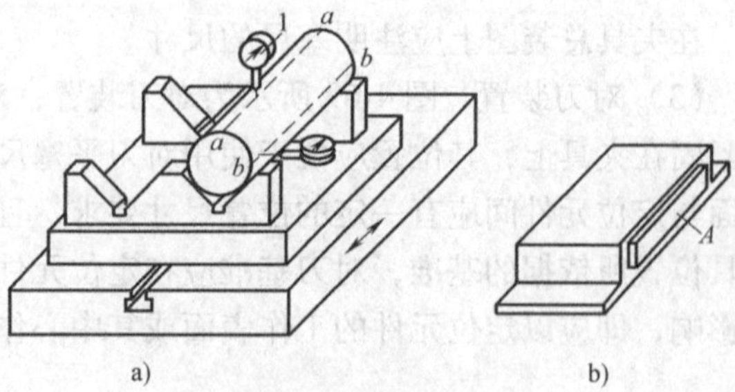

图4-66　夹具位置的找正

4. 确定夹具与刀具间的相对位置

对刀装置主要由对刀块和塞尺组成，用以确定夹具与刀具间的相对位置。

（1）对刀块　对刀块的结构形式取决于加工表面的形状。

图4-67a为圆形对刀块，用于加工平面；图4-67b为方形对刀块，用于调整组合铣刀的位置；图4-67c为直角对刀块，用于加工两相互垂直面或铣槽时的对刀；图4-67d为侧装对刀块，也用于加工两相互垂直面或铣槽时的对刀。

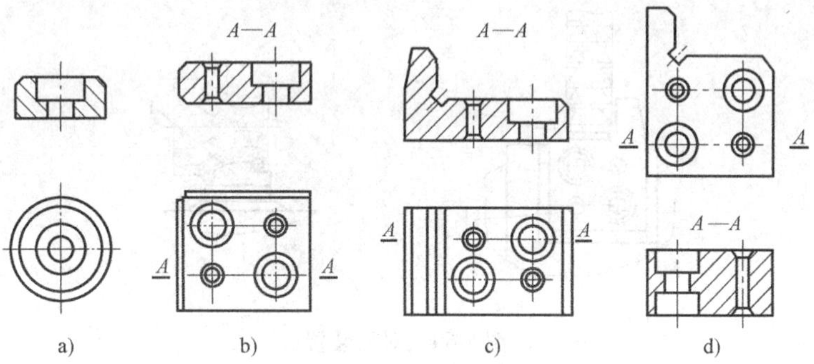

图4-67　标准对刀块

a）圆形对刀块　b）方形对刀块　c）直角对刀块　d）侧装对刀块

这些标准对刀块的结构参数均可从有关手册中查取。

（2）塞尺　使用对刀装置对刀时，在刀具和对刀块之间用塞尺进行调整，以免损坏切削刃或造成对刀块过早磨损。

图4-68所示为常用标准对刀塞尺的结构，图4-68a为对刀平塞尺，基本尺寸H为1～5mm；图4-68b为对刀圆柱塞尺，公称尺寸d为ϕ3mm或ϕ5mm，均按公差带h8制造。

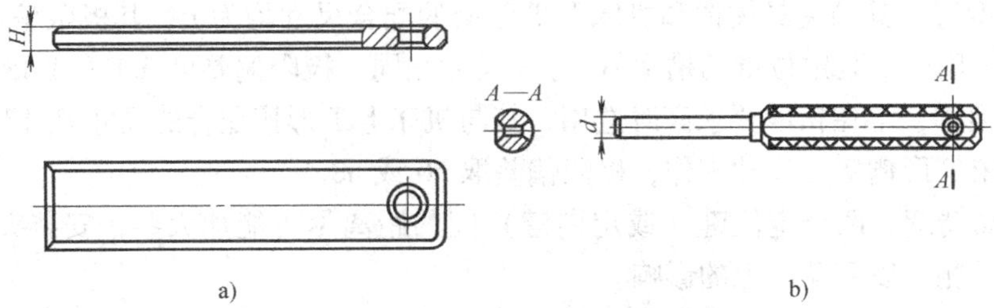

图 4-68　标准对刀塞尺

a）对刀平塞尺　b）对刀圆柱塞尺

在夹具总装图上应注明塞尺的尺寸。

（3）对刀装置　图 4-69 所示为对刀装置，对刀块 1 通常制成单独的元件，用销钉和螺钉紧固在夹具上，其位置应便于使用对刀平塞尺 2 对刀和不妨碍工件的装卸。对刀块的工作表面与定位元件间应有一定的位置尺寸要求，且应合理确定对刀基准。对刀基准是用以确定刀具位置所依据的基准，对刀基准应在定位元件的合适部位，并尽量不受定位元件制造误差的影响，即应以定位元件的工作表面或其中心作为基准。

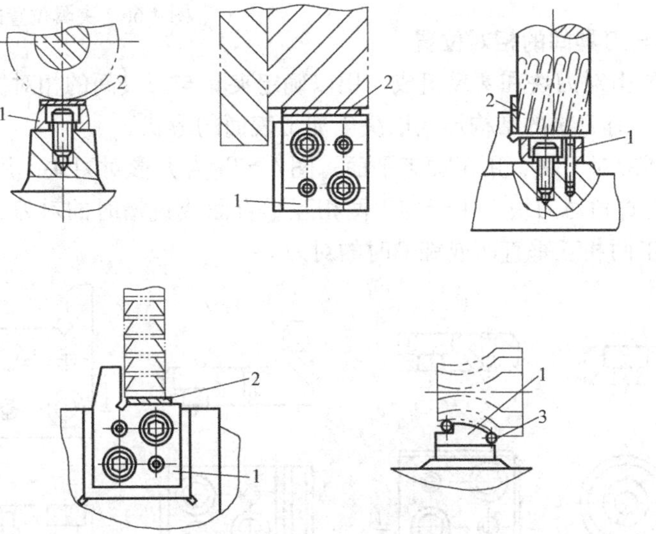

图 4-69　对刀装置

1—对刀块　2—对刀平塞尺　3—对刀圆柱塞尺

对刀尺寸应标注在夹具总装图上。

5. 夹具与机床的连接

铣夹具的夹具体应合理地设置耳座，以便与工作台连接。如果夹具体的宽度尺寸较大时，可在同一侧设置两个耳座，两耳座间的距离应和铣床工作台两 T 形槽间的距离相一致。常见的耳座结构如图 4-70 所示，有关尺寸设计时可从有关手册中查取。此外，夹具体还应具有足够的刚度和强度，必要时设置加强肋。

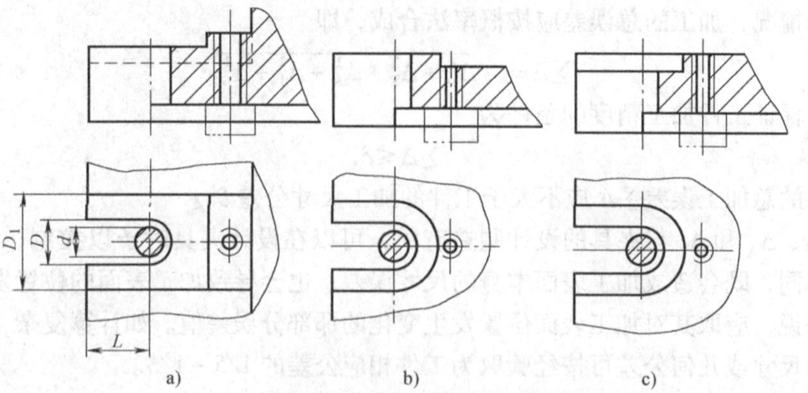

图 4-70　夹具体耳座
a）平面式耳座　b）凸台式耳座　c）沉孔式耳座

6. 夹具的总体设计

为了提高铣夹具在机床上安装的稳固性和动态下的抗振性能，在进行夹具的总体结构设计时，各种装置的布置应紧凑，加工面尽可能靠近工作台面，以降低夹具的重心，一般夹具的高宽之比应限制在 $H/B \leqslant 1 \sim 1.25$ 范围内。

铣削加工时会产生大量切屑，夹具应具有足够的排屑空间，并注意切屑的流向，以便清理切屑。对于不便清除切屑的部位和空间，应加上防护罩。

铣削加工时采用切削液，要考虑切削液的流向和回收。

重型铣床夹具，在夹具体上应设置吊环，以便于搬运。

（三）工件在夹具上加工的精度分析

1. 机械加工总误差

使用夹具时，造成工件表面位置的加工误差主要有以下几种：

（1）定位误差 Δ_D　一批工件在夹具中定位时，工件及定位元件存在公差，使各个工件所占据的位置不一致而引起的误差称为定位误差。

（2）夹具误差 Δ_J　夹具上定位元件、对刀或导向元件、分度装置及安装基准之间的位置不精确造成的加工误差，称为夹具误差 Δ_J。它主要包含定位元件相对于安装基准的尺寸或位置误差 Δ_{J1}；定位元件相对于对刀或导向元件（包含导向元件之间）的尺寸或位置误差 Δ_{J2}；导向元件相对于安装基准的尺寸或位置误差 Δ_{J3}；若有分度装置，则还存在分度误差 Δ_P。

（3）夹具安装误差 Δ_A　夹具在机床上安装不准确引起的误差称为安装误差 Δ_A。它主要包括定位元件定位面对夹具体基面的误差 Δ_{A1} 和夹具的安装连接误差 Δ_{A2}。

（4）对刀或导向误差 Δ_T　刀具与对刀或导向元件之间的位置不准确引起的误差称为对刀或导向误差 Δ_T。

（5）加工方法误差 Δ_G　机床精度、刀具精度、刀具与机床的位置精度以及工艺系统变形等因素引起的加工误差称为加工方法误差 Δ_G。

2. 保证加工精度的条件

上述各项误差均为极限值。但在机械加工中，极限值的出现概率是较小的，为使计算结

果接近实际情况，加工的总误差应按概率法合成，即

$$\sum\Delta=\sqrt{\Delta_D^2+\Delta_T^2+\Delta_A^2+\Delta_J^2+\Delta_G^2} \tag{4-10}$$

因此，保证工件加工精度的条件为

$$\sum\Delta\leqslant\delta_K \tag{4-11}$$

即工件的总加工误差$\sum\Delta$应不大于工件的加工尺寸公差δ_K。

Δ_D、Δ_J、Δ_A和Δ_T与夹具的设计制造有关，可以在设计夹具时予以控制。Δ_G对加工尺寸的影响不同，既会造成加工表面本身的尺寸误差，也会导致加工表面的位置发生变化。对设计夹具来说，应取其对加工表面位置发生变化的那部分误差值。如计算复杂，夹具与工件加工有关的尺寸或几何公差可按经验取为工件相应公差的1/5～1/3。

（四）定位误差的分析、计算

工件按六点定位规则定位后，它在夹具中的位置就已被确定，然而由于某种原因，工件仍会产生定位误差。为了保证工件的加工精度，在定位设计时要仔细分析和研究定位误差。

目前，随着机械加工精度的不断提高，许多高精度的定位已将定位误差限制在极小的范围内。通常认为当定位误差$\Delta_D\leqslant\delta_K/3$时，定位误差是较合适的。

1. 定位误差的定义

由定位引起的同一批工件的工序基准在加工尺寸方向上的最大变动量，称为定位误差，以Δ_D表示。

定位误差研究的主要对象是工件的工序设计基准和定位基准。工序基准的变动量将影响工件的尺寸精度和位置精度。

2. 定位误差产生的原因

造成定位误差的原因是定位基准与设计基准不重合以及定位基准的位移误差两个方面。

（1）基准不重合误差　由于定位基准与工序设计基准不重合而造成的定位误差，称为基准不重合误差，以Δ_B表示。

图4-71所示为一个工件的铣削加工工序简图，图4-72所示为其定位简图。加工尺寸h_1的设计基准是E，定位基准是A。这种定位基准与设计基准的不重合，将会使它们之间的尺寸$h_2^{\delta_{h2}}$的误差给工序尺寸$h_1^{\delta_{h1}}$造成定位误差，即由图4-72可知

$$\Delta_B=h_{max}-h_{min}=\delta_{h_2}$$

Δ_B仅与基准的选择有关，故通常在设计时应遵循基准重合原则，即可防止产生Δ_B。

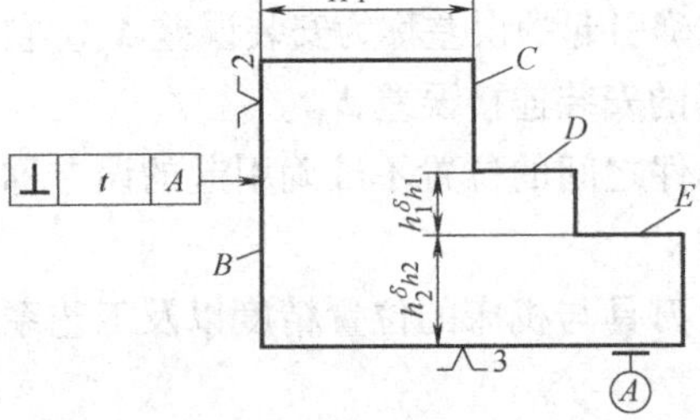

图4-71　铣削加工工序简图

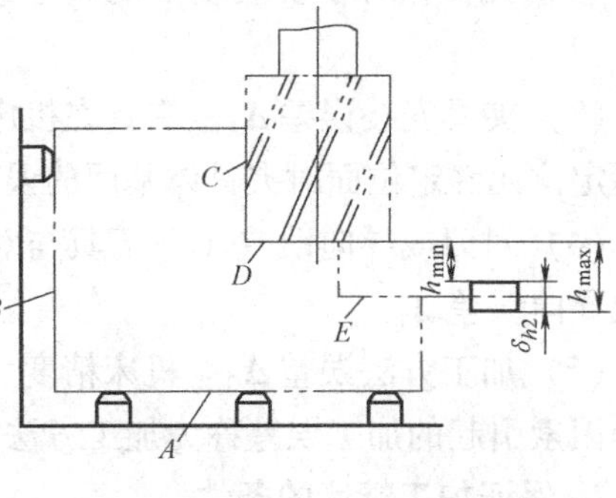

图4-72　定位简图

如图4-71中的工序尺寸 $H_1^{\delta m}$，其工序基准与定位基准均为 B，即基准重合，所以基准不重合误差为零。计算基准不重合误差时，应注意判别定位基准和设计基准。

当基准不重合误差由多个尺寸影响时，应将其在工序尺寸方向上合成。

基准不重合误差的一般计算式为

$$\Delta_B = \sum_{i=1}^{n} \delta_i \cos\beta \tag{4-12}$$

式中　δ_i——定位基准与设计基准间的尺寸链组成环的公差（mm）；

β——δ_i 的方向与加工尺寸方向间的夹角（°）。

（2）基准位移误差　由于定位基准的误差或定位支承点的误差而造成的定位基准位移，即工件实际位置对确定位置的理想要素的误差，这种定位误差称为基准位移误差，以 Δ_Y 表示。不同的定位方式，其基准位移误差的计算方法也不同。

1）用圆柱定位销、圆柱心轴中心定位。如图4-73所示，由于定位配合的间隙的影响，会使工件的中心发生偏移，其偏移量即最大配合间隙，可按下式计算，即

$$\Delta_Y = X_{max} = \delta_D + \delta_{d0} + X_{min} \tag{4-13}$$

式中　X_{max}——定位最大配合间隙（mm）；

δ_D——工件定位基准孔的直径公差（mm）；

δ_{d0}——圆柱定位销或圆柱心轴的直径公差（mm）；

X_{min}——定位所需最小间隙（mm），由设计时确定。

基准位移误差的方向是任意的。减小定位配合间隙，即可减小基准位移误差值，以提高定位精度。

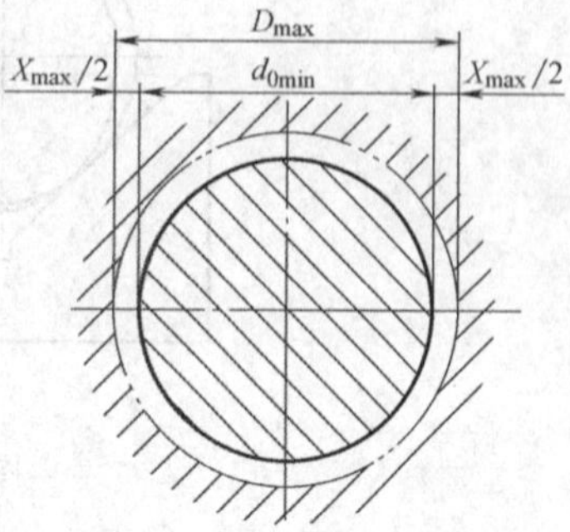

图4-73　X_{max}对工件位置公差的影响

当工件用长定位轴定位时，定位的配合间隙还会使工件发生歪斜，并影响工件的平行度要求。如图4-74所示，工件除了孔距公差外，还有定位配合的最大间隙 X_{max} 同时会造成平行度误差，即

$$\Delta_Y = (\delta_D + \delta_{d0} + X_{min})\frac{L_1}{L_2} \tag{4-14}$$

式中　L_1——加工面长度（mm）；

L_2——定位孔长度（mm）。

2）用定位套定位。用定位套中心定位的基准位移误差产生的原因，与用圆柱定位销定位相同，其误差可按下式计算，即

$$\Delta_Y = \delta_{D0} + \delta_d + X_{min} \tag{4-15}$$

式中　δ_{D0}——定位套孔径的公差（mm）；

δ_d——工件定位外圆的直径公差（mm）。

其基准位移误差的方向也是任意的。

3）平面支承定位。工件以精基准面在平面支承中定位时，其基准位移误差可忽略不计。在图4-71中，认为工序尺寸 h_2 的基准位移误差为零。

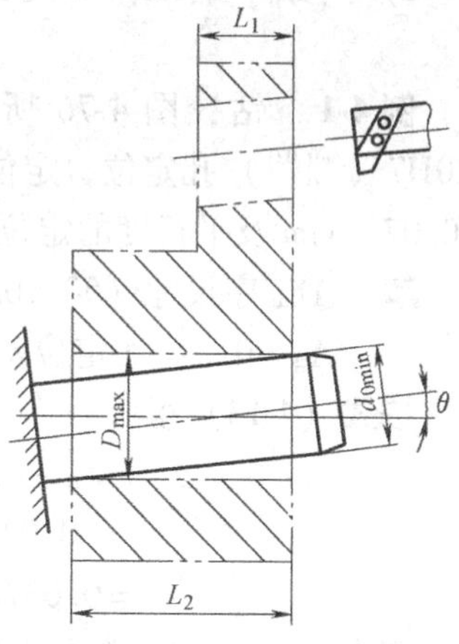

图4-74　X_{max}对工件位置公差的影响（长定位轴）

4）用V形块定心定位。如图4-75a所示，若不计V形

块的误差而仅有工件基准面的圆度误差时，其工件的定位中心会发生偏移，产生基准位移误差。由图 4-75b 可知，仅由于 δ_d 的影响，使工件中心沿 z 向从 O_1 移至 O_2，即基准位移误差 Δ_Y 为

$$\Delta_Y = \frac{\delta_d}{2\sin(\alpha/2)} \tag{4-16}$$

式中　δ_d——工件定位基准的直径公差（mm）；

$\alpha/2$——V 形块的半角（°）。

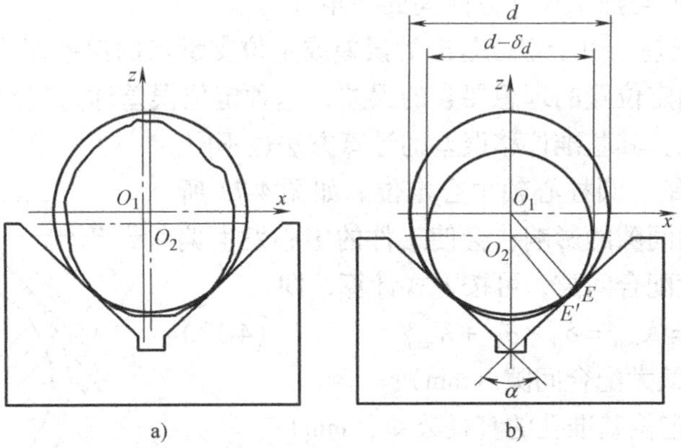

图 4-75　V 形块定心定位的位移误差

V 形块的对中性好，即其沿 x 向的位移误差为零。对于较精密的定位，需适当提高外圆的精度。

当 $\alpha=90°$时，V 形块的基准位移误差可由下式计算，即

$$\Delta_Y = 0.707\delta_d \tag{4-17}$$

3. 常见定位误差计算实例

定位误差可由基准不重合误差 Δ_B 与基准位移误差 Δ_Y 合成。

1）当 $\Delta_B=0$、$\Delta_Y \neq 0$ 时，产生定位误差的原因是基准位移，故只要计算出 Δ_Y 即可，即

$$\Delta_D = \Delta_Y \tag{4-18}$$

例 4-1　钻铰图 4-76 所示零件上 ϕ10H7 的孔，工件主要以 ϕ20H7（$^{+0.021}_{0}$）孔定位，定位轴直径为 $\phi20^{-0.007}_{-0.016}$，求工序尺寸（50 ±0.07）mm 及平行度的定位误差。

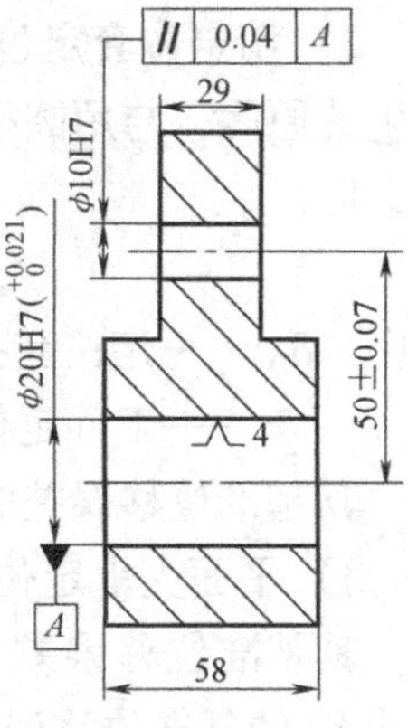

图 4-76　例 4-1 图

解　①工序尺寸（50 ±0.07）mm 的定位误差

$\Delta_B=0$　　（定位基准与工序基准重合，均为 A）

按式（4-13）得

$$\begin{aligned}\Delta_Y &= \delta_D + \delta_{d0} + X_{min} \\ &= (0.021+0.009+0.007)\text{mm} \\ &= 0.037\text{mm}\end{aligned}$$

则由式（4-18）求得定位误差为

$$\Delta_D = \Delta_Y = 0.037\text{mm}$$

②影响平行度的定位误差

同理，$\Delta_B=0$。

按式（4-14）得

$$\Delta_Y=(\delta_D+\delta_{d0}+X_{min})\frac{L_1}{L_2}$$

$$=\left[(0.021+0.009+0.007)\times\frac{29}{58}\right]mm$$

$$=0.019mm$$

则影响工件平行度的定位误差为

$$\Delta_D=\Delta_Y=0.019mm$$

例 4-2　如图 4-77 所示，用单角度铣刀铣削斜面，求加工尺寸为（39 ±0.04）mm 的定位误差。

解　$\Delta_B=0$（定位基准与工序基准重合），按式（4-16）得沿 z 方向的基准位移误差为

$$\Delta_Y=\frac{\delta_d}{2\sin(\alpha/2)}=0.707\delta_d$$

$$=0.707\times0.04mm$$

$$=0.028mm$$

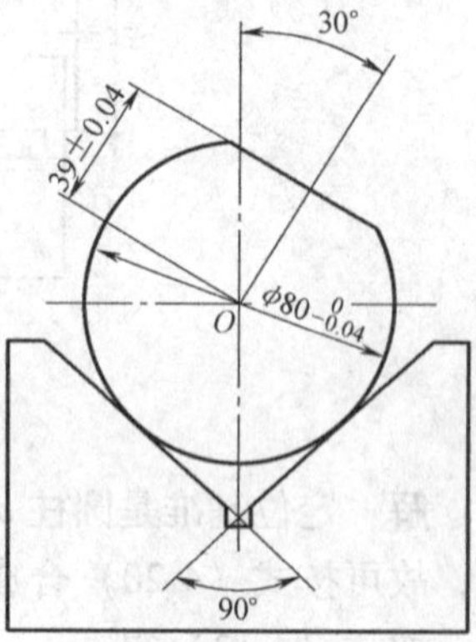

图 4-77　例 4-2 图

将 Δ_Y 值投影到加工尺寸方向，即

$$\Delta_D=\Delta_Y\cos30°=0.028mm\times0.866=0.024mm$$

2）当 $\Delta_B\neq0$，$\Delta_Y=0$ 时，产生定位误差的原因是基准不重合误差，故只要计算出 Δ_B 即可，常见于以平面为主要基准的定位中，即

$$\Delta_D=\Delta_B \tag{4-19}$$

例 4-3　如图 4-78 所示，以 A 面定位加工 ϕ20H8 孔，求加工尺寸（40 ±0.1）mm 的定位误差。

解　$\Delta_Y=0$（平面 A 与支承接触较好）

由图 4-78 可知，设计基准为 B 面，定位基准为 A 面，故基准不重合，存在基准不重合误差，其大小为工序基准与定位基准二者之间的联系尺寸（100 ±0.05）mm、（20 ±0.025）mm，在加工尺寸方向上的最大变动。

按式（4-12）得

$$\Delta_B=\sum_{i=1}^{n}\delta_i\cos\beta$$

$$=(2\times0.025mm+2\times0.05mm)\times\cos0°$$

$$=(0.05mm+0.10mm)\times\cos0°$$

$$=0.15mm$$

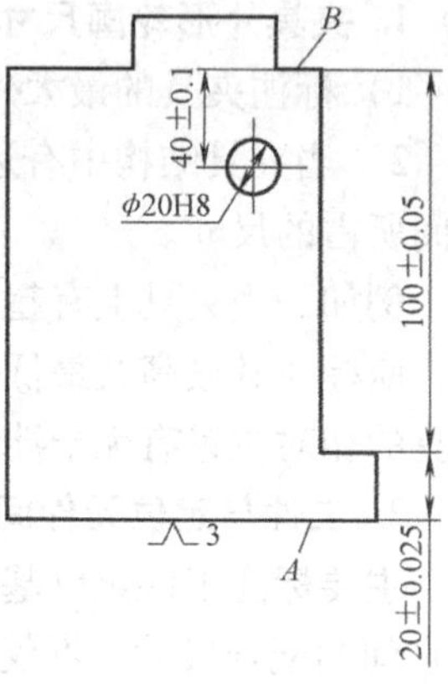

图 4-78　例 4-3 图

则按式（4-19）定位误差为

$$\Delta_D=\Delta_B=0.15mm$$

3）当 $\Delta_B\neq0$，$\Delta_Y\neq0$，且造成定位误差的原因是相互独立的因素时（δ_d、δ_D、δ_i 等），应将两项误差相加，即

$$\Delta_D = \Delta_B + \Delta_Y \tag{4-20}$$

例 4-4 如图 4-79 所示，工件以外圆 d_1 定位，加工 ϕ10H8 孔。已知 $d_1 = \phi 20_{-0.01}^{0}$mm，$d_2 = \phi 50_{-0.056}^{-0.010}$mm，$H =$（42 ±0.15）mm，$t = 0.03$mm，求加工尺寸（42 ±0.15）mm 的定位误差。

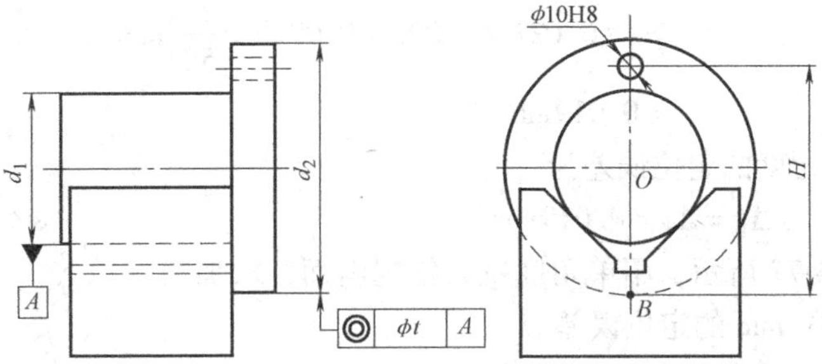

图 4-79 例 4-4 图

解 定位基准是圆柱 d_1 的轴线 A，工序基准则在 d_2 外圆的素线 B 上，是相互独立的因素，故可按式（4-20）合成。

按式（4-12）得

$$\Delta_B = \sum_{i=1}^{n} \delta_i \cos\beta = \left(\frac{\delta_{d2}}{2} + t\right)\cos 0° = \left(\frac{0.046}{2} + 0.03\right)\text{mm} = 0.053\text{mm}$$

又按式（4-17）得

$$\Delta_Y = 0.707\delta_{d1} = 0.707 \times 0.01\text{mm} = 0.007\text{mm}$$

则定位误差为

$$\Delta_D = \Delta_B + \Delta_Y = (0.053 + 0.007)\ \text{mm} = 0.06\text{mm}$$

（五）夹具装配图样上应标注的尺寸及位置公差

1. 夹具外形轮廓尺寸

1）标注夹具的最大外形轮廓尺寸。

2）当夹具结构中有运动部件时，还应用双点画线标注包括运动部分处于极限位置时在空间所占的尺寸。

例如，当夹具上有超出夹具体外的回转部分时，应标注其最大回转半径；有升降部分时，应标注其最高及最低位置，以表明夹具的轮廓大小和运动范围，便于检查夹具与机床、刀具的相对位置有无干涉现象和在机床上安装的可能性。

2. 工件与定位元件间的联系尺寸

主要标注工件定位基准与定位元件间的配合尺寸，例如，定位基准孔与定位销（或心轴）间的配合尺寸，不仅要标注基本尺寸，而且要标注公差等级和公差配合尺寸。

3. 夹具和刀具的联系尺寸

1）标出导向元件（钻套）之间的位置尺寸、钻套的内径尺寸、钻套与定位元件之间的位置尺寸。

2）标出对刀块的塞尺尺寸。

3）标出对刀块工作面到定位元件定位表面的尺寸。

4. 夹具与机床的联系尺寸

主要标注确保夹具在机床上正确位置的连接部分的尺寸，如：

1）对于铣、刨夹具，应标注定位键与机床工作台上的T形槽的配合尺寸；标出定位键之间的位置尺寸。

2）对于车床、内外圆磨床夹具，则应标注夹具与机床主轴前端的连接尺寸。

标注时，还应以夹具上的定位元件作为相互位置尺寸的基准。

5. 夹具各组成元件间的相互位置和相关尺寸公差

主要是指定位元件、对刀或导向元件、分度装置及安装基面相互之间的尺寸、公差和位置公差。

（1）对钻夹具，应标注内容

1）钻套轴线对夹具体底面的垂直度要求。

2）钻套轴线对定位元件的同轴度、位置度、平行度、垂直度要求。

3）多个处于同一圆周位置上的钻套所在圆的圆心相对定位元件的轴线的同轴度要求。

4）定位表面对夹具体底面的平行度或垂直度。

5）活动定位件（如活动V形块）的对称中心线对定位元件、钻套轴线的位置度。

6）定位销的定位表面对支承面的垂直度（当定位表面较短时，可以不注）。

钻夹具技术条件示例见表4-10。

表4-10　钻夹具技术条件示例

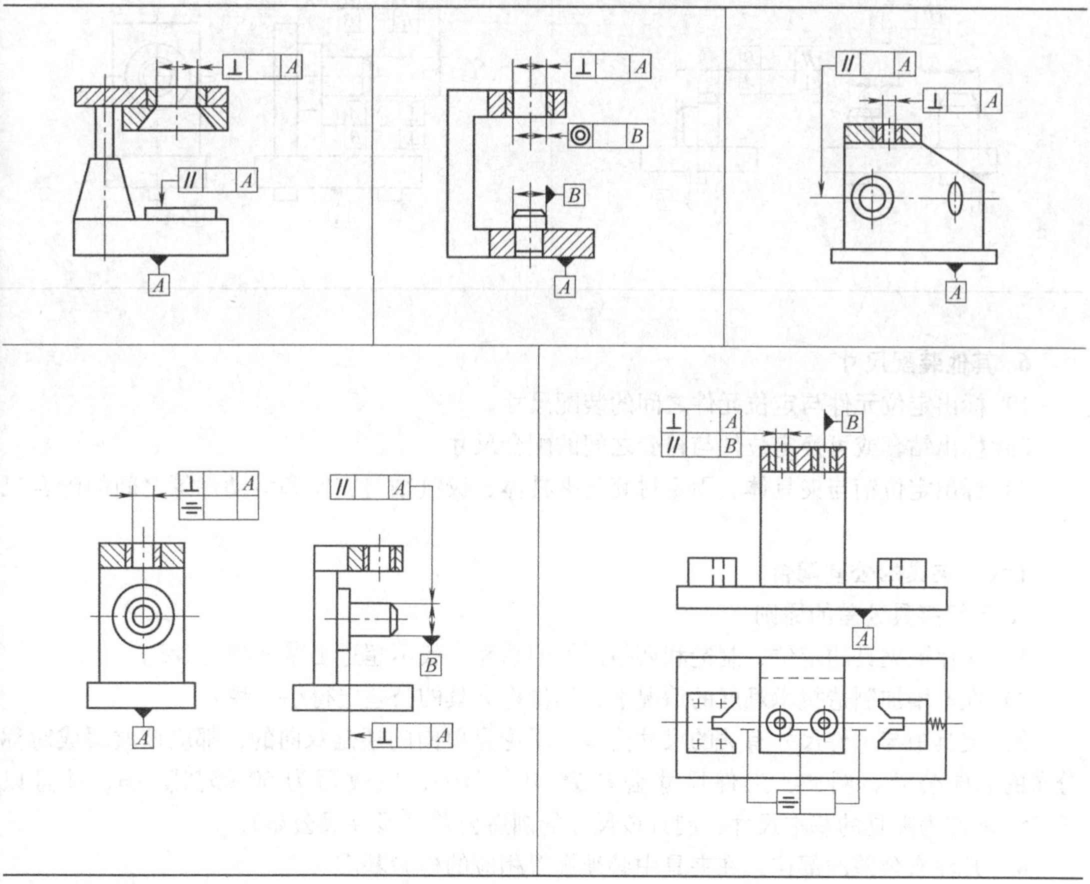

（2）对铣夹具，应标注内容

1）定位表面（或轴线）对夹具体底面的垂直度、平行度。

2）定位元件间的平行度、垂直度。

3）对刀块工作面对定位表面的垂直度或平行度）。

4）对刀块工作面、定位表面（或轴线）对定位键侧面的平行度、垂直度。

铣床夹具技术条件示例见表 4-11。

表 4-11　铣夹具技术条件示例

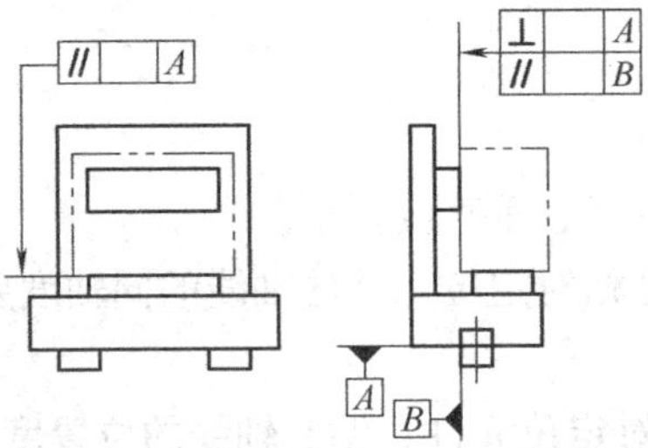	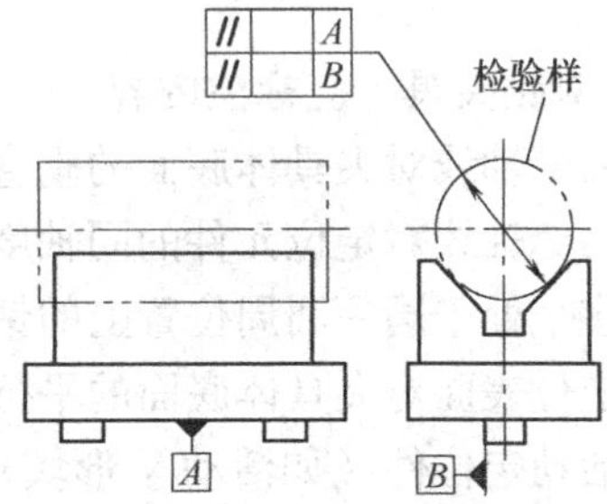
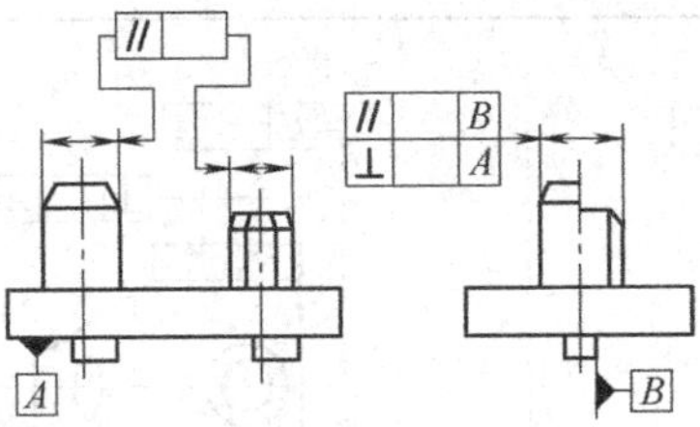	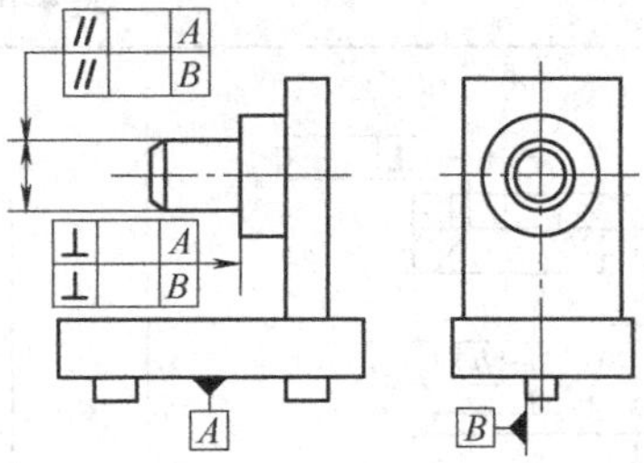

6. 其他装配尺寸

1）标出定位元件与定位元件之间的装配尺寸。

2）标出钻套或可换定位件与衬套之间的配合尺寸。

3）标出定位销与夹具体、固定衬套与夹具体、铰链轴与支座和活动件等之间的配合尺寸。

（六）夹具的公差配合

1. 制订夹具公差的原则

1）应保证夹具的定位、制造和调整误差的总和一般不超过工序公差的 1/3。

2）在不增加制造技术难度的情况下，尽量将夹具的公差定得小一些。

3）夹具中与工件尺寸有关的尺寸公差，不论是单向的还是双向的，都应该改写成对称分布的双向公差。例如，工件尺寸公差为 $50^{+0.10}_{0}$ mm，应改写为 $50.05^{+0.05}_{-0.05}$ mm，并且以 50.05mm 作为夹具的基本尺寸，制订该尺寸的制造公差（及夹具公差）。

4）凡注有公差的部位，在夹具中必须设置相应的检验基准。

5）当采用调整、修配等方法装配夹具时，夹具零件的制造公差可适当放大。

2. 夹具的尺寸公差

夹具的尺寸公差见表 4-12。

表 4-12　按工件公差的比例选取夹具公差

夹具类型	工件工序尺寸公差/mm				
	0.03～0.10	0.10～0.20	0.20～0.30	0.30～0.50	未注公差
车床夹具	1/4	1/4	1/5	1/5	≤±0.01
钻、铣夹具	1/3	1/3	1/4	1/4	≤±0.1
镗、拉、磨等夹具	1/2	1/2	1/3	1/3	≤±0.1

夹具各组成元件工作表面之间的形位要求，可取工件相应几何公差的 1/2 ～1/3。当工件无明确要求时，夹具元件的几何形状公差可取 0.03～0.05mm，相互位置公差取 0～0.05mm/100mm。

3. 常用夹具元件配合的选择

常用夹具元件的配合见表 4-13 所示。

表 4-13　常用夹具元件的配合

配合件的工作形式	精度要求		示　例
	一般精度	较高精度	
定位元件与工件定位基面间的配合	$\frac{H8}{f7}$、$\frac{H7}{h6}$、$\frac{H7}{g6}$、$\frac{H7}{f6}$	$\frac{H6}{h5}$、$\frac{H6}{g5}$、$\frac{H6}{f5}$	定位销与工件定位基准孔的配合
有导向作用，并有相对运动的元件间的配合	$\frac{H7}{h6}$、$\frac{H7}{g6}$、$\frac{H7}{f6}$、$\frac{G7}{h6}$、$\frac{F7}{h6}$	$\frac{H6}{h5}$、$\frac{H6}{g5}$、$\frac{H6}{f5}$、$\frac{G6}{h5}$、$\frac{F6}{h5}$	移动定位元件、刀具与导套的配合
无导向作用，但有相对运动的元件间的配合	$\frac{H8}{f7}$、$\frac{H8}{d7}$	$\frac{H7}{f6}$	移动夹具底座与滑座的配合

表 4-13 中的数值仅供参考。根据夹具的实际结构和功用要求，也可选用其他的配合种类和公差等级。常用夹具元件的配合实例，可参考有关设计手册。

（七）夹具装配图样技术要求

1）夹具装配图样中的某项位置公差，若用公差框图表示有困难时，可用文字说明写在技术要求中。

2）对于需要用特殊方法进行加工或装配才能达到要求的夹具，在其装配图技术要求中应注以制造说明。一般包括以下几方面：

①必须先行装配或装配一部分以后再加工的表面（如一起磨平保证等高性等）。

②夹具手柄的特定位置。

③制造时需要相互配作的零件。

3）使用说明写入技术要求之中。

①多件夹具同时加工的零件数。

②成组夹具加工多种零件的说明。

③较复杂夹紧装置的夹紧方法及手柄的操作顺序等。

④使用时的安全注意问题。

⑤高精度夹具的保养方法。

四、思考与练习

1. 铣夹具的设计要点有哪些？

2. 对刀装置起什么作用？有哪些结构形式？分别用于何种表面的加工？

3. 塞尺起什么作用？常用标准塞尺的结构形式有哪两种？

4. 影响加工精度的因素有哪些？保证加工精度的条件是什么？

5. 夹具体上哪些表面之间应有尺寸和位置精度要求？

6. 在图4-80所示的接头上铣槽，其他表面均已加工好。试对工件进行工艺分析，设计铣夹具的典型结构。

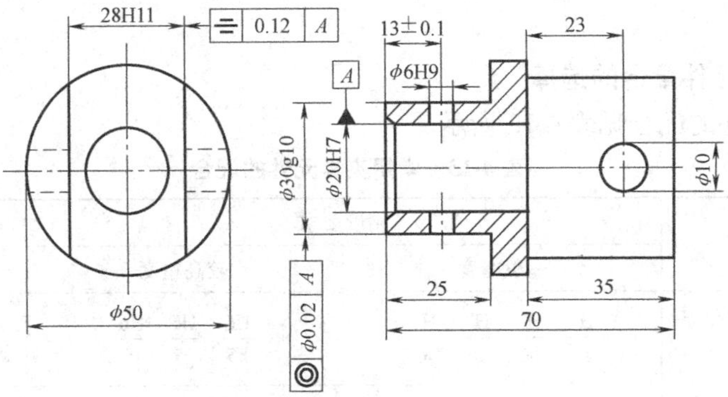

图4-80　题6图

7. 测绘一铣夹具（只画草图），标注尺寸、公差及技术要求，并进行加工精度分析。

模块3　车床专用夹具设计

一、教学目标

最终目标：掌握车床夹具的设计方法，会设计简单结构的车床夹具。

促成目标：

1）能描述车床夹具的特点及设计要点。

2）能根据零件加工要求拟订车床夹具的总体设计方案。

3）能运用有关专用夹具设计手册进行车床夹具的结构设计。

4）能绘制专用夹具的总装图。

二、案例分析

案例精选：掌握车床夹具结构的特点及设计要点，完成图4-81所示手扶拖拉机的副变速拨叉 ϕ14H9孔加工的车床夹具方案设计。拨叉材料为球墨铸铁QT400，中批生产。

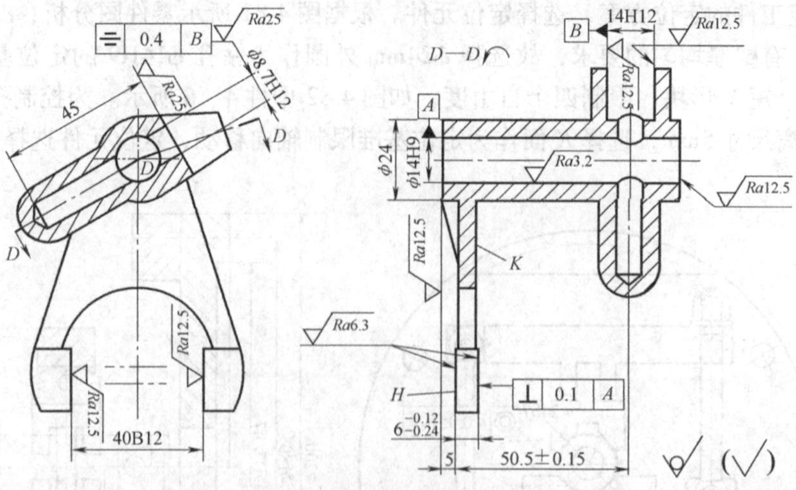

图 4-81　副变速拨叉

1. 车床夹具的结构特点与应用

车床夹具一般包括各种类型车床上使用的夹具。车床主要用于加工零件的内外圆柱面、圆锥面、回转成形面、螺纹表面以及端平面等。上述表面都是围绕机床主轴的旋转轴线而成形的，根据这一加工特点和夹具在机床上安装的位置、加工工件定位基准不同，车床夹具大体分为以下几类：以工件外圆柱面定位的车床夹具，如自定心卡盘、单动卡盘，以及各种自动定心卡夹头（弹簧夹头）等；以工件内孔定位的车床夹具，如各类刚性主轴、弹性心轴、花键心轴等；以工件中心孔定位的车床夹具，如顶尖、拨盘等；加工非回转体的车床夹具，如各种弯板、花盘式夹具等。

上述各类车床夹具，大部分属于通用夹具，并成为机床的附件，随车床一起供给用户。它们大部分由专用机床附件厂制造，不需要专门设计。

需要专门设计的为专用车床夹具，主要有以下两类：

（1）安装在车床拖板或床身上的夹具　对于某些形状不规则和尺寸较大的工件，常把夹具安装在车床拖板或床身上，加工时刀具通过辅具安装在车床主轴上做主运动，工件作进给运动，可车端面、镗孔。在一些工厂里，镗床较少或无镗床，常设计这类专用夹具，用车床代替镗床。

（2）安装在车床主轴上的夹具　对于某些中小型壳体、支座、托架、杠杆、接头等非回转体工件，加工零件上的圆柱表面、内孔或断面时，由于零件形状复杂，被加工表面与其他表面又有相互位置精度要求，在通用夹具上加工，其定位精度不易保证，找正、夹紧也很费时间，有些工件甚至无法安装。当生产批量较大时，就要设计这类专用夹具。

这类专用车床夹具的特点是：夹具一般都安装在车床主轴上，加工时夹具随机床主轴一起旋转，切削刀具作进给运动。

2. 拨叉钻孔的车床夹具设计

加工手扶拖拉机的副变速拨叉 ϕ14H9 孔及孔端面的车床夹具如图 4-82 所示。其设计过程如下：

1）零件本工序的加工要求分析。

2）确定工件的定位方案，选择定位元件。根据图4-81所示零件图分析，ϕ14H9内孔与外圆ϕ24mm有壁厚均匀的要求，故选择ϕ24mm外圆作为钻孔ϕ14H9的定位基准，定位元件可选择两个短V形块，限制四个自由度，如图4-82中件4、6所示。为控制孔端面与拨叉脚端面的距离尺寸5mm，选择K面作为定位基准限制轴向移动，定位元件选择支承钉7。

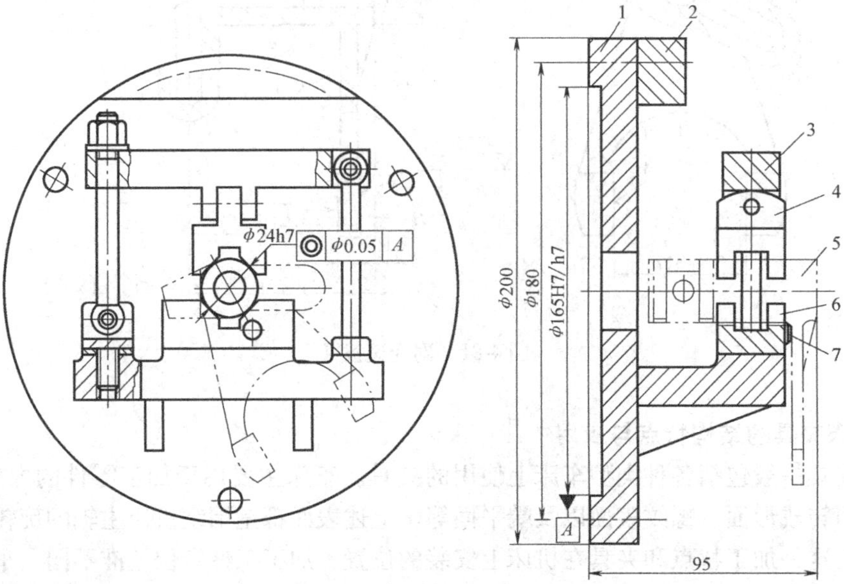

图4-82　拨叉钻孔车床夹具

1—夹具体　2—平衡块　3—压板　4、6—V形压块　5—工件　7—支承钉

3）夹紧机构设计。采用螺旋夹紧机构。夹紧采用可摆动的V形压块4，通过可翻转的铰链压板3夹紧工件，操作方便，且夹紧受力方式不会引起夹具元件的变形。

4）车床夹具与机床主轴的连接。车床夹具与机床主轴的连接精度对夹具的回转精度有决定性的影响。为保证车床夹具的回转精度，夹具体以定位止口按H7/h6或H7/js6配合装配在过渡盘的凸缘上，然后用螺钉紧固，夹具通过过渡盘与车床主轴连接。过渡盘属机床附件。

5）平衡块的设置。为使夹具在回转运动时平衡，夹具上设置了平衡块2。

三、相关知识

（一）典型的专用车床夹具

1. 心轴类车床夹具

心轴类车床夹具多用于工件以内孔作为定位基准，加工工件上的外圆柱表面。心轴以莫氏锥柄与机床主轴锥孔配合连接，用拉杆拉紧。有的心轴以中心孔与车床前后顶尖配合使用，由鸡心夹头或自动拨盘传递转矩。常见的车床心轴有圆柱心轴、弹簧心轴、顶尖式心轴等。

图4-83a为飞球保持架工序图。本工序的加工要求是车外圆$\phi92_{-0.5}^{\ 0}$mm及两端倒角。图4-83b为加工时所使用的圆柱心轴。心轴1上装有定位键3，工件以ϕ33mm孔、一端面及槽

的侧面作为定位基准定位，每次装夹工件 18 件，每隔一件装一垫套，以便加工倒角 C0.5mm，旋转螺母 7，通过快换垫圈 6 和压板 2、5 将工件夹紧。

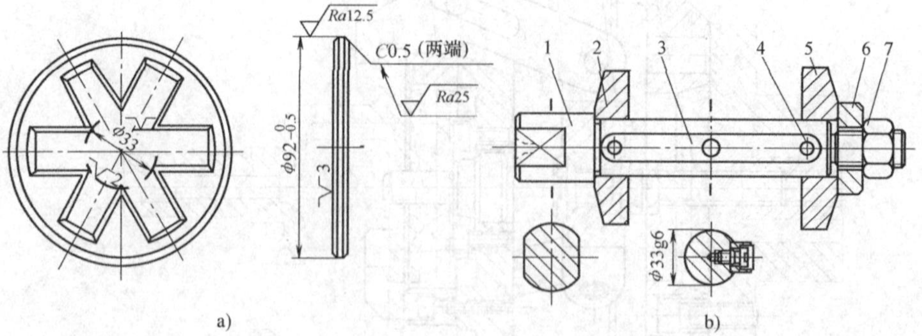

图 4-83　飞球保持架工序图及其心轴
1—心轴　2、5—压板　3—定位键　4—螺钉　6—快换垫圈　7—螺母

2. 角铁式车床夹具

角铁式车床夹具的结构特点是具有类似角铁的夹具体。在角铁式车床夹具上加工的工件形状较复杂。它常用于加工壳体、支座、接头等零件上的圆柱面及端面。当被加工工件的主要定位基准是平面，被加工面的轴线对主要定位基准平面保持一定的位置关系（平行或成一定的角度）时，相应的夹具上的平面定位元件设置在与车床主轴轴线相平行或成一定角度的位置上。

图 4-82 所示拨叉钻孔车床夹具即为角铁式车床夹具。夹具以夹具体 1 上的定位止口和过渡盘的凸缘相配合并紧固，形成一个夹具整体并与车床主轴连接。

3. 卡盘类车床夹具

用卡盘类车床夹具加工的零件大多是回转体或对称件，因而卡盘类车床夹具的结构基本上是对称的，回转时的不平衡影响较小。

图 4-84 所示为水泵风扇壳体车床夹具，该夹具在六角车床上加工水泵风扇壳体的外圆、端面和右内孔。工件以法兰端面和左内孔在支承圆环 4 和圆柱销 5 上定位。机床主轴末端气缸活塞通过连接杆 1 将连接板 2 向左拉动时，三个杠杆式压板 3 同时压紧工件，当气缸活塞反向移动时，则压板张开即可装卸工件。

（二）车床夹具设计与应用的要点

1. 定位元件的设计要点

车床夹具主要加工回转体表面，因此，它的定位元件设计要点是要求工件被加工表面的轴线与车床主轴的旋转轴线重合。夹具上定位元件的结构和布置，必须保证这一点。因此，对于同轴的轴套类和盘类工件，要求夹具定位元件工作表面的中心轴线与夹具的回转轴线重合。对于壳体、接头或支座等工件，被加工的回转面轴线与工序基准之间有尺寸联系或相互位置精度要求时，则应以夹具轴线为基准确定定位元件工作表面的位置，如图 4-82 所示的夹具，就是根据专用夹具的轴线来确定 V 形块在夹具中的位置。

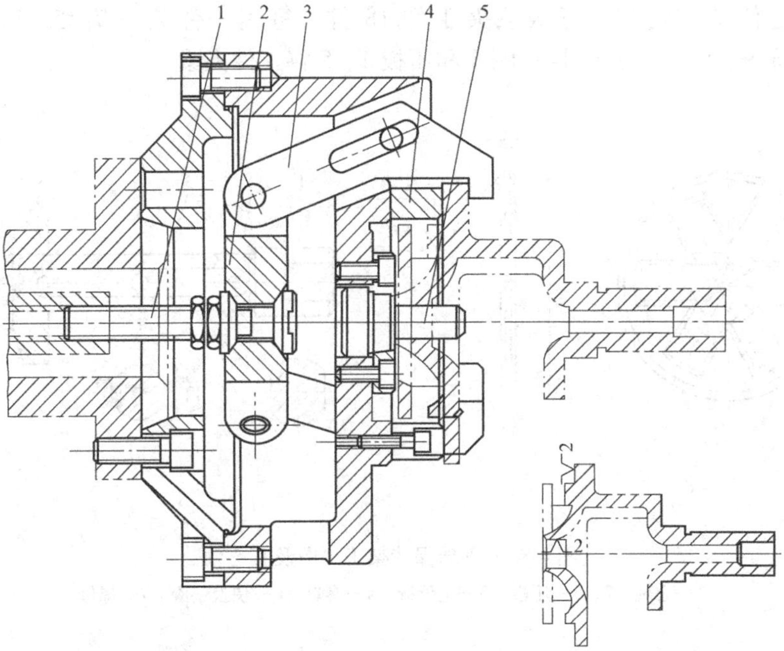

图 4-84　水泵风扇壳体车床夹具

1—连接杆　2—连接板　3—杠杆式压板　4—支承圆环　5—圆柱销

2. 夹紧装置的设计要点

在车削过程中，由于工件和夹具随主轴旋转，除工件受切削力的作用外，整个夹具还受到离心力的作用，而且切削力、重力、离心力三者的作用方向，对于夹紧装置的施力方向是变化的。因此，夹紧装置必须有足够的夹紧力，自锁性能要可靠，还应注意施力方式，以防止引起夹具变形。优先采用螺旋夹紧机构。

3. 夹具与车床主轴的连接

车床夹具与车床主轴的连接精度对夹具的加工精度有一定的影响。因此，要求夹具的回转轴线与车床主轴轴线应具有尽可能小的同轴度误差。

心轴类车床夹具以莫氏锥柄与机床主轴锥孔配合连接，用螺杆拉紧。有的心轴以中心孔与车床前后顶尖配合使用。

其他专用夹具根据径向尺寸 D 的大小，在机床主轴上的安装连接一般有两种方式：

1）对于径向尺寸 $D<140\text{mm}$，或 $D<(2\sim3)\,d$ 的小型夹具，一般用锥柄安装在车床主轴的锥孔中，并用螺杆拉紧，如图 4-85a 所示。这种连接方式定心精度较高。

2）对于径向尺寸较大的夹具，一般采用过渡盘与车床主轴轴颈连接。过渡盘与主轴配合处的形状取决于主轴前端的结构。

图 4-85b 所示的过渡盘，其上有一个定位圆孔按 H7/h6 或 H7/js6 与主轴轴颈相配合，并采用螺纹和主轴连接。为防止停机和倒车时因惯性作用使两者松开，可用压板将过渡盘压在主轴上。专用夹具则以其定位止口按 H7/h6 或 H7/s6 装配在过渡盘的凸缘上，并用螺钉紧固。这种连接方式的定心精度受配合间隙影响。为了提高定心精度，可按找正圆校正夹具与机床主轴的同轴度。

对于车床主轴前端为圆锥体并有凸缘的结构，如图 4-85c 所示，过渡盘在其长锥面上配合定心，用活套在主轴上的螺母锁紧，由键传递转矩。这种安装方式的定心精度较高，但端面要求紧贴，制造较困难。

图 4-85d 所示是以主轴前端短锥面与过渡盘连接的方式。过渡盘推入主轴后，其端面与主轴端面只允许有 0.05 ~0.1mm 的间隙，用螺钉均匀拧紧后，即可保证端面与锥面全部接触，以使定心准确、刚度好。

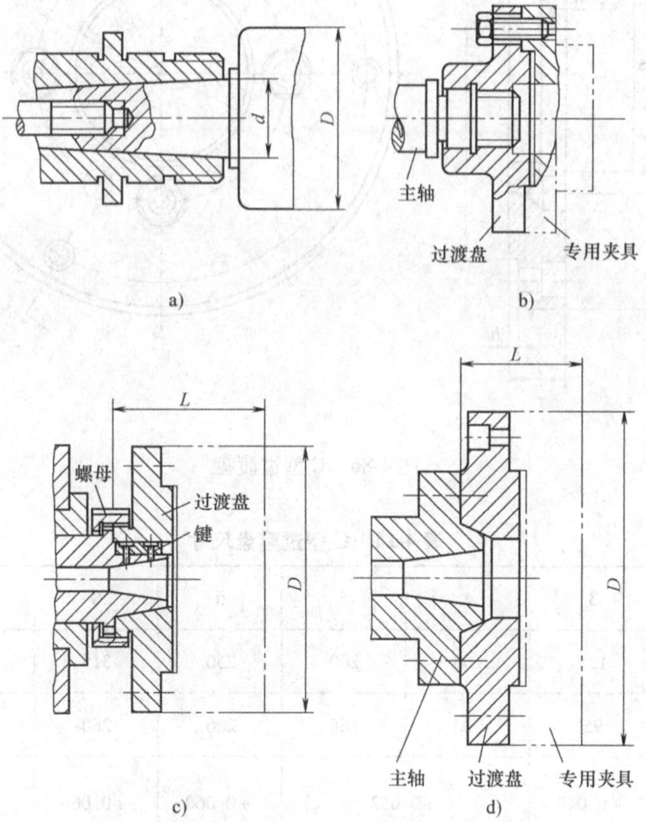

图 4-85　车床夹具与机床主轴的连接

过渡盘常作为车床附件备用，设计夹具时应按过渡盘凸缘确定专用夹具体的止口尺寸。

各种车床主轴前端的结构尺寸可查相关手册。在机械行业标准 JB/T 10126.1—1999《机床夹具零件及部件三爪卡盘用过渡盘》中，规定了适用于 GB/T 5900.1 ~5900.3 中的 C 型、D 型连接方式并与 GB/T 4346—2008《机床 手动自定心卡盘》中普通车床自定心卡盘连接用的过渡盘，过渡盘的结构尺寸如图 4-86 和图 4-87 所示，结构参数见表 4-14 和表 4-15。

过渡盘的材料通常为铸铁。

4. 总体结构设计要点

（1）夹具的悬伸长度 L　车床夹具一般是在悬臂状态下工作，为保证加工的稳定性，夹具的结构应紧凑、轻便，悬伸长度要短，尽可能使重心靠近主轴。

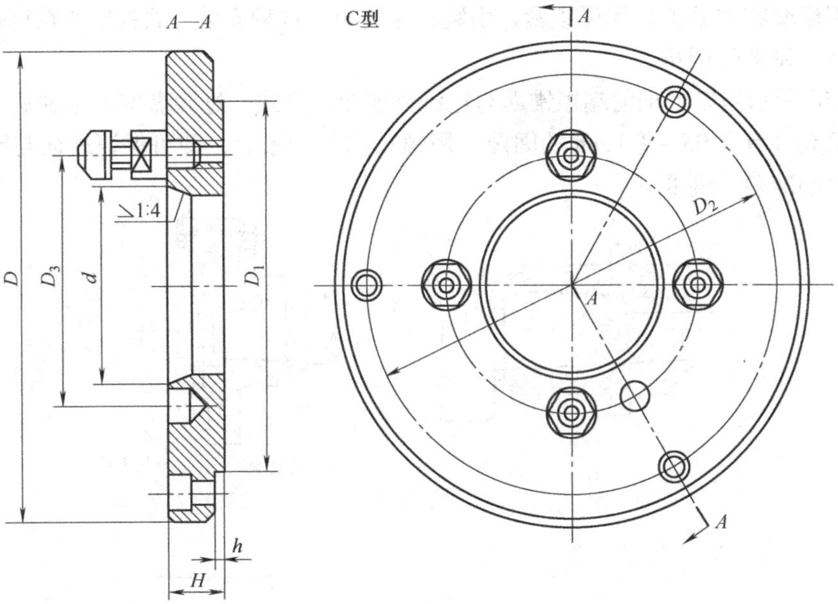

图 4-86　C 型过渡盘

表 4-14　C 型过渡盘尺寸　　（单位：mm）

<table>
<tr><td colspan="2">主轴端部代号</td><td>3</td><td>4</td><td>5</td><td>6</td><td>8</td><td colspan="2">11</td></tr>
<tr><td colspan="2">D</td><td>125</td><td>160</td><td>200</td><td>250</td><td>315</td><td>400</td><td>500</td></tr>
<tr><td rowspan="2">D_1</td><td>公称尺寸</td><td>95</td><td>130</td><td>165</td><td>206</td><td>260</td><td>340</td><td>440</td></tr>
<tr><td>极限偏差
n6</td><td>+0.045
+0.023</td><td colspan="2">+0.052
+0.027</td><td>+0.060
+0.031</td><td>+0.066
+0.034</td><td>+0.073
+0.037</td><td>+0.080
+0.040</td></tr>
<tr><td colspan="2">D_2</td><td>108</td><td>142</td><td>180</td><td>226</td><td>290</td><td>368</td><td>465</td></tr>
<tr><td colspan="2">D_3</td><td>75.0</td><td>85.0</td><td>104.8</td><td>133.4</td><td>171.4</td><td colspan="2">235.0</td></tr>
<tr><td rowspan="2">d</td><td>公称尺寸</td><td>53.975</td><td>63.513</td><td>82.563</td><td>106.375</td><td>139.719</td><td colspan="2">196.869</td></tr>
<tr><td>极限偏差</td><td colspan="2">+0.003
0</td><td colspan="2">+0.010
0</td><td>+0.012
0</td><td colspan="2">+0.014
0</td></tr>
<tr><td colspan="2">H</td><td>20</td><td>25</td><td colspan="2">30</td><td>38</td><td colspan="2">40</td></tr>
<tr><td colspan="2">h_{max}</td><td>2.5</td><td colspan="5">4.0</td><td>5.0</td></tr>
</table>

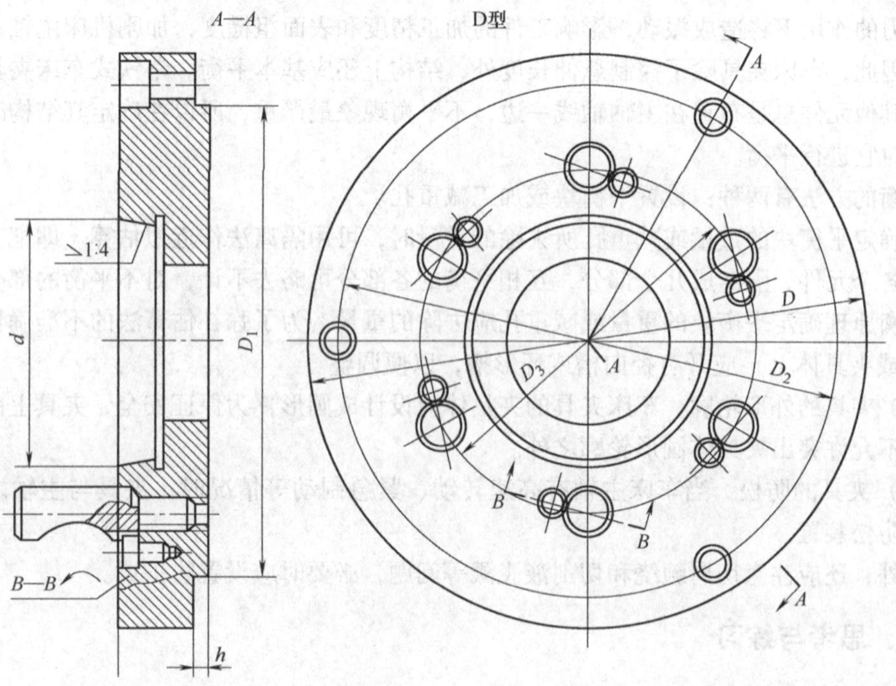

图 4-87　D 型过渡盘

表 4-15　D 型过渡盘尺寸　　（单位：mm）

主轴端部代号		3	4	5	6	8	11	
D		125	160	200	250	315	400	500
D_1	公称尺寸	95	130	165	206	260	340	440
	极限偏差 n6	+0.045 +0.023	+0.052 +0.027		+0.060 +0.031	+0.066 +0.034	+0.073 +0.037	+0.080 +0.040
D_2		108	142	180	226	290	368	465
D_3		75.0	85.0	104.8	133.4	171.4	235.0	
d	公称尺寸	53.975	63.513	82.563	106.375	139.719	196.869	
	极限偏差	+0.003 0		+0.010 0		+0.012 0	+0.014 0	
H		20	25	30		38	40	
h_{max}		2.5	4.0					5.0

夹具的悬伸长度 L 与轮廓直径 D 之比应参照以下数值选取：

直径小于 150mm 的夹具，$L/D \leqslant 1.25$；

直径在 150 ~ 300mm 之间的夹具，$L/D \leqslant 0.9$；

直径大于 300mm 的夹具，$L/D \leqslant 0.60$。

（2）夹具的静平衡　由于加工时夹具随同主轴旋转，如果夹具的总体结构不平衡，则在离心力的作用下将造成振动，影响工件的加工精度和表面粗糙度，加剧机床主轴和轴承的磨损。因此，车床夹具除了控制悬伸长度外，结构上还应基本平衡。角铁式车床夹具的定位元件及其他元件总是布置在主轴轴线一边，不平衡现象最严重，所以在确定其结构时，特别要注意对它进行平衡。

平衡的方法有两种：设置平衡块或加工减重孔。

在确定平衡块的重量或减重孔所去除的重量时，可用隔离法作近似估算。即把工件及夹具上的各个元件，隔离成几个部分，互相平衡的各部分可略去不计，对不平衡的部分，则按力矩平衡原理确定平衡块的重量或减重孔应去除的重量。为了弥补估算法的不准确性，平衡块上（或夹具体上）应开有径向槽或环形槽，以便调整。

（3）夹具的外形轮廓　车床夹具的夹具体应设计成圆形，为保证安全，夹具上的各种元件一般不允许突出夹具体圆形轮廓之外。

（4）夹具的防松　当车床主轴有高速转动、紧急制动等情况时，夹具与主轴之间的连接应有防松装置。

此外，还应注意切屑缠绕和切削液飞溅等问题，必要时应设置防护罩。

四、思考与练习

1. 心轴类车床夹具有哪几种形式？
2. 车床夹具设计的要点有哪些？
3. 车床夹具在机床主轴上的安装方式有哪些？
4. 在 CA6140 车床上镗图 4-88 所示轴承座上的 ϕ32K7 孔，A 面和两个 ϕ9H7 孔已加工好，试设计所需的车床夹具。要求对工件进行工艺分析，画出车床夹具草图，标注尺寸，并进行加工精度分析。

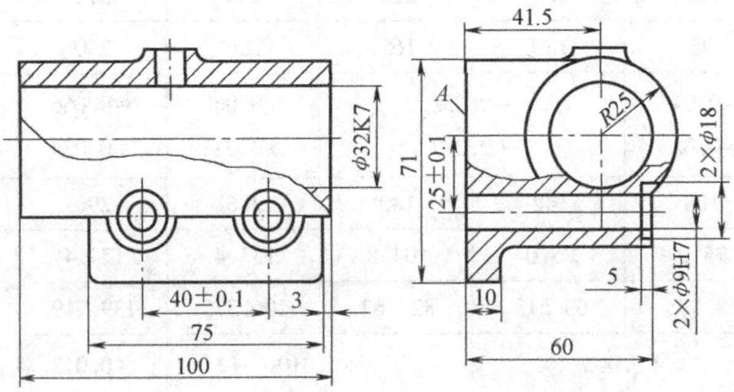

图 4-88　题 4 图

项目五　异形件加工质量控制

【项目内容】

在企业现场或工艺实训室内，按已编制好的工艺规程（拨叉零件 CL6140-20029）的要求，对该工件各加工表面实施加工，对加工好的零件按零件图上的技术要求（或工序图上的技术要求）实施检测，并对加工质量是否满足目标要求作出评判，对加工过程中发现的质量问题或可能发生的质量问题的成因进行分析讨论，并对工艺实施结果进行评估，对工艺改进的可行性实施讨论。

一、教学目标

最终目标：能对异形件的加工质量进行分析与控制。

促成目标：

1）能按编制好的工艺规程进行异形件平面加工。

2）能对加工完成的零件进行相关技术要求的检验。

3）能对影响加工质量的因素进行分析，并能对使用的机床设备实施维护、保养。

二、案例分析

案例精选：根据前面项目实施后编制好的拨叉零件（CL6140-20029）的工艺规程上各工序工艺实施要求，按企业操作规范的要求，做好加工前的各项准备工作，包括机床的调整，刀具、检具、夹具等申领的准备工作。在加工中，严格按工艺规程的步骤分步实施加工。完成加工后，对加工中发生的或可能发生的问题进行分析，找出产生误差的原因，重点是对每道工序完成后的加工质量进行检验分析。

1. 拨叉零件加工过程中的质量检测

零件的加工质量检测的内容是根据零件图技术要求（或工序图技术要求）来制订的，主要包括三个方面：一是尺寸精度的检测；二是表面粗糙度的检测；三是零件的形状和位置精度的检测。异形件的结构特点是形状复杂或不规则，所以检测前必须认真分析，找出快速、简便、正确合理的检测方法。下面以 CL6140-20029 拨叉为例简单说明检测所使用的方法和检测工具。

（1）表面粗糙度的检测　由于该零件表面质量要求不高，表面粗糙度的检测一般可用粗糙度比照样板。粗糙度比照样板根据工序不同分为：车削加工用、铣削加工用、刨削加工用、磨削加工用、钻削加工用等。根据不同的加工手段，选择不同的粗糙度比照样板。如车加工后的表面粗糙度 Ra 值要求为 3.2μm，那么车加工后的表面就与该样板进行比对，如不低于样板的表面粗糙度，该零件加工后的表面粗糙度 Ra 值就达到了 3.2μm 的要求。

（2）尺寸精度的检测　对于有尺寸公差要求的孔，在孔径不大于 ϕ40mm 时，一般用塞规进行检测（见图 5-1），如零件图中的 ϕ20H7、ϕ10H7 的孔。

对于大于 ϕ40mm 的孔，一般采用内径量表进行测量。在零件图中，叉口的尺寸为

ϕ56B11，孔径虽大，但由于是半个孔，不能采用内径量表测量，所以只能用自制塞规（见图 5-2）进行测量，塞规为一总长度为 60mm、内孔为 ϕ20H7 的圆柱体，右端为 ϕ56. 19mm ×30mm 是通端，左端为 ϕ56. 38mm ×30mm 是止端，通孔 ϕ20H7 为测量工艺孔。

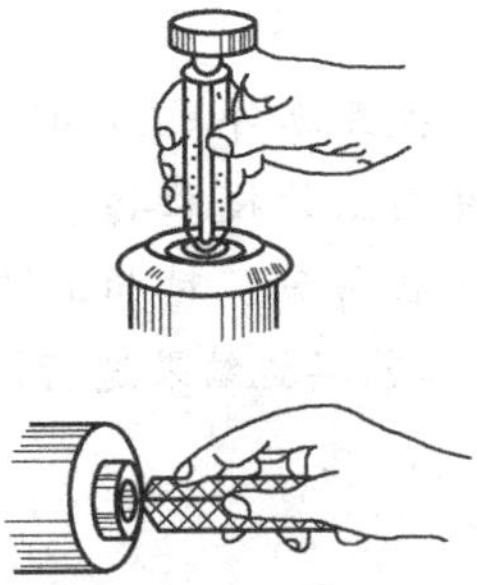

图 5-1　用塞规进行检测

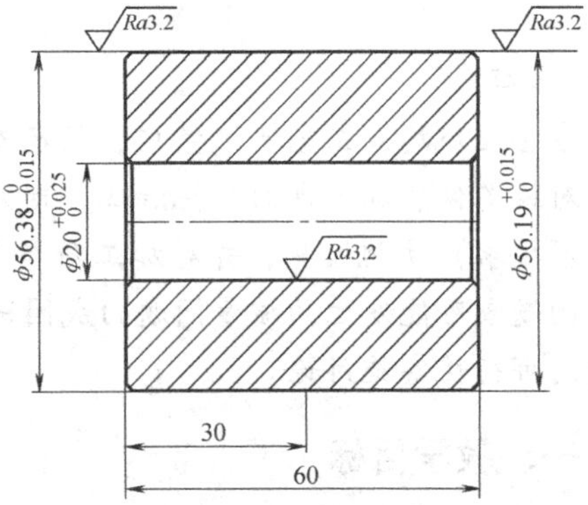

图 5-2　自制塞规

尺寸 12d11 为拨叉脚的厚度，采用 0 ~25mm 的螺旋千分尺测量。

其余尺寸用 0 ~150mm 游标卡尺测量。在测量 ϕ56B12 叉口中心至 ϕ20H7 拨叉轴孔中心的中心距（93 ±0. 15）mm 时，要借用塞规进行测量并换算。

(3) 几何公差　该零件的几何公差只有一处，并且要求不高，平行度公差为 0. 05mm，检测方法为：在 ϕ20H7 的圆柱孔内，塞入一心轴，将工件的被测平面放在平板上，用百分表检测心轴两端的高度差来检测平行度，需注意百分表的正确使用。

由于该工件的技术要求一般，为进一步对加深对异形件的质量检测分析，在项目实施的过程中，如条件允许，可再选择一些异形的盘类零件实施加工与检测分析。

2. 拨叉零件加工过程的质量控制

CL6140-20029 拨叉零件在加工过程的质量控制主要有以下四个方面：

1）在第一道车削加工时，用单动卡盘装夹工件时，需要找正装夹后的工件左端面与中滑板的运动方向平行，装夹不正确会使加工后的工件变形。

2）加工后，对左端面与 ϕ20H7 孔的垂直度要进行控制。

3）在第二道车削加工时，夹具装上车床主轴时要进行校正。

4）每道工序首件加工后要进行自检和专职检验。

3. 拨叉零件加工过程的质量分析

以 CL6140-20029 拨叉为例，分析加工过程中会产生的问题，主要有以下两个方面：

1）ϕ20H7 孔尺寸不稳或圆柱度不好，加工小孔的主要工艺步骤为钻、扩（镗）、铰，产生上面问题的原因主要是未进行扩孔或扩孔后的尺寸不稳。

2）12d11 尺寸难控制，主要问题是左端面与 ϕ20H7 孔的垂直度及左端面的平面度未控制好，因为在加工 12d11 尺寸时，是以左端面与 ϕ20H7 孔作为定位基准的，特别是在加工 12d11 尺寸时，是两件同时加工的，前面不控制好尺寸，后面更难加工。

三、相关知识

(一) 异形件的工件精度检验

机械产品的工作性能和使用寿命，总是与组成产品的零件的加工质量和产品的装配精度直接有关，而零件的加工质量又是整个产品质量的基础。异形件的加工质量和所有其他机械零件一样，包括加工精度和表面质量两个方面的内容。

一般的尺寸精度和形状、位置精度及表面质量的检测技术可参考前面已学习的轴类零件、箱体零件检测的相关技术，下面根据异形件的特点，重点介绍相关零件或机床设备的平面度、平行度、垂直度的检测方法。

1. 平面度的检测

所谓平面度，是指在规定的测量范围内，当所有点被包含在与该平面的总方向平行并相距给定值（即公差范围）的两个平面内时，则认为该面是平面。

确定平面或代表面的总方向（即基准平面），是为了获得平面度的最小偏差，通常采用的方法有两种：在被检平面内适当选择三点来代表该面的总方向，在靠近边缘部分上存在无关紧要的局部缺陷可以忽略不计；或者按划分的点用最小二乘法计算出来的平面代表该面的总方向。

平面度的测量有下列几种方法：

(1) 用平板测量平面度　在被检面上涂上红丹或用轻油稀释的氧化铬，再将平板放在被检面上，进行恰当的往复运动；然后取下平板并记下被检面上每单位面积接触点的分布情况。在表面的整个范围内接触点的分布应均匀，并且不少于规定值。这种方法仅适用于小尺寸较精密的平面（刮过或磨过的平面）。

(2) 用平板和指示器测量平面度　测量装置由平板和指示器组成，指示器装在一个基座的支架上，基座可以在平板上运动。主要有以下两种测量方法：

1) 被测部件放在平板上（见图 5-3)，平板尺寸及指示器支架的开度必须大到使整个表面都能测量到。

2) 平板与被测面相对放置（见图 5-4)。使用这种方法时，可用一个尺寸与被测面尺寸相似的平板进行测量。

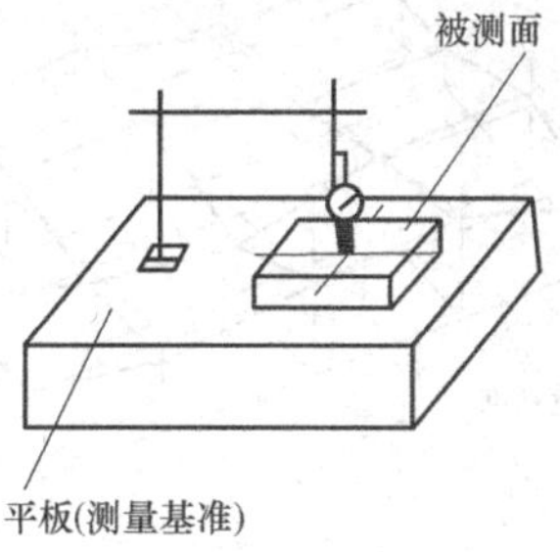

图 5-3　被测部件放在平板上测量平面度

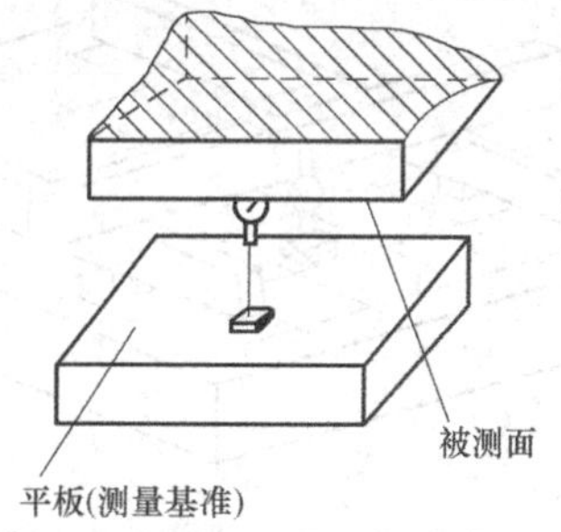

图 5-4　平板与被测面相对放置测量平面度

为了确定测量点的位置，规定了典型的方格。为了使测量读数不受表面粗糙度的影响，可以使用带圆形测头的指示器，或者在被测面与指示器测头之间放置一个具有平行面的小圆块，以覆盖该表面的缺陷。

（3）用平尺测量平面度

1）用移动平尺所得的一组直线测量。首先，用一些基准点建立一个理论平面。在检验面上选择 a、b 和 c 三点作为零位标记（见图 5-5）。将三个等高量块放在这三点上，这些量块的上表面就确定了与被检面作比较的基准面。

然后，选定位于基准平面内的第四点 d，利用一些高度可调的量块，将平尺放在 a 和 c 点上，在被检面上的 e 点放一可调量块，使其与平尺的下表面接触。这时，a、b、c 和 e 量块的上表面均处于同一表面上。

再将平尺放在 b 和 e 点上即可找到 d 点的偏差。在 d 点放一可调量块，并将其上表面调到由已经就位的那些量块的上表面所确定的平面中。

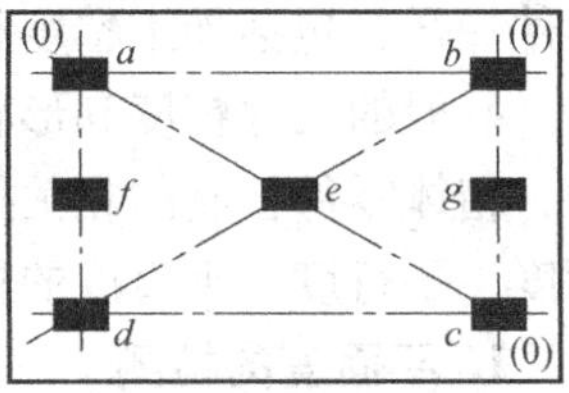

图 5-5　用平尺测量平面度时量块的布置

将平尺放在 a 和 d 及 b 和 c 点，即能找到被检面上处于 a 和 d 及 b 和 c 之间的各点的偏差。处于 a 和 b 及 c 和 d 之间的偏差可用同样方法找到。当然，必要时应对平尺的挠度作必要的修正。

矩形和正方形内的读数按如下方法获得：仅需要在已知的 f 和 g 点放置可调量块，将平尺置于其上，测量该可调量块与平尺之间的偏差即可得到该点与所用基准点之间的平面度偏差。此外，也可采用测量直线度用的工具进行测量。

2）用平尺、精密水平仪和指示器测量。如图 5-6 所示，测量基准由两根借助于精密水平仪达到平行放置的平尺提供。两根平尺 R_1 和 R_2 放置在 a、b、c、d 四个垫块上，其中三个是等高的，另一个的高度是可调的。平尺如此安装是为了通过使用精密水平仪使其上表面平行。这样，两条直线 R_1 和 R_2 就处在同一平面上。在方格内的任意一条线 fg 上面的 R_1 和 R_2 上放一基准平尺 R，用指示器 G（或用标准量块）读出 fg 线上各点与基准平尺 R 间的偏差。平尺 R_1 和 R_2，基准平尺 R 都应有足够的刚度，使其挠度控制在允许范围内。

根据上述测量基准测量出偏差，可以进一步标绘。标绘是在有规律的方格的不同节点上进行的（见图 5-7），于是就绘出了被测面的整个表面。各点距离的选择与使用的仪器无关。

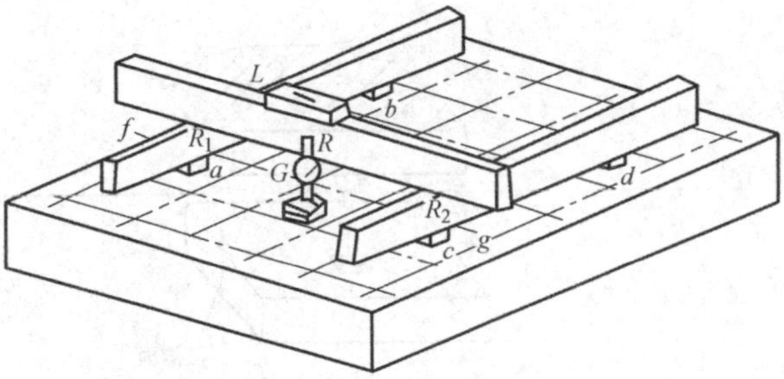

图 5-6　用平尺、精密水平仪和指示器测量平面度

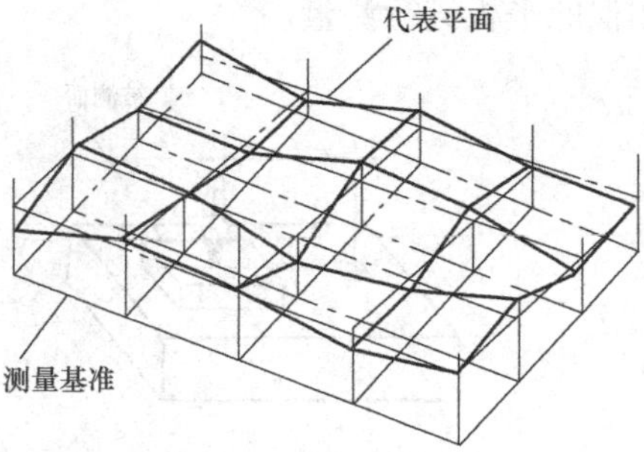

图 5-7　利用方格绘制被测表面

（4）用精密水平仪测量平面度

1）矩形表面的测量。基准平面由两条直线 OmX 和 $OO'Y$ 确定，这时 O、m 和 O' 是被检面上的三个点（见图 5-8）。

直线 OX 和 OY 最好选择成互相垂直，并分别平行于被测面的轮廓边。测量从被测面上的一个顶点 O 并沿 OX 方向开始。按直线度测量中的精密水平仪法所规定的方法测量 OA 和 OC 每条线的轮廓。再测量 O′A′、O″A″和 CB 纵向线的轮廓，以便覆盖整个表面。

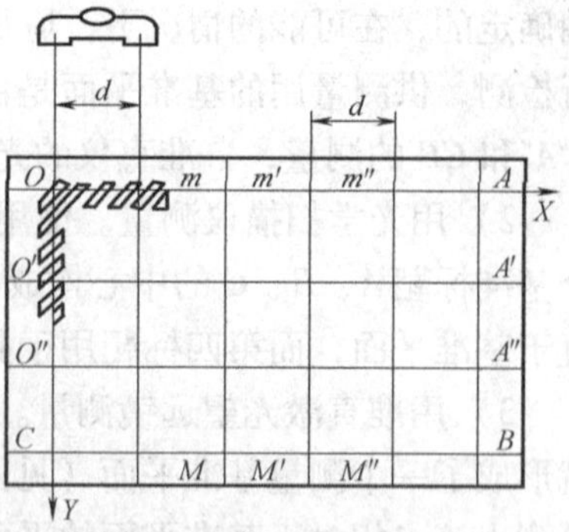

图 5-8　基准平面的确定

可沿 mM、m′M′等作追加测量，以进一步证实上述测量。当被检面的宽度与其长度比例不相称时，同时沿对角线测量，即所谓交叉检查也是必要的。然后整理测量结果并绘图，如图 5-9 和图 5-10 所示。

根据 Omm′A 和 OO′O″C 线段的测量结果，采用角度测量法测量直线度的计算方法，绘出 Omm′A 和 OO′O″C 的曲线。为了绘制 O′A′、O″A″和 CB 线，起点应为 O′、O″和 C。在图 5-9 所示的情况下，全部曲线非常接近测量基准，因而这个平面可认为是代表平面。但是，在图 5-10 所示的情况下，Omm′A 和 OO′O″C 的代表线位于 OX′和 OY′方向，代表平面将很可能是包含 OX′和 OY′的平面，即 OABC 平面。

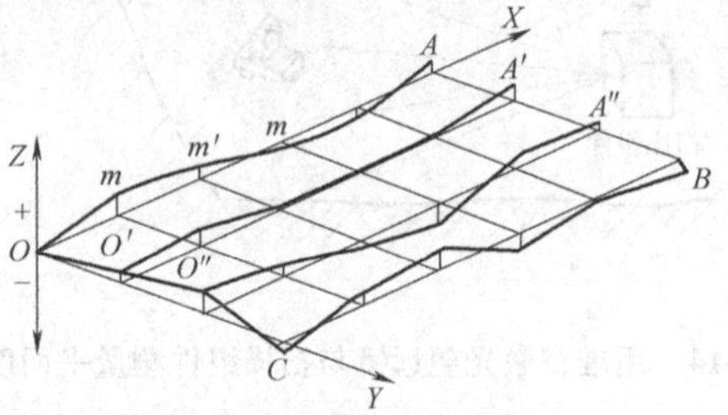

图 5-9　按测量结果绘图（一）

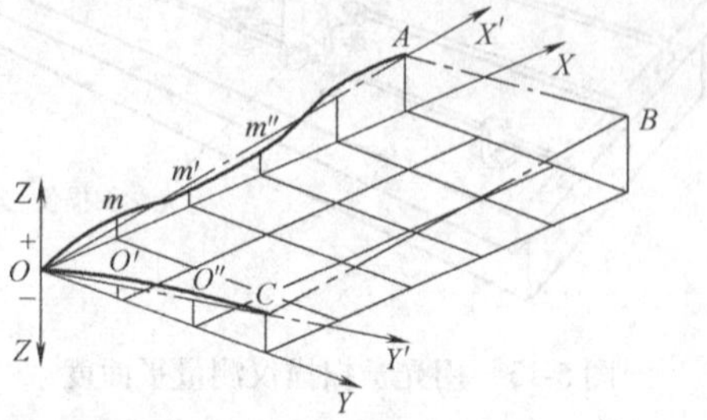

图 5-10　按测量结果绘图（二）

2）圆形轮廓表面的测量。若用矩形方格对圆形轮廓的大平面进行测量，将无法覆盖整个被检表面。因此，最好采用沿边缘的圆周和直径进行测量（见图 5-11）。圆周检验就是在一个均衡座 A 上放一水平仪，并以匀称的间隔绕平面周边移动并逐点测量；直径检验可参照对一条线的直线度测量的任何一种方法进行。

对圆形轮廓小尺寸平面的测量，可简化为通过测量直线度的方法进行（见图 5-12）。在两个相互垂直的直径上和在连接边缘点的正方形的四个边上按测量直线度的方法测量。

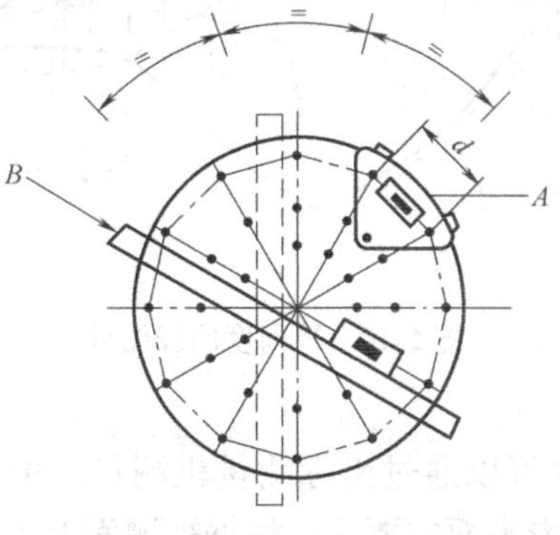

图 5-11　圆形轮廓表面的测量

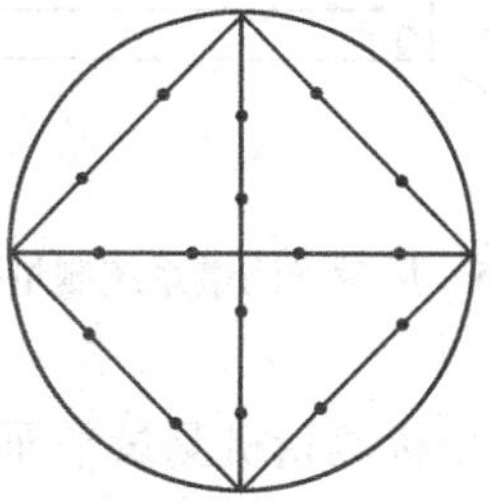
图 5-12　圆形轮廓小尺寸平面的测量

(5) 用光学方法测量平面度

1) 用自准直仪测量。构成基准平面的 *OX* 和 *OY* 直线是由在两个位置上的自准直仪的光轴确定的，在可能的情况下，应尽量取互成 90°。先按照自准直仪测量直线度的方法逐线进行检测，供测量用的基准平面是由自准直仪的光轴方向 *OX* 和 *OY* 确定的，因此，对 *O′A′*、*O″A″*和 *CB* 的测量，自准直仪的光轴应平行于 *OX*（见图 5-8）。

2) 用光学扫描仪测量。使用光学扫描仪测量时，基准平面是由置于该平面周边上的三个基准标靶 *A*、*B*、*C* 的中心构成的（见图 5-13）。该仪器安放时要使得望远镜的光学轴线垂直于基准平面，而第四标靶用于测量表面上任一点的平面度偏差。

3) 用准直激光望远镜测量。准直激光望远镜与扫描组件相配合所产生的若干共面直线就形成了一个测量基准平面（见图 5-14）。而移动四象限光敏二极管到被检面上任一点，就可测出该点相对于基准平面的平面度偏差。

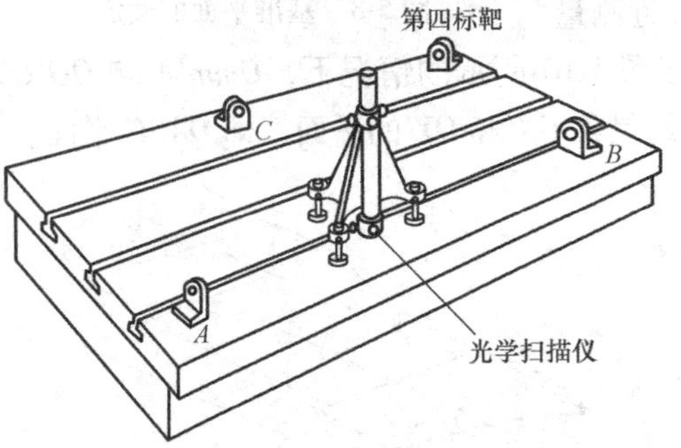

图 5-13　用光学扫描仪测量平面度

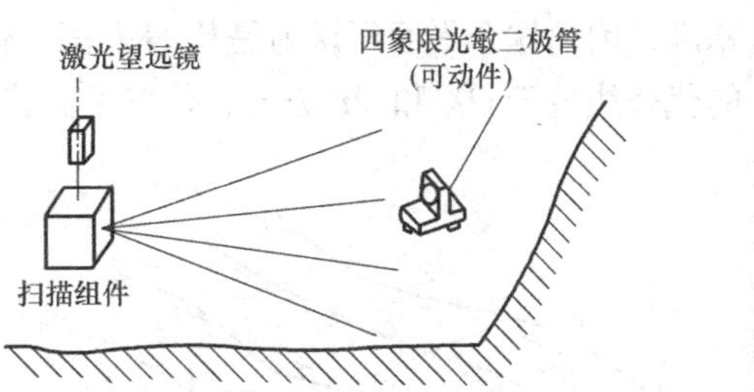

图 5-14　用准直激光望远镜与扫描组件测量平面度

4) 用激光测量系统测量。表面的状况是根据通过角度偏差测量出的不同曲线的直线度分析构成的。图 5-15 所示为将曲线 1～8 绘成图形的一个有代表性的测量关联。依次对曲线 1～8 进行检查，通过数据处理，解析出读数结果，按等比例的方式绘出被检面的平面度曲线图（见图 5-16）。

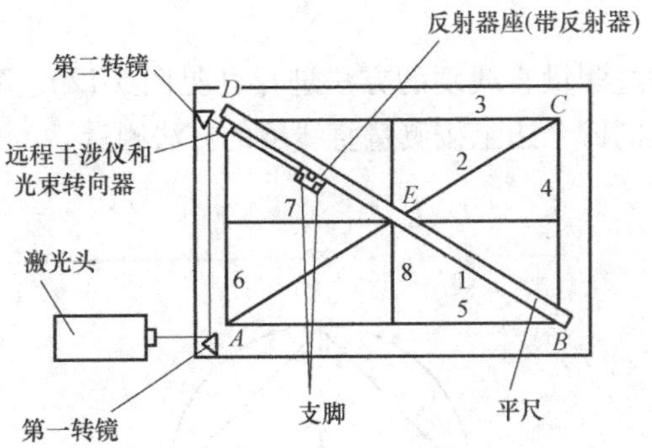

图 5-15　用激光测量系统测量平面度

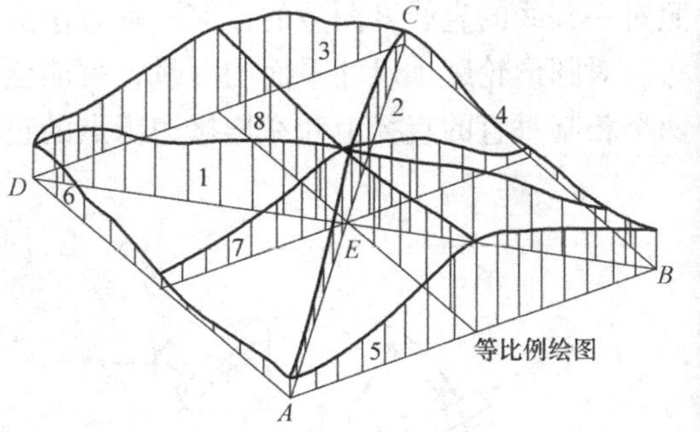

图 5-16　平面度曲线图件

(6) 用坐标测量机测量平面度　表面的平面度也可以通过坐标测量机测量。由坐标测量机软件所建立的基准平面应符合平面度检验时对基准平面的要求，根据被测面上各点的坐标值，对照基准平面就可确定出被测面的平面度偏差（见图 5-6）。

2. 平行度、垂直度的检测

（1）线和面的平行度。

1）定义和测量方法的说明。当测量一条线上若干点到一个面与通过该线的法向平面相交的代表线的距离时，如果在规定的范围内所求得的最大偏差不超过规定值，则认为这条线平行于该平面。

当一条线平行于通过另一条线的代表线的两平面时，则认为这两条线是平行的。但在两个平面内的平行度公差不一定相同。

在测量一平面的代表平面（至少在两个方向上）到另一平面的距离时，如果在规定长度内该距离的最大变化范围不超过规定值，则认为这两平面是平行的。

平行度就是一条线（或面）的代表线（或面）到另一条线（或面）距离的差值。如果选择不同的线（或面）作为测量基准线（或面），结果可能是不同的。

当平行度测量涉及轴线平行度时，轴线本身应由形状精度高、表面光洁并有足够长度的圆柱面来代表。如果主轴的表面不满足这些条件，或如果它是一个内表面，且不允许使用测头时，可采用一个辅助的圆柱面——检验棒。检验棒的固定和定心应在轴的端部或在为夹持工具或别的附件而设计的圆柱孔或圆锥孔内进行。

2）测量方法

①两个面的平行度。下述方法可用来检测两个平面的平行度。测量应在相互垂直的两个方向上重复进行。

平尺和指示器法：指示器安装在具有平底面并与导向平尺接触的支座上，支座在一个平面上按规定的范围移动，测头沿第二个平面滑动（见图 5-17）。

精密水平仪法：将水平仪放在跨接在两个被比较的平面上的桥板上。沿两个平面移动并依次读数，取读数（角度值）中的最大差值作为角度平行度误差，然后将其转换为线值的平行度误差（见图 5-18）。

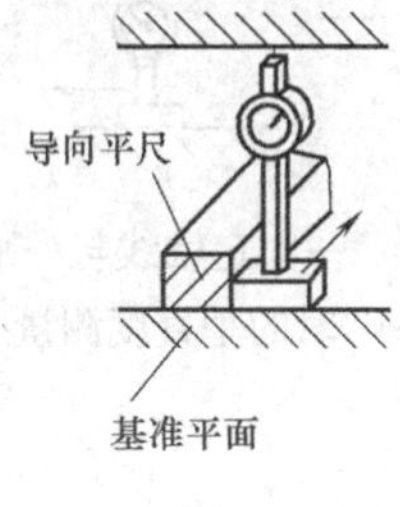

图 5-17　平尺和指示器法测量平行度

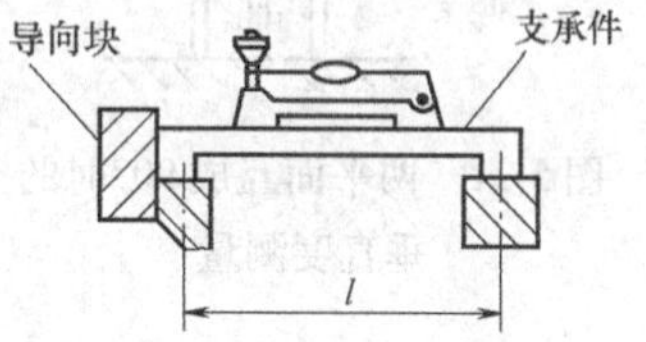

图 5-18　精密水平仪法测量平行度

如果在两平面上难于跨接，就不能使用桥板，而读数是沿每个平面移动时，参照作为测量基准的水平面而得到的（参考直线度测量中的角度测量法）。将各对应位置的读数进行比较，从而求得平行度误差。

②轴线对平面的平行度。将测量工具装在具有平整基面的支架上，并沿该平面按规定的范围移动。测头则沿代表该轴线的圆柱面滑动（见图 5-19）。

在每一测量点上，通过在垂直于该轴线的方向上慢慢移动测量工具来找到最低点读数。在轴线位置摆动的情况下，在中间位置和两极限位置测量即可（见图 5-20）。

（2）线和面的垂直度的检测方法　当两平面、两直线或一直线和一平面相对于基准角尺的平行度偏差不超过规定的数值时，则认为它们是垂直的。基准角尺可以是一个计量用的角尺或是一个框式水平仪，也可由运动的平面或直线构成。

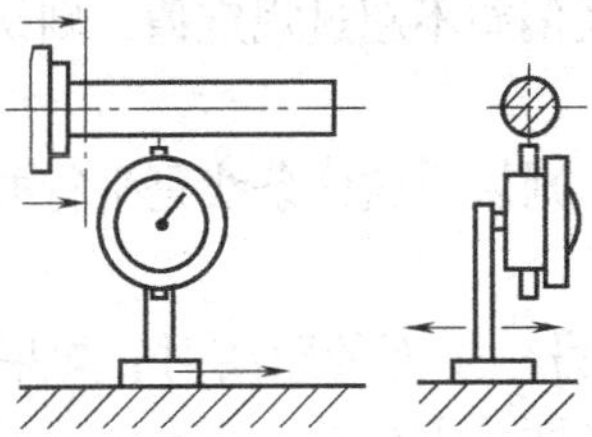

图 5-19　轴线对平面的平行度测量

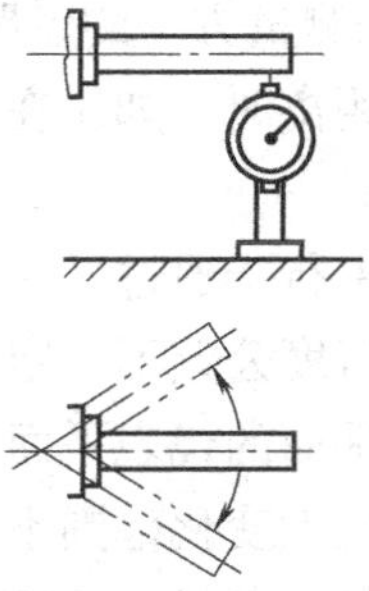

图 5-20　在中间位置和两极限位置测量

垂直度测量实际上是平行度的测量。

直线和平面的垂直度检测有以下两种形式。

1）两平面互成 90°。将圆柱形角尺放在其中一个平面上（见图 5-21），指示器沿另一平面移动，并在规定距离内记录读数。圆柱形角尺转过 180°重新测量，并记录读数。取两次测得的读数的平均值。

2）一固定轴线与一平面成 90°。将具有相应基座的角尺贴靠在代表该轴线的圆柱面上（见图 5-22）。用有关平行度的测量方法在两垂直方向上测量角尺悬边对该平面的平行度。

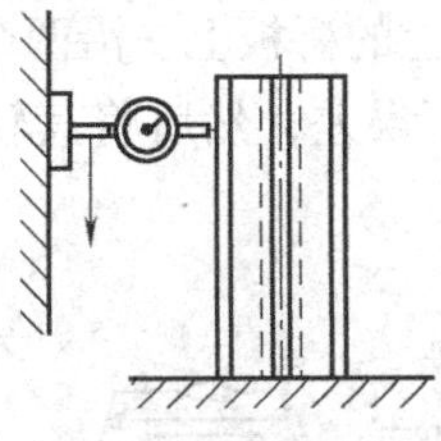

图 5-21　两平面互成 90°时的垂直度测量

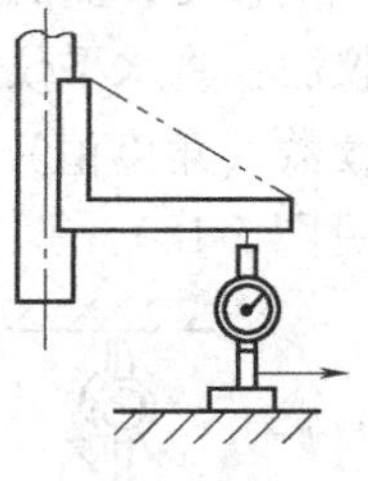

图 5-22　一固定轴线与一平面成 90°时的垂直度测量

(二) 异形件加工工艺误差分析

根据异形件的加工工艺特点，其主要表面的加工大多是在铣床或加工中心上完成的，为便于对异形件加工质量进行控制和分析，下面列表详细介绍铣床/加工中心上产生加工误差的原因及修正措施。其他内容可参见轴和箱体加工质量的控制及分析。

1. 常见的加工误差及产生原因

(1) 孔加工时产生误差的原因及修正措施　钻孔、扩孔、铰孔、镗孔时产生误差的原因及修正措施参见箱体零件的加工工艺分析。

(2) 产生平面度误差的因素（见表 5-1）

(3) 导致矩形工件产生加工误差的因素（见表 5-2）

(4) 导致台阶和沟槽产生加工误差的因素（见表 5-3）

表 5-1　产生平面度误差的因素

项　　目	原　　因
影响平面度的因素	1）周边铣削时，铣刀的圆柱度差 2）端面铣削时，铣床主轴轴线与进给方向不垂直 3）铣床工作台进给运动的直线性差 4）铣床主轴轴承的轴向和径向间隙大 5）工件在受夹紧力和铣削力后产生变形 6）工件由于存在应力，在表层切除后产生变形 7）工件在铣削过程中，由铣削热产生变形 8）当圆柱形铣刀的宽度或面铣刀的直径小于加工面的宽度时，由于接刀而产生接刀痕
影响表面粗糙度的因素	1）铣刀刃口变钝 2）铣削时有振动 3）铣削时进给量太大，铣削余量太多 4）铣刀几何参数选择不当 5）铣削时有拖刀现象 6）切削液选用不当 7）铣削时有积屑瘤产生或切屑有粘刀现象 8）在铣削过程中进给停顿而产生“深啃”现象

表 5-2　导致矩形工件产生加工误差的因素

项　　目	原　　因
影响垂直度的因素	1）夹具定位支承面（如固定钳口）与工作台面不垂直，工件表面不清洁 2）工件基准面有毛刺、杂物 3）夹紧力过大，使夹具支承面外倾 4）非对称端铣时，铣床主轴轴线与进给方向不垂直 5）周边铣削且铣刀轴线与基准面不垂直时，铣刀圆柱度差
影响平行度的因素	1）基准面与工作台面或将被铣出的平面不平行 2）周边铣削时，铣刀圆柱度差 3）装夹时，基准面与夹具支承面之间有毛刺或杂物 4）铣削时工件受力变形和铣削后工件受热变形
影响尺寸精度的因素	1）测量不准或测量读数不准 2）调整尺寸不准 3）测量面平行度不准及平面度差 4）对刀时，切得太多或没有擦到 5）铣削时产生让刀 6）用组合铣刀铣削时，工作台零位不准 7）程序编制错误

表 5-3　导致台阶和沟槽产生加工误差的因素

项　　目	原　　因
形状误差超差	1）立铣刀圆柱度差 2）铣刀产生偏让 3）用盘形铣刀加工时，工作台零位不准 4）刀具半径补偿错误
宽度尺寸超差	1）立铣刀直径或三面刃铣刀宽度不符合要求 2）丝杠与螺母的间隙方向记错，使工作台移动不到位 3）立铣刀直径太小，让刀严重；铣刀有摆差 4）铣刀磨损 5）用三面刃铣刀加工时，万能铣床工作台零位未校正 6）工件装夹不合理，工件变形，影响槽宽
长度或深度尺寸超差	1）纵向工作台移动距离不对；用立铣刀铣封闭槽，未考虑铣刀直径 2）对刀不准确，使深度不准 3）工件倾斜，使底部有深有浅 4）夹紧力不足，直柄立铣刀被拉下或缩进 5）刀具长度补偿错误
相对位置或对称度不符合要求	1）基准面搞错 2）测量不准确 3）铣刀产生偏让或工作台受力后产生位移 4）夹具支承面与进给方向不平行，使台阶或沟槽歪斜

（5）导致键槽产生加工误差的原因（见表 5-4）

表 5-4　导致键槽产生加工误差的原因

项　　目	原　　因
槽的宽度尺寸不准	1）铣刀磨损，或磨损后刃磨圆柱面切削刃 2）刀杆弯曲，铣刀摆差，盘形铣刀端面摆差大 3）键槽铣刀装夹不好，与主轴同轴度差，径向有摆差
槽底与轴线不平行及深度不准	1）工件装夹不准确及深度调整不准 2）铣刀被铣削力拉下或缩进
键槽对称性不准	1）对刀偏差太大，铣刀让刀量大 2）修正时，偏差方向搞错
槽侧与工件侧素线不平行	1）工件侧素线与进给方向不平行 2）加工过程中，工件松动
封闭槽的长度尺寸不准	1）工作台自动进给关闭不及时 2）程序编制错误或刀具半径补偿不对

2. 误差产生原因和修正措施

(1) 产生尺寸误差的原因及修正措施（见表5-5）

表5-5　产生尺寸误差的原因及修正措施

尺寸精度的获得方法	产生误差的原因	修正措施
试切法	切削中测量不准	合理选择和正确使用量具
	微小进给量难以控制	1）提高进给机构的精度和刚度 2）采用新型微量进给机构 3）保证进给丝杠、螺母、刻度盘等的清洁和润滑
	切削刃不锋利造成最小切屑厚度变化	选择切削刃倒棱、刀尖圆弧半径小的刀具，精细研磨刃口，提高刀具刚度
调整法	定程机构的重复定位不准确	提高定程机构的刚度及操纵机构的灵敏性
	抽样判断出现偏差	试切一批工件，精心测量和计算，以提高工件尺寸分布中心位置判断的准确性
	刀具磨损	及时调整铣床/加工中心，刃磨、更换刀具
	工件装夹出现误差	正确选择定位面，提高定位精度
	工艺系统热变形	1）合理选择切削用量 2）利用切削液充分散热，使工艺系统处于热平衡状态
定尺寸刀具法	刀具磨损	控制刀具磨损量
	刀具尺寸精度低	选择精度合适的刀具
	刀具安装出现偏差	提高刀具的安装精度
	刀具产生热变形	充分冷却、润滑刀具
自动控制法	控制系统的可靠性和灵敏性不理想	1）提高进给机构的重复定位精度和灵敏性 2）提高自动检测精度 3）提高刀具刚性并减小刃口钝圆半径

(2) 产生形状误差的原因及修正措施（见表5-6）

表5-6　产生形状误差的原因及修正措施

加工方法	产生误差的原因	修正措施
轨迹法	铣床/加工中心主轴回转精度不符合要求 采用滑动轴承时，主轴轴颈和轴瓦的圆度误差会使加工表面不圆 采用滚动轴承时，轴承滚道不圆、有波纹，滚动体尺寸不一致，轴颈和箱体孔不圆等均会造成加工圆度误差 轴承的端面圆跳动，主轴推力轴承、过渡套、垫圈等的端面圆跳动均会造成加工端面的平面度误差	1）提高主轴轴颈与轴瓦的圆度 2）对前后轴承要进行角度选配 3）采用高精度滚动轴承或静压轴承 4）对滚动轴承要预加载荷，消除间隙，配磨隔离套
	铣床/加工中心导轨的导向误差 导轨在水平面或垂直平面内的直线度误差、前后导轨的平行度误差、横向导轨与主轴轴线的垂直度误差会使加工表面产生圆柱度和平面度误差	1）保证机床的安装技术要求 2）提高或修复导轨的精度和刚度 3）采用液体静压导轨或合理的刮油润滑方式 4）预加反向变形，抵消导轨制造误差

（续）

加工方法	产生误差的原因	修正措施
轨迹法	成形运动轨迹间几何位置关系误差会使加工表面产生圆度、圆柱度误差	提高和修复铣床/加工中心的几何精度
	加工大型表面、难加工的材料、精度高的表面时，铣床/加工中心连续加工等均会使刀尖磨损，造成圆柱度等形状误差	1）采用耐磨的刀具材料 2）定时检查并及时刃磨刀具 3）选用合适的切削速度 4）自动补偿刀具磨损
成形法	刀具的制造、安装误差与磨损都会直接造成加工表面的形状误差	1）刀具的制造、安装精度、刃磨质量、耐磨性均需符合要求 2）选用耐磨损的刀具

（3）铣削工艺中产生的形状误差及修正措施（见表5-7）

表5-7　铣削工艺中产生的形状误差及修正措施

形状误差类型	铣削工艺中产生误差的原因	修正措施
工艺系统热变形	铣床/加工中心热变形造成铣床/加工中心静态几何精度降低	1）移出热源，隔离热源，冷却热源，减少热源影响 2）用补偿法均衡温度场，减少热变形 3）进行空运转或局部冷却，保持工艺系统热平衡 4）降低摩擦，减少发热 5）控制环境温度
	工件受热变形时精铣，冷却到室温后出现形状误差	1）工件粗加工后要进行充分冷却，然后再精加工 2）铣削时要有充分的切削液 3）选择适当的切削用量，避免过分产生切削热 4）根据工件热变形规律，预加反向误差
	在一次进给下长时间切削，刀具产生热变形，造成工件的形状误差	1）要充分冷却 2）缩短刀杆悬伸长度，增大截面，提高刀具散热性
工艺系统受力变形	在不同铣削位置上，工艺系统刚度差别较大，会出现形状误差 刚度薄弱处有较大的误差“复映” 毛坯余量或材料硬度不均匀，引起切削力变化，造成工件形状误差	1）加强薄弱位置或薄弱环节的工艺系统刚度 2）使用辅助支承，减少刚度变化 3）改进刀具几何角度，减小背向力，减少弯曲变形 4）对于高精度零件要进行粗加工、半精加工和精加工
工件残余应力引起的变形	去除大部分余量后，破坏了应力平衡，使残余应力重新分布，工件产生变形	1）工件结构要使壁厚均匀，焊缝均匀 2）铸、锻、焊接件要进行回火或退火，减少毛坯制造应力，零件淬火时，回火要充分 3）除精密零件外，用热校直代替冷校直 4）粗加工和精加工之间要有一定的时间间隔，或粗加工后松开再用较小力夹紧，夹紧后再精加工 5）对于精密零件，粗加工后要进行高温时效，半精加工后要进行低温时效

（4）影响表面粗糙度的因素及修正措施（见表5-8）

表5-8　影响表面粗糙度的因素及修正措施

表面缺陷	影响因素	修正措施
残余面积	铣削时，其运动轨迹残留未被切除的面积	1）减小进给量 2）减小主、副偏角
鳞刺、毛刺等	积屑瘤	1）冷却降温 2）选择好切削速度和进给量 3）注意观察，及时去掉积屑瘤
切削纹变形	工艺系统产生振动	增加刚度，减少振动源
	刀具后刀面磨损	及时修复后刀面
	崩碎的切屑产生的影响	使排屑顺畅，断屑平稳
其他缺陷	切削刃自身表面质量差	仔细研磨切削刃
	切屑将已加工的表面拉毛	改变排屑方向，及时断屑

（5）产生位置误差的原因及修正措施（见表5-9）

表5-9　产生位置误差的原因及修正措施

装夹方式	产生误差的原因	修正措施
装夹找正，即在通用夹具上装夹	通用夹具本身与主轴轴线的位置误差	在铣床/加工中心上修正通用夹具定位面与主轴轴线的位置误差
	找正方法不完善，选择或使用量具不当	选择工件的正确位置，精心找正，合理选用量具
	工人操作水平低	提高工人操作水平
	工件定位基准质量差	提高工件定位面精度
夹具装夹，即使用专用夹具	工件定位基准与设计基准位置误差大	工件定位基准与设计基准应尽量重合或提高二者的位置精度
	夹具定位面与主轴回转轴线的位置误差大	提高工件定位面质量
	夹具制造、安装精度低	提高夹具制造精度，精心安装，认真调试，修正夹具定位面与主轴回转轴线的位置误差
	夹具刚度低	改进设计，提高夹具的刚度与平衡度
	铣削时旋转不平衡	及时校正平衡
	工件定位面精度低	提高定位面精度

（三）异形件加工工艺设备的精度检验

设备的精度直接影响零件的加工精度，对于设备精度的认识与了解是做好工艺设备选择及正确实施加工的基础。而设备进行正确的维护保养是保持设备精度的必要措施，也是工厂保证稳定的零件加工质量和维持长久、稳定的生产的必要条件。

根据异形件的工艺特点，主要表面的加工是在铣床/加工中心上完成的，下面主要介绍数控铣床/加工中心上的精度概念及精度检验、检测方法，以及设备维护保养的必备知识，供参考。

1. 数控铣床/加工中心几何精度

数控机床的几何精度是综合反映机床各关键零部件经组装后的综合几何形状误差。其检测工具和方法与普通机床类似，但检测要求更高，检测工具、量具更精密。常用的检测工具有：精密水平仪、直角尺、精密方箱、平尺、平行光管、千分表或测微仪、高精度主轴心轴及刚度好的千分表杆。检测工具的精度等级必须比所测的几何精度高一个等级。每项几何精度按照数控铣床/加工中心验收条件的规定进行检测。

不同的数控机床几何精度的检验项目是不同的，精密立式加工中心几何精度检验依据GB/T 20957.2—2007标准进行。

2. 数控铣床/加工中心定位精度

数控铣床/加工中心定位精度是测量机床运动部件在数控系统控制下所能达到的位置精度。根据一台数控铣床/加工中心实测的定位精度数值，可以判断出加工工件在该机床上所能达到的最好加工精度。

定位精度主要检测内容有直线运动定位精度、直线运动重复定位精度、直线运动轴机械原点的返回精度、直线运动矢动量。检测工具有测微仪、成组量块、标准长度刻线尺、光学读数显微镜和双频激光干涉仪等。

(1) 直线运动定位精度　按标准规定，对数控铣床/加工中心的直线运动定位精度的检验应以激光检测为准，如图5-23所示。条件不具备时，也可用标准长度刻线尺进行比较测量，如图5-24所示，这种方法的检测精度与检测技巧有关，一般可控制在（0.004～0.005）mm/1000mm。而激光检测的测量精度可比标准长度刻线尺的检测精度高一倍。

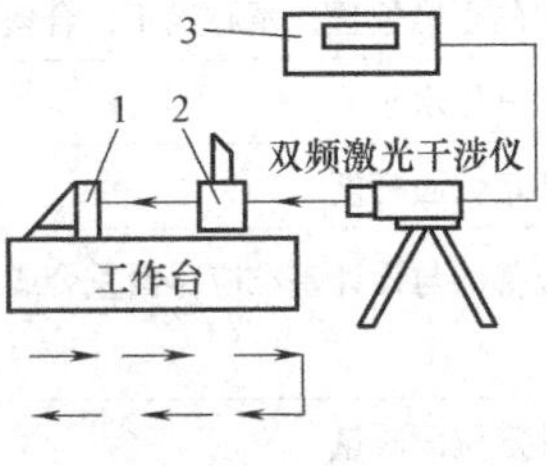

图5-23　激光检测

1—反光镜　2—分光镜　3—数显及记录仪

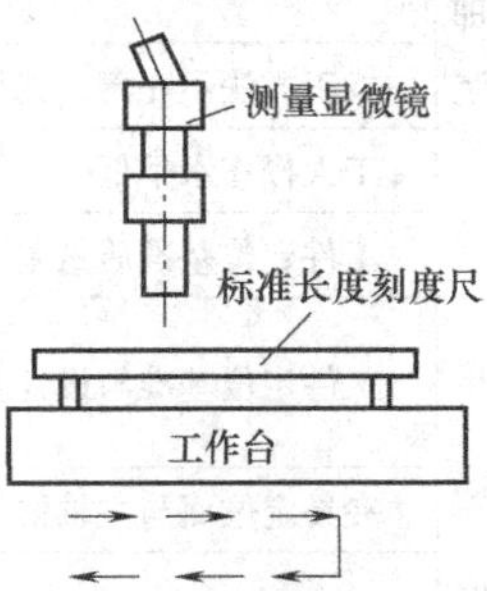

图5-24　标准长度刻线尺比较测量

为反映多次定位中的全部误差，ISO标准规定每一个定位点按5次测量数据计算出平均值和离散差±3σ，画出其定位精度曲线。测定的定位精度曲线还与环境温度和轴的工作状态有关。如数控铣床/加工中心的丝杠的热伸长为（0.01～0.02）mm/1000mm，而经济型的数控铣床/加工中心一般不能补偿滚珠丝杠的热伸长，故有些数控铣床/加工中心采用预拉伸丝杠的方法来减少其影响。

(2) 直线运动重复定位精度　该精度是反映坐标轴运动稳定性的基本指标，而机床运动稳定性决定着加工零件质量的稳定性和误差的一致性。

一般检测方法是在靠近各坐标行程的中点及两端的任意三个位置进行测量，每个位置用快速移动定位，在相同的条件下重复做7次定位，测出定位点的坐标值，并求出读数的最大差值。以三个位置中最大差值的1/2，取正、负号后，作为该坐标的重复定位精度。

(3) 直线运动轴机械原点的返回精度　数控铣床/加工中心每个坐标轴都应有精确的定

位起点，即坐标轴的原点或参考点，它与程序编制中使用的工件坐标系、夹具安装基准有直接关系。每次开机时，数控铣床/加工中心的原点复归精度应一致，因此对原点的定位精度要求很高。此项检验的目的一是检测坐标轴原点的复归精度，二是检测原点复归的稳定性。

（4）直线运动矢动量　坐标轴直线运动矢动量又称为直线运动反向误差，是进给轴传动链上驱动元件的反向死区以及机械传动副的反向间隙和弹性变形等误差的综合反映。该误差越大，定位精度和重复定位精度就越差。如果矢动量在全行程上分布均匀，可通过数控系统的反向间隙补偿功能予以补偿。

不同的数控机床定位精度与重复定位精度的检验项目是不同的，精密加工中心定位精度和重复定位精度检验项目根据 GB/T 20957.4—2007 进行，具体内容见表 5-10 ~ 表 5-12。

表 5-10　行程至 2000mm 的轴线的定位精度　（单位：mm）

检验项目	轴线的测量行程			
	≤500	>500 ~ 800	>800 ~ 1500	>1500
	公差			
双向定位精度 A	0.010	0.013	0.016	0.020
单向定位精度 $A\uparrow$ 和 $A\downarrow$	0.008	0.010	0.013	0.016
双向重复定位精度 R	0.008	0.010	0.011	0.013
单向重复定位精度 $R\uparrow$ 和 $R\downarrow$	0.004	0.005	0.006	0.008
轴线反向差值 B	0.005	0.005	0.007	0.007
平均反向差值 $\overline{B}$	0.004	0.004	0.005	0.005
双向定位系统偏差 E	0.008	0.009	0.012	0.015
单向定位系统偏差 $E\uparrow$ 和 $E\downarrow$	0.005	0.006	0.008	0.010
轴线平均双向位置偏差范围 M	0.005	0.006	0.008	0.010

表 5-11　行程超过 2000mm 的轴线的定位精度　（单位：mm）

检验项目	公差
轴线双向定位系统偏差 E	0.015 +（测量长度每增加 1000，允差增加 0.005）
轴线平均双向位置偏差范围 M	0.010 +（测量长度每增加 1000，允差增加 0.003）
轴线反向差值 B	0.007 +（测量长度每增加 1000，允差增加 0.003）

表 5-12　行程至 360°的回转轴线的定位精度

检验项目	允差/（″）
双向定位精度 A	14
单向定位精度 $A\uparrow$ 和 $A\downarrow$	11
双向重复定位精度 R	8
单向重复定位精度 $R\uparrow$ 和 $R\downarrow$	5
轴线的反向差值 B	6
轴线的平均反向差值 $\overline{B}$	4
双向定位系统偏差 E	10
单向定位系统偏差 $E\uparrow$ 和 $E\downarrow$	7
轴线平均双向位置偏差范围 M	6

3. 数控铣床/加工中心加工精度

数控铣床/加工中心加工精度检查的实质是对几何精度与定位精度在切削条件下的一项综合考核。现以加工中心精加工试件精度检验（JB/T 8771.7—1998）为例来作介绍。

（1）试件的数量　在标准中提供了两种形式，且每种形式具有两种规格的试件。试件的形式、规格和标志见表5-13。

表5-13　试件的形式、规格和标志

形　式	名义规格/mm	标　志
A 轮廓加工试件	160 320	试件 JB/T 8771.7—A160 试件 JB/T 8771.7—A320
B 端铣试件	80 160	试件 JB/T 8771.7—B80 试件 JB/T 8771.7—B160

在验收时，原则上每种形式仅应加工一件，在特殊要求的情况下，例如机床性能的统计评定，按制造厂和用户间的协议确定加工试件的数量。

（2）试件的定位　试件应位于 X 行程的中间位置，并沿 Y 轴和 Z 轴在适合于试件和夹具定位及刀具长度的适当位置处放置。当对试件的定位位置有特殊要求时，应在制造厂和用户的协议中规定。

（3）试件的固定　试件应在专用的夹具上方便安装，以达到刀具和夹具的最大稳定性。夹具和试件的安装面应平直。

需检验试件安装表面与夹具夹持面的平行度误差。同时，应使用合适的夹持方法以便使刀具能贯穿和加工中心孔的全长。建议使用埋头螺钉固定试件，以避免刀具与螺钉发生干涉，也可选用其他等效的方法。试件的总高度取决于所选用的固定方法。

（4）试件的尺寸　如果试件切削了数次，外形尺寸减小，孔径增大，当用于验收检验时，建议选用最终的轮廓加工试件尺寸（与标准中规定的一致），以便如实反映机床的切削精度。试件可以在切削试验中反复使用，其规格应保持在标准所给出的特征尺寸的 ±10% 以内。当试件再次使用时，在进行新的精切试验前，应进行一次薄层切削，以清理所有的表面。

（5）轮廓加工试件

1）概述。该检验包括在不同轮廓上的一系列精加工，用来检查不同运动条件下的机床性能。即：仅一个轴线进给、不同进给率的两轴线性插补、一轴线进给率非常低的两轴线性插补和圆插补。该检验通常在 XY 平面内进行，但当备有万能主轴头时，同样可以在其他平面内进行。

2）尺寸。标准中提供了两种规格的轮廓加工试件，其名义尺寸见表5-14。

表5-14　试件的名义尺寸　（单位：mm）

l	m	p	q	r	α/（°）
320	280	50	220	100	3
160	140	30	110	52	3

试件的最终形状（见图 5-25 和图 5-26）应由下列加工形成：

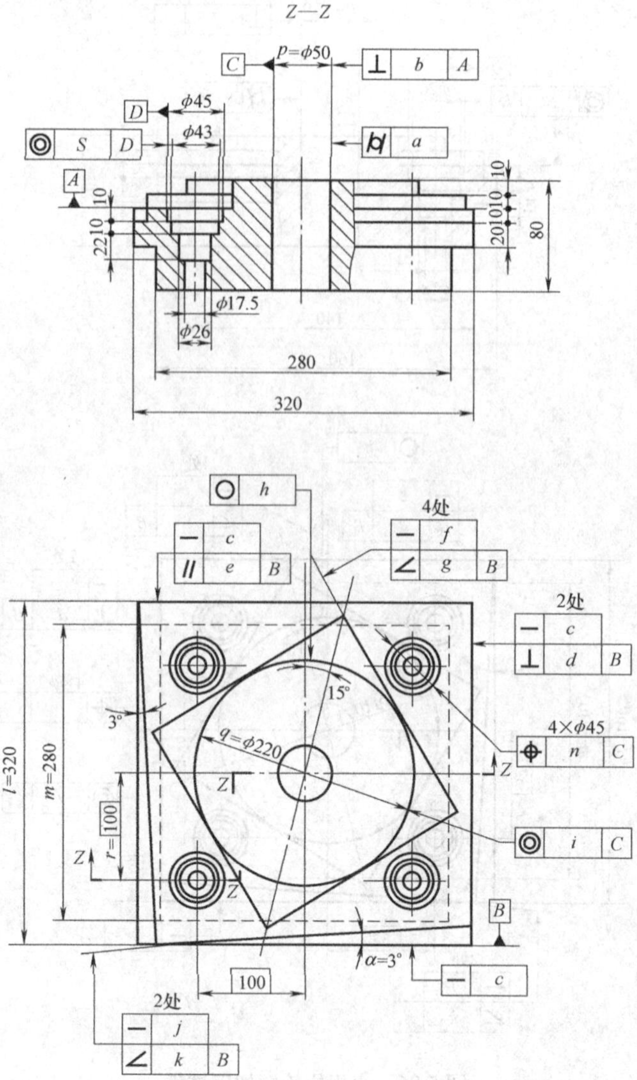

图 5-25　大规格轮廓加工试件

①通镗位于试件中心直径为 p 的孔。

②加工边长为 l 的外正四方形。

③加工位于正四方形上边长为 q 的菱形（倾斜 60°的正四方形）。

④加工位于菱形之上直径为 q、深为 6mm（或 10mm）的圆。

⑤加工正四方形上面 α 角为 3°或 $\tan\alpha = 0.05$ 的倾斜面。

⑥镗削直径为 ϕ26mm（或较大试件上的 ϕ43mm）的四个孔和直径为 ϕ28mm（或较大试件上的 ϕ45mm）的四个孔；直径为 ϕ26mm 的孔沿轴线正向趋近，直径为 ϕ28mm 的孔为负向趋近。这些孔定位于距试件中心（$\pm r$，$\pm r$）处。

因为是在不同的轴向高度加工不同的轮廓表面，因此应保持刀具与下表面平面离开零点几毫米的距离，以避免面接触。

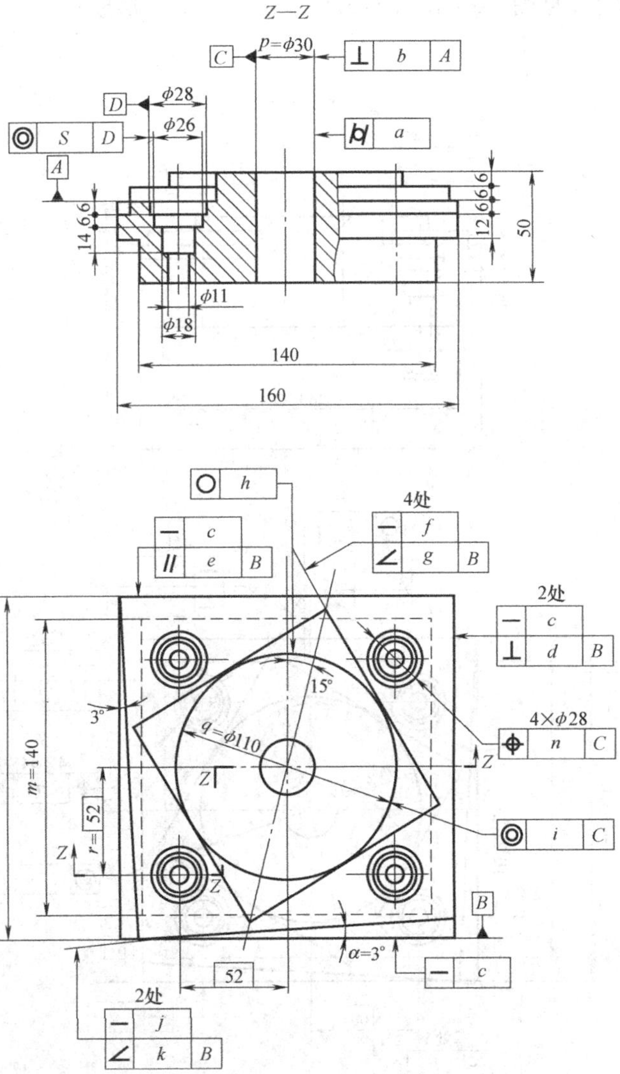

图 5-26　小规格轮廓加工试件

3）刀具。可选用直径为 ϕ32mm 的同一把立铣刀加工试件的所有外表面轮廓。

4）切削参数。推荐下列切削参数：

①切削速度：铸铁件约为 50m/min；铝件约为 300m/min。

②进给量：为（0.05 ~ 0.10）mm/齿。

③吃刀量：所有铣削工序的径向吃刀量应为 0.2mm。

5）毛坯和预加工。毛坯底部为正方形底座，边长为 m，高度由安装方法确定。为使吃刀量尽可能恒定，精铣前应进行预加工。

6）检验和公差。按标准精加工的试件的检验和公差见表 5-15。

（6）端铣试件

1）概述。本试验的目的是为了检验端面精铣所铣表面的平面度，两次进给重叠约为铣刀直径的 20%。通常该试验是通过沿 X 轴轴线的纵向运动和沿 Y 轴轴线的横向运动来完成的，但也可按制造厂和用户间的协议用其他方法来完成。

表 5-15　轮廓加工试件几何精度检验　（单位：mm）

检验项目		公差 $l=320$	公差 $l=160$	检验工具
中心孔	圆柱度	0.015	0.010	坐标测量机
	孔中心轴线与基面 *A* 的垂直度	ϕ0.015	ϕ0.010	坐标测量机
正四方体	侧面的直线度	0.015	0.010	坐标测量机或平尺和指示器
	相邻面与基面 *B* 的垂直度	0.020	0.010	坐标测量机或角尺和指示器
	相对面对基面 *B* 的平行度	0.020	0.010	坐标测量机或等高量块和指示器
菱形	侧面的直线度	0.015	0.010	坐标测量机或平尺和指示器
	侧面对基面 *B* 的倾斜度	0.020	0.010	坐标测量机或正弦规和指示器
圆	圆度	0.020	0.015	坐标测量机或指示器或圆度测量仪
	外圆和内圆孔 *C* 的同轴度	ϕ0.025	ϕ0.025	坐标测量机或指示器或圆度测量仪
斜面	侧面的直线度	0.015	0.010	坐标测量机或平尺和指示器
	3°斜面对 *B* 面的倾斜度	0.020	0.010	坐标测量机或正弦规和指示器
镗孔	孔相对于内孔 *C* 的位置度	ϕ0.05	ϕ0.05	坐标测量机
	内孔与外孔 *D* 的同轴度	ϕ0.02	ϕ0.02	坐标测量机或圆度测量仪

注：1. 如果条件允许，可将试件放在坐标测量机上进行测量。
2. 对直边（正四方形、菱形和斜面）而言，为获得直线度、垂直度和平行度的偏差，测头至少在 10 个点处触及被测表面。
3. 对于圆度（或圆柱度）检验，如果测量为非连续性的，则至少检验 15 个点（圆柱度在每个测量平面内）。

2）试件尺寸及切削参数。对两种试件尺寸和有关刀具的选择，应按制造厂的规定或制造厂与用户的协议。

在表 5-16 中，试件表面宽度是刀具直径的 1.6 倍，切削宽度用 80% 刀具直径的两次进给来完成。为了使两次进给中的切削宽度近似相同，第一次进给时刀具应伸出试件表面 20% 刀具直径，第二次进给时刀具应伸出另一边约 1mm（见图 5-27）。试件长度应为宽度的 1.25～1.6 倍。

表 5-16　切削参数

试件表面宽度 *W*/mm	试件表面长度 *L*/mm	切削宽度 *w*/mm	刀具直径/mm	刀具齿数
80	100～130	40	50	4
160	200～250	80	100	8

对试件的材料未作规定，当使用铸铁件时，可参见表 5-16 的切削参数。进给速度为 300mm/min 时，每齿进给量近似为 0.12mm，吃刀量不应超过 0.5mm。如果可能，在切削时，与被加工表面垂直的轴（通常是 *Z* 轴）应锁紧。

3）刀具。采用可转位套式面铣刀。刀具安装应符合下列公差：

①径向圆跳动≤0.02mm。

②端面圆跳动≤0.03mm。

4）毛坯和预加工。毛坯底座应具有足够的刚度，并适合于夹紧到工作台上或托板和夹具上。为使吃刀量尽可能恒定，精铣前应进行预加工。

5）精加工表面的平面度公差。小规格试件被加工表面的平面度公差不应超过0.02mm；大规格试件被加工表面的平面度公差不应超过0.03mm。垂直于铣削方向的直线度检验反映出两次进给重叠的影响，而平行于铣削方向的直线度检验反映出刀具出、入刀的影响。

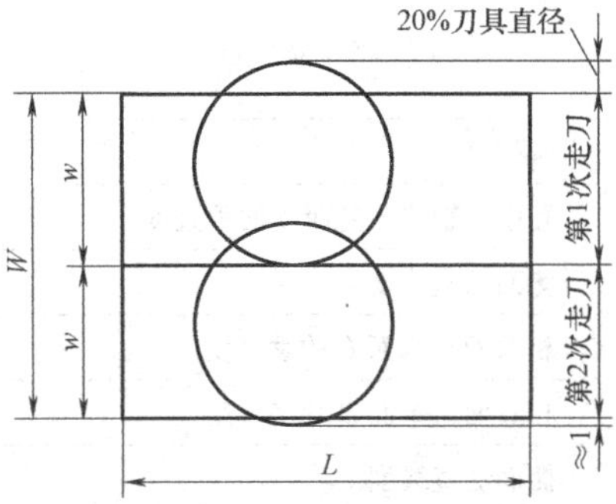

图5-27　端铣试验模式

4. 机床空运转试验

精密加工中心的机床空运转试验以GB/T 21012—2007为标准。

（1）温升试验和主运动、进给运动检验

1）机床的主运动机构应从最低转速起，依次运转。无级变速的机床应不少于10级转速，有级变速的机床应从最低到最高逐级进行空运转试验，各级转速的运转时间不应少于2min，最高转速运转时间不少于1 h，使主轴轴承达到稳定温度，并在靠近轴承处检验其温度和温升，其温度不应超过55℃，温升不应超过35℃。

2）在空运转条件下，有级传动的各级主轴转速的实际偏差，应不超过公称值的 -2% ~ +6%；无级传动的各级主轴转速的实际偏差，应不超过公称值的±10%。

3）对机床直线和回转坐标上的运动部件，分别以低、中、高进给速度和快速移动进行空运转试验，同时抽检各级进给速度的实际偏差，应不超过公称值的 -2% ~ +6%。

当运动部件高速进给和快速移动时，只在除行程两端之外的2/3全行程上进行检验。

试验时运动部件移动应平稳、灵活，无明显爬行和振动，限位应可靠。

（2）机床的功能试验

1）人工用按键、开关操作机床各部位进行试验（即手动功能试验）

①对主轴连续进行不少于5次的锁刀、松刀和吹气的动作试验，动作应灵活、可靠、准确。

②对主轴在中速时连续进行10次正、反转的起动、停止（包括制动）和定向的操作试验，动作应灵活、可靠。

③对无级变速的主轴，至少应对包括低、中、高在内的转速进行变速操作试验；对有级变速的主轴，在各级转速进行变速操作试验，动作应灵活、可靠。

④对各坐标（包括直线坐标和回转坐标）上的运动部件，在中等进给速度连续进行各10次的正、负向起动和停止的操作试验，并选择适应的增量进给进行正、负向操作试验，动作应灵活、可靠、准确。

⑤对进给系统进行包括低、中、高进给速度和快速在内的10种变速操作试验，动作应灵活、可靠。

⑥对分度回转工作台或数控回转工作台连续进行10次的分度、定位试验，动作应灵活、可靠、准确。

⑦对托板连续进行5次的交换试验，动作应灵活、可靠。

⑧对刀库、机械手以任选方式进行换刀试验。刀库上的刀具配置应包括设计规定的最大

重量、最大长度和最大直径的刀具。换刀动作应灵活、可靠、准确，机械手的承载重量和换刀时间应符合设计规定。

⑨对机床数字控制的各种指示灯、控制按钮、DNC 通信传输和风扇等进行空运转试验，动作应灵活、可靠。

⑩对液压、气动、润滑、冷却系统进行密封、润滑、冷却性能试验，功能应可靠，动作应灵活、准确，各系统应无渗（泄）漏现象。

⑪对机床的安全、保险、防护装置以及电气系统的控制、联锁、保护功能进行试验，功能应可靠，动作应灵活、准确。

⑫对机床的各附属装置进行试验，动作应灵活、可靠。

2）用数控程序操作机床各部位进行试验

①对主轴在中速时，连续进行 10 次的正、反转起动、停止（包括制动）和定向操作试验，动作应灵活、可靠。

②对无级变速的主轴，至少应对包括低、中、高在内的转速进行变速操作试验，对有级变速的主轴，在各级转速进行变速操作试验，动作应灵活、可靠。

③对各坐标（包括直线坐标和回转坐标）上的运动部件，在中等进给速度连续进行正、负向的起动、停止和增量进给操作试验，动作应灵活、可靠、准确。

④对进给系统至少进行低、中、高进给速度和快速的变速操作试验，动作应灵活、可靠。

⑤对分度回转工作台或数控回转工作台连续进行 10 次的分度、定位操作试验，动作应灵活，运转应平稳、可靠、准确。

⑥对托板进行 5 次交换试验，动作应灵活、可靠。

⑦对刀库总容量中包括最大重量刀具在内的每把刀具，以任选方式进行不少于 2 次的自动换刀动作试验，动作应灵活、可靠。

⑧对机床的坐标联动、坐标选择、机械锁定、定位、直线和圆弧插补、螺距、间隙、刀具补偿，程序暂停、急停等指令，刀具的夹紧、松开等数控功能逐一进行试验，其功能应可靠，动作应灵活、准确。

⑨有夹紧机构的运动部件应分别在各自全部运动范围内的任意工作位置上（一般选 3 ~ 5 个位置）进行夹紧试验，动作应可靠、稳定。

5. 机床连续空运转试验

精密加工中心的机床连续空运转试验以 GB/T 21012—2007 为标准。

(1) 时间　用包括机床主要加工功能的数控程序，模拟工作状态作不切削的连续空运转。整机连续空运转时间为 48h。每次循环时间不大于 1.5min，各次循环之间的休止时间不超过 1 min。

(2) 过程　连续空运转的整个过程中，机床运转应正常、平稳、可靠，不应发生故障，否则必须重新进行运转。

(3) 连续空运转程序中应包括的内容

1）主轴包括低、中、高转速的正、反向运动和定位，其中高速运转时间一般不少于每个循环程序所用时间的 10%。

2）各坐标上的运动部件应包括低、中、高进给速度和快速的正、负向运动，运行应在接近全行程范围内，并可选任意点进行定位。运行中不允许使用倍率开关。高速进给速度和快速进给时间一般不少于每个循环程序所用时间的 10%。

3）刀库中各刀位上的刀具不少于 2 次自动换刀。

4）分度回转工作台或数控回转工作台的自动分度、定位。

5）各联动坐标的联动。

6）各托板不少于 5 次的自动交换。

6. 机床负荷试验

精密加工中心的机床负荷试验以 GB/T 21012—2007 为标准。

(1) 工作台承载工件最大重量的运转试验（抽查） 可用与设计规定的承载工件最大重量相当的重物作为工件置于工作台上，使其载荷均匀，分别以最低、最高进给速度和快速运转。

在最低进给速度运转时，一般应在接近行程的两端和中间往复进行，每处移动距离应不少于 20mm。在最高进给速度和快速运转时，应在除行程两端之外的 2/3 全行程上进行，分别往复 1 次和 5 次，运转时应平稳、可靠；低速运转时应无明显的爬行现象。

(2) 主传动系统最大转矩的试验 在机床计算转速范围内，选用一适当的主轴转速，采用铣削或镗削方法按设计规定的切削范围进行试验。

在进行主传动系统最大转矩的切削试验时，机床工作应正常、平稳，运动应准确，各传动元、部件和变速机构应正常、可靠。

(3) 主传动系统最大切削抗力的试验 在机床计算转速范围内，选一适当的主轴转速，采用镗削或钻削的方法按设计规定的切削规范进行试验。

在进行最大切削抗力的试验时，机床工作应正常，各运动机构应灵活、可靠，过载保险装置应正常、可靠。

(4) 主传动系统达到最大功率试验（抽查） 在主轴恒功率的调速范围内，选用一适当的主轴转速，采用铣削方法按设计规定的切削规范进行试验。

在进行主传动系统达到最大功率的切削试验时，机床工作应正常，无明显颤抖现象。

7. 最小设定单位试验

精密加工中心的最小设定单位试验包括直线坐标、回转坐标最小设定单位试验，以 GB/T 21012—2007 为标准。

8. 原点返回试验

精密加工中心的原点返回试验以 GB/T 21012—2007 为标准。

(1) 直线坐标原点返回试验

1）试验方法。各直线坐标上的运动部件，从行程上的任意点按相同的移动方向，以快速进行 5 次返回原点 P_0 的试验。测量每次实际位置与原点理论位置 P_{i0} 的偏差 X_{i0}（$i=1, 2, \cdots, 5$），如图 5-28 所示。各直线坐标至少在行程的中间及靠近两端的任意 3 个位置进行试验，以 3 个位置上的最大误差值作为该项的误差。设有向原点自动返回功能的机床，才进行本项试验。具备角度误差、间隙补偿装置的机床，应在使用这些装置的情况下进行试验。

2）误差计算方法。各直线坐标中，原点返回试验时的 4 倍标准偏差的最大值，即为原点返回误差。

$$R_0 = 4S_0$$

式中　R_0——直线坐标原点返回误差（mm）；

S_0——直线坐标原点返回时的标准偏差（mm）。

（2）回转坐标原点返回试验

1）试验方法。各回转坐标上的运动部件，从行程上的任意点按相同的转动方向，以快速进行 5 次返回原点 $P_{0\theta}$ 的试验。测量每次实际位置 $P_{i\theta}$ 与原点理论位置 $P_{0\theta}$ 的偏差 $\theta_{i\theta}$（$i=1, 2, \cdots, 5$），如图 5-29 所示。各回转坐标均需至少在回转范围内的任意 3 个位置进行试验，以 3 个位置上的最大误差值作为该项的误差。设有向原点自动返回功能的机床，才进行本项试验。具备螺距误差、间隙补偿装置的机床，应在使用这些装置的情况下进行试验。

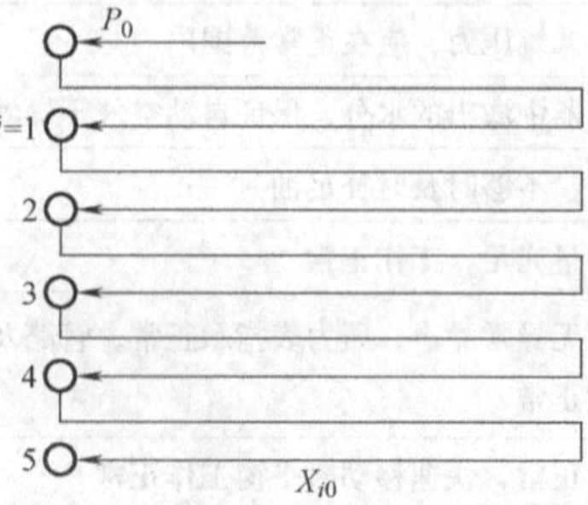

图 5-28　直线坐标原点返回试验

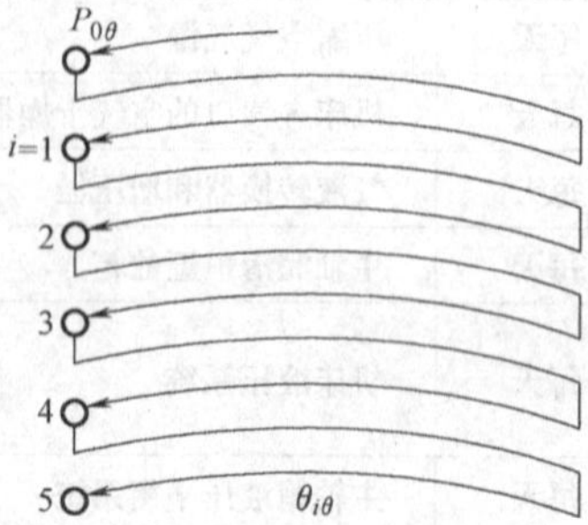

图 5-29　回转坐标原点返回试验

2）误差计算方法。各回转坐标中，原点返回试验时的 4 倍标准偏差的最大值，即为原点返回误差。

$$R_{0\theta}=4S_{0\theta}$$

式中　$R_{0\theta}$——回转坐标原点返回误差（″）；

$S_{0\theta}$——回转坐标原点返回时的标准偏差（″）。

（四）数控铣床/加工中心的维护保养

1. 数控铣床/加工中心的使用要求

为了保证长时间稳定工作，数控铣床对工作环境、电源、操作者要求较高。

（1）数控铣床/加工中心使用的环境要求

1）要避免阳光直接照射和其他热辐射，避免太潮湿、粉尘或腐蚀性气体过多。

2）要远离振动大的设备，如冲床、锻压设备等。

3）在有空调的环境中使用，会明显地减少机床的故障率。

（2）数控铣床/加工中心使用的电源要求　数控机床对电源没有什么特殊要求，一般允许电压波动 ±10%，为此，针对我国的实际供电情况，对于有条件的企业，数控机床采用专线供电或增设稳压装置来减少供电质量的影响和减少电气干扰。

（3）数控铣床/加工中心使用时对操作人员的要求　数控机床的使用和维修，比普通机床难度大。为充分发挥机床的优越性，对机床操作人员的挑选和培训是相当重要的。数控机床的操作人员必须有较强的责任心，善于合作，技术基础较好，有一定机加工实践经验，同时要善于动脑，勤于学习，对数控技术有追求精神。

（4）数控铣床/加工中心使用的加工工艺要求　数控机床加工与普通机床加工相比，在许多工作方面遵循的原则基本一致，在使用方法上也大致相同。不同之处在于数控加工的内容更加具体，数控加工的工艺工作更加严密。

2. 数控铣床/加工中心的定期维护检查

定期维护检查顺序及内容见表5-17。

表5-17　定期维护检查顺序及内容

序号	检查周期	检查部位	检查要求
1	每天	导轨润滑站	检查油标、油量，及时添加润滑油，润滑泵能定时起动打油及停止
2	每天	x、y、z轴及各回转轴的导轨	清除切屑及脏物，检查润滑油是否充分，导轨面有无划伤损坏
3	每天	压缩空气气源	检查气动控制系统压力，应在正常范围内
4	每天	机床进气口的空气干燥器	及时清理分水器中滤出的水分，保证自动空气干燥器工作正常
5	每天	气液转换器和增压器	检查油面高度，不够时及时补足油
6	每天	主轴润滑恒温油箱	工作正常，油量充足，工作正常
7	每天	机床液压系统	油箱、液压泵无异常噪声，压力表指示正常，管路及各接头无泄漏，油面高度正常
8	每天	主轴箱液压平衡系统	平衡压力指示正常，快速移动时平衡工作正常
9	每天	数控系统的输入/输出单元	如光电阅读机清洁，机械结构润滑良好
10	每天	电气柜通风散热装置	电气柜冷却风扇工作正常，风道过滤网无堵塞
11	每天	各种防护装置	导轨、机床防护罩等应无松动、漏水
12	一周	电气柜进气过滤网	清洗电气柜进气过滤网
13	半年	滚珠丝杠副	清洗丝杠上旧的润滑脂，涂上新油脂
14	半年	液压油路	清洗溢流阀、减压阀、过滤器，清洗油箱，更换或过滤液压油
15	半年	主轴润滑恒温油路	清洗过滤器，更换润滑脂
16	每年	检查、更换直流伺服电动机电刷	检查换向器表面，吹净炭粉，去除毛刺，更换长度过短的电刷，并应磨合后才能使用
17	每年	润滑油泵、过滤器等	清理润滑油池，更换过滤器
18	不定期	导轨上的镶条、压紧滚轮、丝杠	按机床说明书调整镶条
19	不定期	冷却水箱	检查液面高度，切削液太脏时需要更换并清理水箱，经常清洗过滤器
20	不定期	排屑器	经常清理切屑，检查有无卡住
21	不定期	清理油池	及时取走滤油池中的旧油，以免外溢
22	不定期	调整主轴驱动带松紧	按机床说明书调整

3. 数控机床常见故障的分类及常规处理

（1）常见故障的分类　数控机床由于自身原因不能正常工作，就是产生了故障。机床故障可分为以下几种类型。

1）系统性故障和随机性故障。按故障出现的必然性和偶然性，分为系统性故障和随机性故障。系统性故障是指机床和系统在某一特定条件下必然出现的故障；随机性故障是指偶然出现的故障。因此，随机性故障的分析与排除比系统性故障困难得多。通常随机性故障往往由于机械结构局部松动、错位，控制系统中的元器件出现工作特性漂移，电器元件工作可靠性下降等原因造成，需经反复试验和综合判断才能排除。

2）有诊断显示故障和无诊断显示故障。按故障出现时有无自诊断显示，可分为有诊断显示故障和无诊断显示故障两种。现今的数控系统都有较丰富的自诊断功能，出现故障时会停机、报警并自动显示相应报警参数号，使维护人员较容易找到故障原因。而无诊断显示故障，往往机床停在某一位置不能动，甚至手动操作也失灵，维护人员只能根据出现故障的前后现象来分析判断，排除故障难度较大。

3）破坏性故障和非破坏性故障。以故障有无破坏性，分为破坏性故障和非破坏性故障。对于破坏性故障，如伺服失控造成撞车，短路烧断熔丝等，维护难度大，有一定危险，修后不允许重演这些现象。而非破坏性故障可经过多次反复试验至排除，不会对机床造成危害。

4）机床运动特性质量故障。这类故障发生后，机床照常运行，也没有任何报警显示，但加工出的工件不合格。针对这些故障，必须在检测仪器配合下，对机械、控制系统、伺服系统等采取综合措施。

5）硬件故障和软件故障。按发生故障的部位分为硬件故障和软件故障。硬件故障只要通过更换某些元器件即可排除；而软件故障是由于编程错误造成的，通过修改程序内容或修订机床参数就可排除。

（2）故障常规处理方法　加工中心出现故障，除少量自诊断功能可以显示故障外（如存储器报警，动力电源电压过高报警等），大部分故障是由综合因素引起的，往往不能确定其具体原因。一般按以下步骤进行常规处理。

1）充分调查故障现场。机床发生故障后，维护人员应仔细观察寄存器和缓冲工作寄存器尚存内容，了解已执行的程序内容，向操作者了解现场情况和现象。当有诊断显示报警时，打开电气柜观察印制电路板上有无相应报警红灯显示。做完这些调查后，就可以按动数控机床上的复位键，观察系统复位后报警是否消除，如消除，则属于软件故障，否则即为硬件故障。对于非破坏性故障，可让机床再重演故障时的运行状况，仔细观察故障是否再现。

2）将可能造成故障的原因全部列出。加工中心上造成故障的原因多种多样，有机械的、电气的、控制系统的等。此时，要将可能发生的故障原因全部列出来，以便排查。

3）逐步选择、确定故障产生的原因。根据故障现象，参考机床有关维护使用手册列出诸多因素，经优化选择综合判断，找出导致故障的因素。

4）故障的排除。找到造成故障的确切原因后，就可以“对症下药”进行修理、调整和更换有关元件。

（3）常见机械故障的排除

1）进给传动链故障。由于导轨普遍采用滚动摩擦副，所以进给传动故障大部分是由运动质量下降造成的，如机械部件未达到规定位置、运行中断、定位精度下降、反向间隙过大等，出现此类故障可调整各运动副预紧力，调整松动环节，提高运动精度及调整补偿环节。

2）机床回零故障。即机床在返回基准点时发生超程报警，无减速动作。此类故障一般是减速信号没有输入到 CNC 系统，一般可检查限位挡块及信号线。

3）自动换刀装置故障。此类故障较为常见，故障表现为：刀库运动故障、定位误差过大、换刀动作不到位、换刀动作卡位、整机停止工作等，此类故障的排除一般可通过检查气缸压力、调整各限位开关位置、检查反馈信号线、调整与换刀动作相关的机床参数来排除。

4）机床不能运动或加工精度差。这是一些综合故障，出现此类故障时，可通过重新调整和改变间隙补偿、检查轴进给时有无爬行等方法来排除。

4. 数控机床的安全操作规程

数控机床的操作，一定要规范，以避免发生人身、设备、刀具等的安全事故。为此，数控机床的安全操作规程如下。

（1）操作前的安全操作

1）零件加工前，一定要先检查机床的正常运行。可以通过试运行的办法来进行检查。

2）在操作机床前，请仔细检查输入的数据，以免引起误操作。

3）确保指定的进给速度与操作所需的进给速度相适应。

4）当使用刀具补偿时，请仔细检查补偿方向与补偿量。

5）CNC与PMC参数都是机床厂设置的，通常不需要修改，如果必须修改参数，在修改前请确保对参数有深入全面的了解。

6）机床通电后，CNC装置尚未出现位置显示或报警画面前，请不要碰MDI面板上的任何键，MDI上的有些键专门用于维护和特殊操作。在开机的同时按下这些键，可能使机床产生数据丢失等误操作。

（2）机床操作过程中的安全操作

1）手动操作。当手动操作机床时，要确定刀具和工件的当前位置并保证正确指定了运动轴、方向和进给速度。

2）手动返回参考点。机床通电后，请务必先执行手动返回参考点。如果机床没有执行手动返回参考点操作，机床的运动不可预料。

3）手轮进给。在手轮进给时，一定要选择正确的手轮进给倍率，过大的手轮进给倍率容易造成刀具或机床的损坏。

4）工件坐标系。手动干预、机床锁住或镜像操作都可能移动工件坐标系，用程序控制机床前，请先确认工件坐标系。

5）空运行。通常，使用机床空运行来确认机床运行的正确性。在空运行期间，机床以空运行的进给速度运行，这与程序输入的进给速度不一样，且空运行的进给速度要比编程用的进给速度快得多。

6）自动运行。机床在自动执行程序时，操作人员不得撤离岗位，要密切注意机床、刀具的工作状况，根据实际加工情况调整加工参数。一旦发现意外情况，应立即停止机床动作。

（3）与编程相关的安全操作

1）坐标系的设定。如果没有设置正确的坐标系，尽管指令是正确的，机床也可能不按设定的动作运动。

2）米、寸制的转换。在编程过程中，一定要注意米制和寸制的转换，使用的单位制式一定要与机床当前使用的单位制式相同。

3）回转轴的功能。当编制极坐标插补或法线方向（垂直）控制时，请特别注意回转轴的转速。回转轴的转速不能过高，如果工件安装不牢，则会由于离心力过大而导致工件被甩出，引起事故。

4）刀具补偿功能。在补偿功能模式下，发生基于机床坐标系的运动命令或参考点返回命令时，补偿就会暂时取消，这可能会导致机床不可预想的运动。

（4）关机时的注意事项

1）确认工件已加工完毕。

2）确认机床的全部运动均已完成。

3）检查工作台面是否远离行程开关。

4）检查刀具是否取下，主轴锥孔内是否已清洁并涂上油脂。

5）检查工作台面是否已清洁。

6）关机时要求先关系统电源再关机床电源。

5. 简易数控铣床液压传动系统的常见故障及其排除方法

（1）液压传动系统故障现象　故障的主要现象是流量压力不足、油温过高、噪声、爬行等。

（2）液压传动系统的常见故障原因及排除方法（见表5-18）　其中尾座顶尖为机床附带的夹具实例，可作为其他附带夹具故障分析的借鉴。

表5-18　液压传动系统的常见故障原因及其排除方法

序号	故障现象	故障原因	排除方法
1	液压泵不供油或流量不足	压力调节弹簧过松	将压力调节螺钉顺时针方向转动使弹簧压缩，起动液压泵，调整压力
		流量调节螺钉调节不当，定子偏心方向相反	按逆时针方向逐步转动流量调节螺钉
		液压泵转速太低，叶片不肯甩出	将转速控制在最低转速以上
		液压泵转向相反	调转向
		油的黏度过高，使叶片运动不灵	采用规定牌号的油
		油量不足，吸油管露出油面而吸入空气	加油到规定位置
		吸油管堵塞	清除堵塞物
		进油口漏气	修理或更换密封件
		叶片在转子槽内卡死	拆开液压泵修理，清除毛刺，重新安装
2	液压泵有异常噪声或压力下降	油量不足，过滤器露出油面	加油到规定位置，将过滤器埋入油面下
		吸油管吸入空气	找出泄漏部位，修理或更换零件
		回油管高出油面，空气进入油池	保证回油管埋入最低油面下一定深度
		进油口过滤器容量不足	更换过滤器，进油容量应是液压泵最大排量的2倍以上
		过滤器局部堵塞	清洗过滤器
		液压泵转速过高或液压泵装反	按规定方向安装转子
		液压泵与电动机连接同轴度差	同轴度误差应在$\phi 0.05$mm内
		定子和叶片磨损，轴承和轴损坏	更换零件
		泵与其他机械共振	更换缓冲胶垫

（续）

序号	故障现象	故障原因	排除方法
3	液压泵发热、油温过高	液压泵工作压力超载	按额定压力工作
		吸油管和系统回油管距离太近	调整油管，使工作后的油不直接进入液压泵
		油箱油量不足	按规定加油
		摩擦引起机械损失，泄漏引起容积损失	检查或更换零件及密封圈
		压力过高	油的黏度过大，按规定更换
4	系统及工作压力低、运动部件爬行	泄漏	检查漏油部件，修理或更换
			检查是否有高压腔向低压腔的内泄
			对泄漏的管件、接头、阀体进行修理或更换
5	尾座顶不紧或不运动	压力不足	用压力表检查
		液压缸活塞拉毛或磨损	更换或维修
		密封圈损坏	更换密封圈
		液压阀断线或卡死	清洗，更换阀体或重新接线
		套筒磨损	修理研磨部件
6	导轨润滑不良	分油器堵塞	更换损坏的定量分油管
		油管破裂或渗漏	修理或更换油管
		没有气体动力源	检查气动柱塞泵是否堵塞，是否灵活
		油路堵塞	检查定量分油器
7	滚珠丝杠润滑不良	分油管是否分油	检查定量分油器
		油管是否堵塞	清除污物，使油路畅通

6. 铣床气动系统的常见故障及其预防方法

铣床的气动系统常用于机床的主轴锥孔吹气、防护门的开关、附带夹具的夹紧和松开，以及一些气液转换装置等。气动系统的常见故障与液压系统类似，如动力不足、控制失灵、运动部件灵敏度降低、运动速度和工作压力失调等。为了预防故障的发生，必须采取系统预防性的维护和主要元件的定时、定点检查。

（1）气动系统预防性维护的要点

1）保证压缩空气的洁净。压缩空气通常都含有水分、油分和粉尘等杂质。水分会使管道、阀和气缸腐蚀；油分会使橡胶、塑料和密封材料变质；粉尘会使阀体动作失灵。选用合适的过滤器，并及时排除积存的液体，否则当积存液体接近挡水板时，气流仍可将积存物卷起。因此，保证压缩空气的洁净可预防和排除系统故障。

2）保证空气中含有适量的润滑油。大多数气动执行元件和控制元件都要求适度的润滑。如果润滑不良，将会发生以下故障。

①由于摩擦阻力增大而造成气缸推力不足，阀芯动作失灵。

②由于密封材料的磨损而造成空气泄漏。

③由于元件生锈造成损伤及动作失灵。

润滑的方法一般是采用油雾器进行喷雾润滑，油雾器一般安装在过滤器和减压阀之后。

油雾器的供油量不宜过多，通常每 $10m^3$ 的自由空气供 1mL 的油量（40～50 滴油）。检查润滑是否良好的方法之一：将一张清洁的白纸放在换向阀的排气口附近，如果阀在工作 3～4 个循环后，白纸上只有很轻的斑点时，表明润滑是良好的。

3）保持气动系统的密封性。漏气是造成系统故障的重要原因之一，漏气不仅增加能量的消耗，还会造成供气压力下降，甚至造成气动元件工作失常。对于严重的漏气，在气动系统停止运行时，由漏气引起的响声很容易发现；轻微的漏气可利用仪表，或利用肥皂水进行检查。

4）保证气动元件中运动零件的灵敏性。从压缩机排出的压缩空气，常含有压缩机油微粒，在排气温度较高的情况下，这些微粒会迅速氧化，黏度增大，并逐步由液态固化成油泥，由于过滤器无法滤除这种微米级以下的颗粒，当这些颗粒进入换向阀后便附着在阀芯上，从而使阀的灵敏度降低，甚至出现动作失灵。为了清除油泥，在气动系统使用过滤器之外，还应保持油雾分离器正常工作，以便将油泥分离出来。此外还可以通过清洗阀来保证阀的灵敏度。

5）保证气动装置具有合适的工作压力和运动速度。调节工作压力时，压力表应工作可靠，读数准确。减压阀与节流阀调节好以后，必须紧固调压阀盖或锁紧螺母，防止因松动产生故障。

（2）气动系统的检查　在故障预防性检查和排故检查时，系统管路检查的主要内容是冷凝水排放管理，润滑油补充和质量、滴油量控制，供气压力、管路漏气等。系统元件的检查内容见表 5-19。

表 5-19　气动系统元件的检查内容

元件名称	检查内容
气缸	1）活塞杆与端盖之间是否漏气 2）活塞杆是否划伤 3）管接头、配管是否松动、损伤 4）气缸动作时有无异常声音 5）缓冲效果是否合乎要求
电磁阀	1）电磁阀外壳温度是否过高 2）电磁阀动作时，阀芯工作是否正常 3）气缸行程到末端时，通过检查阀的排气口是否有漏气来确诊电磁阀是否漏气 4）紧固螺栓及管接头是否松动 5）电压是否正常，电线是否有损伤 6）通过检查排气口是否被油润湿，或排气是否会在白纸上留下油雾斑点来判断润滑是否正常
油雾器	1）油杯油量是否足够，润滑油是否变色、混浊，油杯底部是否沉积有灰尘和水 2）滴油量是否适当
减压阀	1）压力表读数是否在规定范围内 2）调压阀盖或锁紧螺母是否锁紧 3）有无漏气

（续）

元件名称	检 查 内 容
过滤器	1）储水杯中是否积存冷凝水 2）滤芯是否应该清洗或更换 3）冷凝水排放阀动作是否可靠
溢流阀及压电继电器	1）在调定压力下动作是否可靠 2）校验合格后，是否有铅封或锁紧 3）电线是否损伤，绝缘是否合格

四、思考与练习

1. 在数控铣床/加工中心加工工件时，产生平面度误差的因素有哪些？
2. 影响平面加工质量的因素有哪些？如何提高平面加工质量？
3. 数控铣床/加工中心的定位精度的检验有哪些项目？
4. 数控铣床/加工中心在工件加工过程中应注意哪些问题？
5. 异形件加工过程中常易出现哪些质量问题？为什么？

项目六　异形件制造的生产计划管理

【项目内容】

该项目是在一个生产 CL6140 车床的企业中，根据该产品的生产销售计划任务要求，在企业生产车间中具体落实安排该产品中的所有拨叉异形件的月度生产作业计划。

该类零件在企业中的生产类型属于小批量生产（根据该产品的生产纲领，可以计算并确定四种拨叉异形件的年度生产数量，确定生产类型为小批量生产），项目的主要任务是制订拨叉异形件的生产计划、编制小批量生产的作业计划并按计划控制生产进度。

一、教学目标

最终目标：能制订零件小批量生产的作业计划。

促成目标：

1）能制订零件生产期量。

2）能进行生产进度的控制。

二、案例分析

案例精选：根据企业中 CL6140 车床产品的生产销售计划任务要求，制订四种拨叉异形件（CL6140-20029、CL6140-20031/1、CL6140-20032、CL6140-20052）的月度生产计划，编制月度生产作业计划。

1. 异形件的生产计划

在制订某个产品中的零件加工计划的过程中，必须以企业的生产规模及该产品的生命周期为依据，并根据车间的实际生产能力和零件加工的生产周期来制订生产计划。参与项目课程任务的学员必须收集相关数据资料作为制订计划的依据。

首先必须明确的是该产品的年度、季度、月度的目标生产数量及可能的产量增加或减少，以此估计、评判车间具体的生产能力是否能够满足该产品生产所要求提供的零件数量，考虑是否需要安排技改计划增加产能或通过安排其他零件的加工来充分利用车间富裕的产能。

制订该拨叉零件的生产计划时，必须明确装配车间要求提供零件的计划时间表，并根据零件加工工艺要求的时间定额计算出该零件在本车间需要提前投入生产的时间表，并向铸件毛坯提供单位提出毛坯到达车间的时间表，并根据车间的设备能力及库存情况，综合考虑其他零件加工安排的情况，落实月度零件的加工计划。表 6-1 是该企业某月的生产计划。

2. 异形件的零件加工作业计划

在制订拨叉零件的具体加工作业计划时，要充分考虑设备的利用率，选择精度合适的机床安排加工任务；要根据人员技术水平的情况，落实具体的加工操作人员；要考虑生产过程中可能出现的各种异常情况（包括设备故障、人员变动、质量问题处理）等因素，保留一定的产出提前量。表 6-2 是某企业金工（一）车间 CL6140 卧式车床拨叉零件某月的加工作业计划。

表 6-1　CL6140 卧式车床拨叉零件某月的加工计划

序号	零件图号	零件名称	零件材料	每台件数	库存数	计划加工数	投料数	备　注
1	20029	拨叉	HT200	1	3	37	41	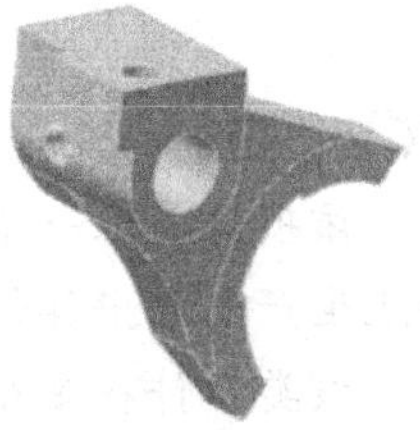
2	20031/1	拨叉	HT200	1	5	35	39	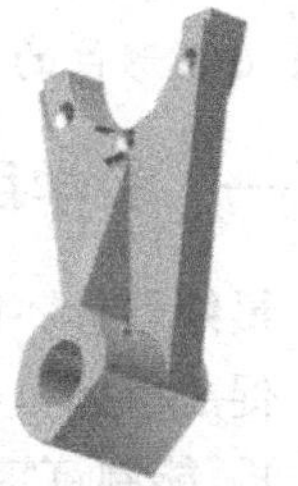
3	20032	拨叉	HT200	1	7	33	37	
4	20052	拨叉	HT200	1	5	35	39	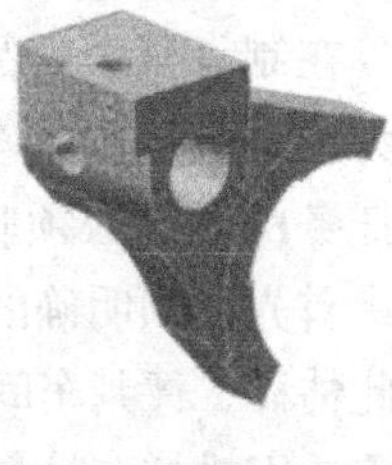

注：本表为某企业某月份生产 CL6140 卧式车床的零件加工计划表（这里列举了四种零件的加工计划）。

表 6-2　某企业金工（一）车间 CL6140 卧式车床拨叉零件某月的加工作业计划

序号	零件图号	零件名称	零件材料	计划加工数	投料数	工序名称	操作者	时间	工序名称	操作者	时间	备注
1	20029	拨叉	HT200	37	41（80）	车	杨	6.1/6.3	刨	王	6.4	
						车	杨	6.5	铣	李	6.8	
						金钳	张	6.9/6.10				
2	20031/1	拨叉	HT200	35	39	车	杨	6.4	刨	王	6.5	
						铣	李	6.9	钻	张	6.11	

（续）

序号	零件图号	零件名称	零件材料	计划加工数	投料数	工序名称	操作者	时间	工序名称	操作者	时间	备注
3	20032	拨叉	HT200	33	37	车	杨	6.8	刨	王	6.9	
						拉	胡	6.1	金钳	张	6.11	
4	20052	拨叉	HT200	35	39	车			刨			
						车			铣			
						金钳	张	6.9/6.10				

注：1. 对于本表中的时间，单一时间的，当天投料，当天产出；有两种时间的，前一种为投料时间，后一种为产出时间。

2. 图号为20052的拨叉，前面几道工序无加工要求，其实它的前面四道工序与20029的零件是相同的，只在最后一道金钳工序有不同的加工。

3. 零件20029的投料数41（80），这里指的是总投料数为80，零件20029加工41件，其余39件加工其他零件，如20052等。

上面是以表格的形式表示生产作业计划，相对不太直观，为便于生产管理，生产现场常用“甘特图”的形式来表达计划进度，以便于检查进度完成情况。参与项目任务的学员可以通过后面相关知识的学习尝试使用甘特图等其他进度管理工具来制订拨叉零件的生产作业进度计划。

三、相关知识

（一）单件小批生产的特征

单件小批生产是典型的订货型生产，其特点是按用户订单的要求，生产规格、质量、价格和交货期不同的专用产品。单件小批生产与大批量生产的区别见表6-3。

单件小批生产主要应用于各种生产资料和大型设备，如生产线设备、大型船舶、电站锅炉、化工炼油设备等的生产，新产品试制，满足客户多样化、个性化需求的产品。

表6-3　单件小批生产与大批量生产的区别

项目	单件小批（订货）生产	大批量（预测）生产
生产方式	按客户订单生产	按市场预测生产多数用户想要的产品
产品规格	变化较大，一般需经专门设计	考虑多数客户的需求事先确定
生产的反复性	很小，一般以后不再重复生产	连续生产，反复性大
生产批量	一般单件或小批量	批量大
库存	可持有原材料、零部件库存，但一般不持有成品库存	不但持有原材料、零部件库存，也可能持有成品库存
生产设备	一般使用通用设备	多数情况下使用专用设备

单件小批生产的特征：①订单的随机性，即订单到达时间、产品型号和数量都是不确定

的；②产品的专用性，即产品的设计一般只满足特定订单的要求；③生产的一次性，即以后再次生产完全相同的产品可能性不大。

单件小批生产能够满足用户的多样化需求，但其缺点是难以达到大批量生产的规模效益。因此，采用合理的生产组织形式，降低单件小批生产的成本，成为一个重要的课题。目前，单件小批生产的组织形式主要包括以下几种。

1. 工艺专业化的生产组织形式（传统方式）

工艺专业化又称为工艺原则，即按照生产过程中各个工艺阶段的工艺特点来设置生产单位。在这种生产单位内，集中了同种类型的生产设备和同工种的工人，可完成各种产品的同一工艺阶段的生产，即加工对象是多样的，但工艺方法是同类的。如机械制造业中的铸造车间、机加工车间、热处理车间及车间中的车工段、铣工段等，都是工艺专业化生产单位，如图 6-1 所示。

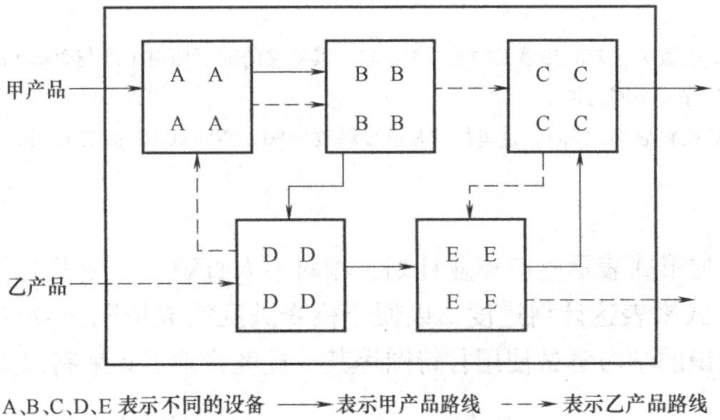

图 6-1 工艺专业化示意图

工艺专业化形式适用于企业产品品种多的单件小批量生产类型的企业。它一般表现为按订货要求组织生产，特别适用于新产品的开发试制。其优、缺点如下：

（1）优点 适应性强，可以适应企业中不同产品的加工要求；便于充分利用设备和生产面积；利于加强专业管理和进行专业技术指导；个别设备出现故障或进行维修，对整个产品的生产制造影响小。

（2）缺点 产品加工过程中运输路线长，运输数量大，停放、等待的时间多，生产周期长；增加了在制品数量和资金占用；生产单位间的协作复杂，生产作业计划管理、在制品管理工作复杂。

2. 大件生产单元

大件生产单元是指将企业中的大型设备组建形成大型零部件的封闭生产单元，以用于大型零部件的生产。优点是：可减少大件运输工作量；大大简化生产管理工作。

3. 成组生产单元

成组技术的基本思想是：用大批量的生产技术和专业化方法组织多品种生产，提高多品种小批量的生产效率。成组技术以零部件的相似性（主要指零件的材质结构、工艺等方面）和零件类型分布的稳定性、规律性为基础，对其进行分类、归并成组并组织生产。在成组技术应用中，出现了一具多用的成组夹具，一组成组夹具一般可用于几种甚至几十种零件的加工。成组技术根本改变了传统的生产组织方法，它不以单一产品为生产对象，而是以“零件组”为对象编制成组工艺过程和成组作业计划。

成组加工单元，就是使用成组技术，以“组”为对象，按照对象专业化布局方式，在一个生产单元内配备不同类型的加工设备，完成一组或几组零件的全部工艺的组织。采用成组加工单元，加工顺序可在组内灵活安排，多品种小批量生产可获得接近于大量流水生产的效率和效益。目前，成组技术主要应用于机械制造、电子、兵器等领域。它还可应用于具有相似性的众多领域，如产品设计和制造、生产管理等。

在小批单件生产组织中，成组生产单元主要应用于占产品中比例最大的一般中小型零件。如图6-2所示，采用复合零件法在结构相似的零件加工族中，产生一个虚拟零件，它拥有同族零件的全部待加工的表面要素，然后按这个虚拟的零件进行工艺设计。

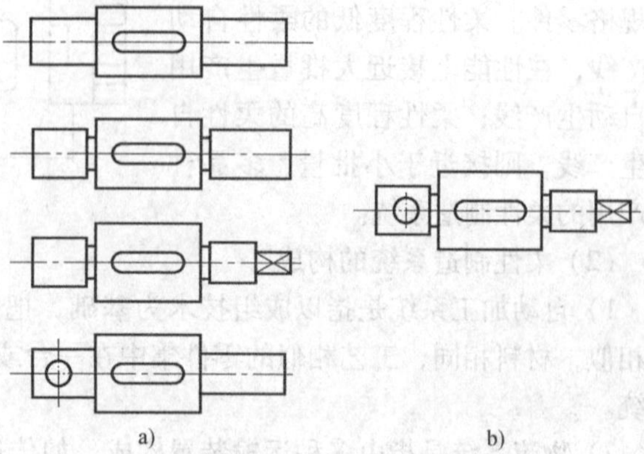

图6-2　采用复合零件法产生的虚拟零件

a）被加工零件族　b）虚拟零件

4. 柔性制造系统

随着科学技术的发展，人类社会对产品的功能与质量的要求越来越高，产品更新换代的周期越来越短，产品的复杂程度也随之增高，传统的大批量生产方式受到了挑战。这种挑战不仅对中小企业形成了威胁，而且也困扰着国有大中型企业。因为，在大批量生产方式中，柔性和生产率是相互矛盾的。众所周知，只有品种单一、批量大、设备专用、工艺稳定、效率高，才能构成规模经济效益；反之，多品种、小批量生产，设备的专用性低，在加工形式相似的情况下，频繁地调整工夹具，工艺稳定难度增大，生产效率势必受到影响。为了同时提高制造工业的柔性和生产效率，使之在保证产品质量的前提下，缩短产品生产周期，降低产品成本，最终使中小批量生产能与大批量生产抗衡，柔性自动化系统便应运而生。

自从1954年美国麻省理工学院第一台数字控制铣床诞生后，20世纪70年代初，柔性自动化进入了生产实用阶段。几十年来，从单台数控机床的应用逐渐发展到加工中心、柔性制造单元、柔性制造系统和计算机集成制造系统，使柔性自动化得到了迅速发展。

柔性制造是指在计算机支持下，能适应加工对象变化的制造系统。它以数控机床或加工中心为主体，依靠有效的成组作业计划，利用机器人和自动运输小车实现工件和刀具的传递、装卸及加工过程的全部自动化和一体化的生产组织。它是成组加工系统实现加工合理化的高级形式。在小批单件生产组织中，柔性制造单元主要应用于承担主要功能并对产品质量性能起决定性作用的关键件。

（1）柔性制造技术分类

1）柔性制造单元是指由一台或数台数控机床或加工中心构成的加工单元。该单元根据需要可以自动更换刀具和夹具，加工不同的工件。柔性制造单元适合加工形状复杂、加工工序简单、加工工时较长、批量小的零件。它有较大的设备柔性，但人员和加工柔性低。

2）柔性制造系统是指以数控机床或加工中心为基础，配以物料传送装置组成的生产系统。该系统由计算机实现自动控制，能在不停机的情况下，满足多品种的加工。柔性制造系统适合加工形状复杂、加工工序多、批量大的零件。其加工和物料传送柔性大，但人员柔性仍然较低，如图 6-3 所示。

3）柔性自动生产线是指把多台可以调整的机床（多为专用机床）连接起来，配以自动运送装置组成的生产线。该生产线可以加工批量较大的不同规格零件。柔性程度低的柔性自动生产线，在性能上接近大批量生产用的自动生产线；柔性程度高的柔性自动生产线，则接近于小批量、多品种生产用的柔性制造系统。

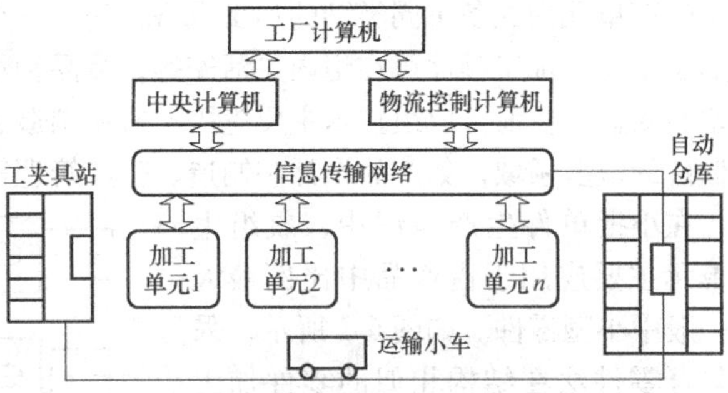

图 6-3　柔性制造系统构成

（2）柔性制造系统的构成

1）自动加工系统是指以成组技术为基础，把外形尺寸（形状不必完全一致）、重量大致相似，材料相同，工艺相似的零件集中在一台或数台数控机床或专用机床等设备上加工的系统。

2）物流系统是指由多种运输装置构成，如传送带、轨道、转盘以及机械手等，完成工件、刀具等的供给与传送的系统，它是柔性制造系统主要的组成部分。

3）信息系统是指对加工和运输过程中所需各种信息进行收集、处理、反馈，并通过计算机或其他控制装置（液压、气压装置等），对机床或运输设备实行分级控制的系统。

4）软件系统是指保证柔性制造系统用计算机进行有效管理的必不可少的组成部分。它包括设计、规划、生产控制和系统监督等软件。

（3）柔性制造系统构成的优点

1）设备利用率高。一组机床编入柔性制造系统后，产量比分散单机作业时提高数倍。

2）在制品减少 80% 左右。

3）生产能力相对稳定。自动加工系统由一台或多台机床组成，发生故障时，有降级运转的能力，物料传送系统也有自行绕过故障机床的能力。

4）产品质量高。零件在加工过程中，装卸一次完成，加工精度高，加工形式稳定。

5）运行灵活。有些柔性制造系统的检验、装卡和维护工作可在第一班完成，第二、第三班可在无人照看下正常生产。在理想的柔性制造系统中，其监控系统还能处理诸如刀具的磨损调换、物流的堵塞疏通等运行过程中不可预料的问题。

6）产品应变能力大。刀具、夹具及物料运输装置具有可调性，且系统平面布置合理，便于增减设备，满足市场需要。

总之，上述技术的出现改变了单件小批生产的生产过程组织形式和物流方式，使之获得了接近于大量流水生产的技术经济效益，符合市场需求多样化、小批量和定制方向的趋势，代表了现代制造技术的发展方向。

（二）期量标准制订

1. 生产周期

生产周期是指产品从原材料投入生产开始，经过加工，到产品完成、验收入库为止的全部时间，如图6-4所示。表6-4是将产品的总劳动量按工种分配到生产周期各时间段的图表，称为产品劳动量日历分配表，它是用以反映产品加工劳动量在生产周期内分布规律的期量标准。

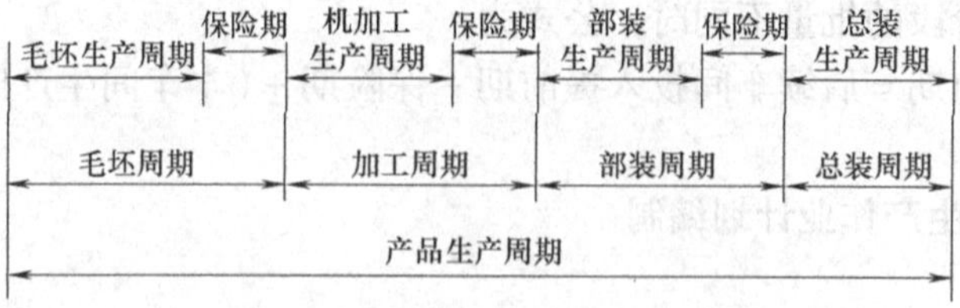

图6-4　产品生产周期示例

表6-4　产品劳动量日历分配表

设备大组		产品生产周期（月）									
编号	名称	1	2	3	4	5	6	7	8	9	10
101	铸造		20	25	25	20	10				
201	焊接	5	10	25	30	20	15				
408	摇臂钻	5	5	10	15	20	20	10	5		
501	装配					5	10	20	20	20	25
…	…	…	…	…	…	…	…	…	…	…	…

在单件小批生产的情况下，在接到客户订单后才安排生产，有时还需要进行设计，因此在签订合同时要考虑到生产能力能否保证如期交货。对于交货期满足不了产品生产周期的订单，则需对现有生产流程进行改进以缩短生产周期，或与客户协商推迟交货期。市场的激烈竞争要求制造商缩短产品的交货期，可以采取一些手段来达到这个目的，如使产品结构模块化，即一种零部件可以用在很多种产品上，这样在订单到达之前，可以先进行一部分的生产，这样可使交货期缩短。这一类的技术称为订单分离点延迟技术，如图6-5所示。对于单件小批生产，如果采用按订单装配的方式，可大大缩短交货期，提高产品竞争力。

要点：交货期取决于产品生产周期；采用订单分离点延迟技术，可缩短交货期。

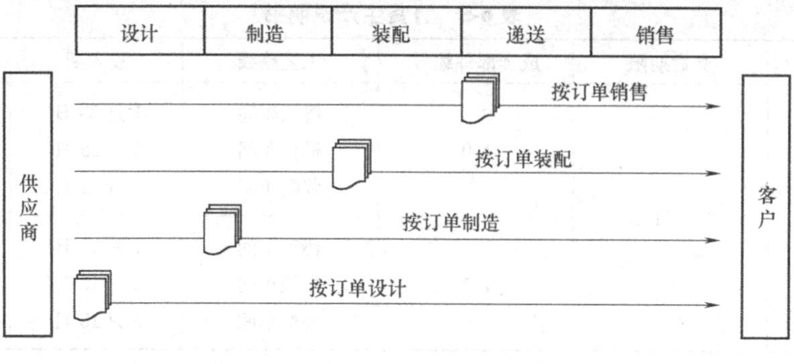

图6-5　生产活动及其分离点

2. 生产提前期

生产提前期是指毛坯、零件或部件在各个工艺阶段出产的日期比产品出产的日期应提前

的时间长度。生产提前期分为投入提前期和出产提前期，计算提前期的一般公式为

某车间出产提前期 = 后续车间投入提前期 + 保险期

某车间投入提前期 = 本车间出产提前期 + 该车间生产周期

当不同的工艺阶段的批量不同时，公式为

某车间出产提前期 = 后续车间投入提前期 + 保险期 +（本车间生产间隔期 − 后续车间生产间隔期）

（三）单件小批生产作业计划编制

1. 生产周期法

生产周期法是指根据每项订货编制的生产周期图表和交货期要求，用反工艺顺序依次确定产品或部件在各生产阶段投入和出产时间的一种计划方法。

生产周期法根据产品生产周期进度表及合同规定的交货期，在生产能力综合平衡的基础上，编制出各项订货的综合产品生产周期进度表，并从中摘取各车间的投入时间和产出时间。

（1）生产周期法的适用性　对于单件小批生产的企业，由于产品不重复生产或不经常重复生产，因而不规定在制品占用额，不宜采用在制品定额法或累计编号法编制生产作业计划。各种产品的任务数量是接受订货的数量，不需进行调整。在编制生产作业计划时要解决两个方面的问题：

1）保证交货期。

2）保证生产车间相互衔接。

单件小批生产的企业经常使用生产周期法编制生产作业计划。

（2）使用生产周期法的步骤　企业使用生产周期法编制生产作业计划一般包括以下三个步骤：

1）根据接受顾客订货的情况，分别安排生产技术准备工作。

2）根据合同规定的交货期，采用网络计划技术及相关技术，为每一项订货编制生产周期进度表。它是单件小批生产企业的主要期量标准。并且，根据合同规定的交货期和生产周期进度表，为每一项产品制订一项生产说明书，详细规定该产品在某一车间投入和出产的时间，订货生产说明书的格式见表 6-5。

表 6-5　订货生产说明书

订货编号	交货期限	成套部件编号	工艺路线	投入期	出产期
503	3 月 31 日	110	铸工车间 机械车间 装配车间	1 月 20 日 2 月 25 日 3 月 15 日	2 月 15 日 3 月 10 日 —
		111	铸工车间 机械车间 装配车间	1 月 15 日 2 月 10 日 3 月 10 日	2 月 5 日 3 月 5 日 —

3）进一步调整平衡后，编制日度作业计划，正式确定各车间的生产任务。

2. 订货点法

订货点法又称订购点法，始于 20 世纪 30 年代。订货点法指的是，对于某种物料或产

品，由于生产或销售的原因而逐渐减少，当库存量降低到某一预先设定的点时，即开始发出订货单（采购单或加工单）来补充库存，直至库存量降低到安全库存时，发出的订单所定购的物料（产品）刚好到达仓库，补充前一时期的消耗，此一订货的数值点，即称为订货点，如图 6-6 所示。订货点法也称为安全库存法。从订货单发出到所订货物收到这一段时间称为订货提前期。

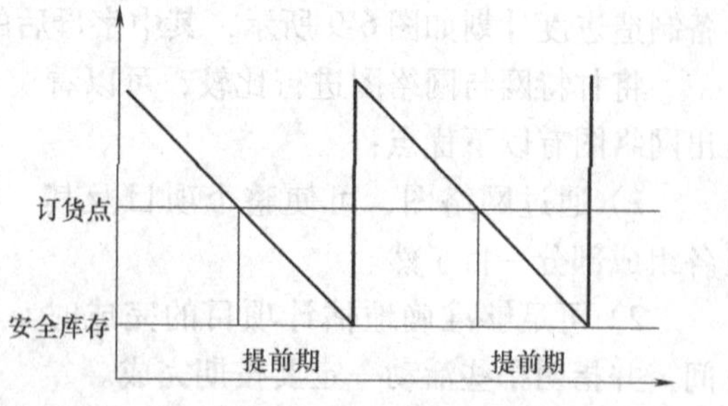

图 6-6　订货点法

订货点法本身具有一定的局限性。例如，某种物料库存量虽然降低到了订货点，但是可能在近一段时间企业没有收到新的订单，所以近期内没有新需求产生，暂时可以不用考虑补货。故订货点法也会造成一些库存积压和资金占用。

在单件小批生产条件下，订货点法主要适用于价值低、品种多的零件，以及在多种产品上都可能用到的零件，如标准件等。

3. 网络计划技术

（1）网络计划技术的产生　网络计划方法起源于美国，是项目计划管理的重要方法。1957 年，美国杜邦化学公司首次采用了一种新的计划管理方法，即关键路线法（Critical Path Method，CPM），第一年就节约了 100 多万美元。1958 年，美国军队某部门在研制北极星导弹潜艇时，应用了被称为计划评审技术（Program Evaluation and Review Technique，PERT）的计划方法，使北极星导弹潜艇比预定计划提前两年完成。CPM 和 PERT 在具体做法上有不同之处，但两者所依据的基本原理基本相同，即通过网络形式表达某个项目计划中各项具体活动的逻辑关系，人们就将其合称为网络计划技术。

网络图是由若干个圆圈和箭线组成的网状图，它能表示一项工程或一项生产任务中各个工作环节或各道工序的先后关系和所需时间。如图 6-7 所示的网络图，箭线及其上的代号表示活动，圆圈及其上的代号表示事件，箭线的头、尾圆圈分别代表箭头事件和箭尾事件。

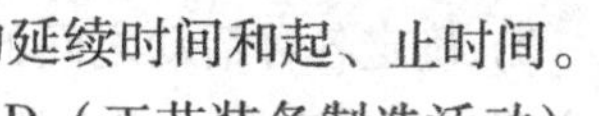

图 6-7　用网络图表示的活动

（2）网络计划的优点　网络计划方法是继 20 世纪初甘特发明甘特图以来，在计划工具上取得的最大进步。甘特图法是传统的作业计划方法。图 6-8 所示为用甘特图表示制造某一专用设备的各项活动的进度安排。图中用线条标出了各项活动的延续时间和起、止时间。从图中还可看出，活动 A（产品设计活动）、B（工艺编制活动）、D（工艺装备制造活动）、E

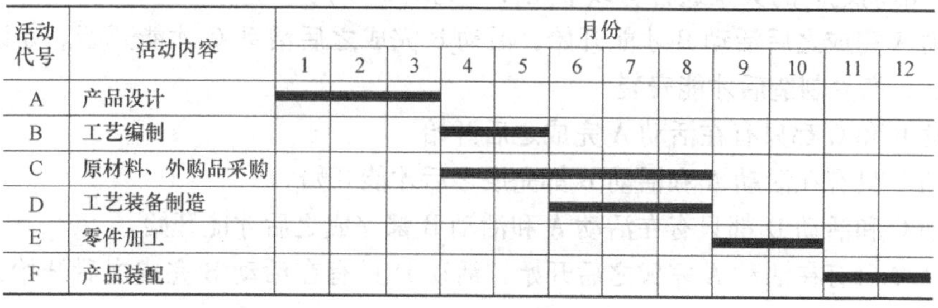

图 6-8　用甘特图表示制造某一专用设备的各项活动的进度安排

（零件加工活动）、F（产品装配活动）是顺序关系，即前一项活动完成后，后一项活动才能开始。而B和C（采购活动）是并行关系，它们可以同时进行。用网络图表示的该专用设备制造进度计划如图6-9所示，其中字母后的数字为活动的持续时间。

将甘特网与网络图进行比较，可以看出网络图有以下优点：

1）通过网络图，可使整个项目及其各组成部分一目了然。

2）可足够准确地估计项目的完成时间，并指明哪些活动一定要按期完成。

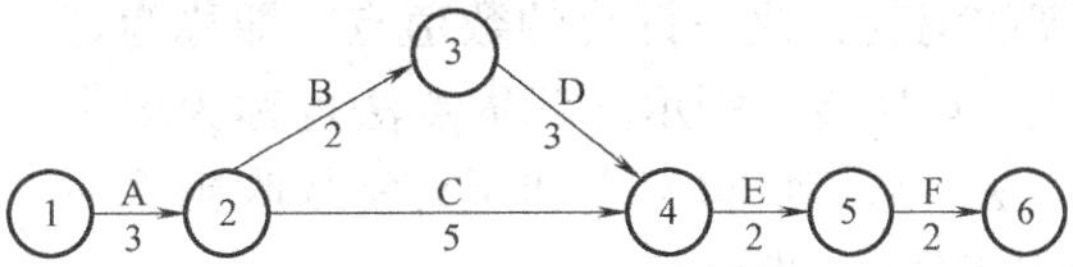

图6-9 用网络图表示的该专用设备制造进度计划

3）使参加项目的各单位和有关人员了解他们各自的工作及其在项目中的地位和作用。

4）便于跟踪项目进度，抓住关键环节。

5）可简化管理，使领导者的注意力集中到可能出问题的活动上。

（3）应用网络计划方法的步骤 应用网络计划方法一般可按如下步骤进行。

1）项目分解。项目分解就是将一个工程项目分解成各种活动。在进行项目分解时，可采用任务分解结构（Work Breakdown Structure，WBS）。WBS类似于产品结构，它将整个项目分解成任务包（Work Package），再将任务包分解成主要成分，最后再分解成具体活动。WBS有助于管理人员确定所要做的工作，便于管理人员编制预算和作业计划。

在分解一个项目之前，必须确定分解的详细程度。项目分解的详细程度按需要决定。给上级领导使用的网络计划较粗略，项目可分解成一些较大的活动，如设计、制造、安装等，这样做的目的是便于他们从总体上把握进度；而给具体施工单位使用的网络计划则较细，项目可分解成一些较细的活动，如挖地基、浇灌水泥等，这样便于具体应用。

一般可以从以下几个角度进行项目分解：

①按项目的结构层次分解，如建设火电站需要制造锅炉、汽轮机、发电机以及辅机；制造锅炉需要制造水冷壁、汽包、空气预热器等；而制造水冷壁需要对钢管进行加工。

②按项目的承担单位或部门分解，如设计、施工、验收等。

③按工程的发展阶段分解，如论证、设计、试制等。

④按专业或工种分解，如机械、电气、装配、焊接等。

以上几种项目分解的方式可以混合使用，使工程进展的一定阶段与一定部门发生联系。

2）确定各种活动之间的先后关系，绘制网络图。项目分解成活动之后，要确定各种活动之间的先后次序，即一项活动的进行是否取决于其他活动的完成，它的事前活动或事后活动是什么。活动之间的关系通常有以下几种（见图6-10）：

①活动A完成之后活动B才能开始，活动B完成之后活动C才能开始。如设计之后才能制造产品，产品制造后才能安装。

②活动B和C都只有在活动A完成之后开始。

③活动C只有在活动A和活动B都完成之后才能开始。

④活动C和活动D都只有在活动A和活动B都完成之后才能开始。

⑤活动C只有在活动A完成之后开始，活动D只有在活动B完成之后开始，但活动A和C与活动B和D相互独立。

⑥活动C只有在活动A和活动B都完成之后才能开始，但活动D只需在活动B完成之

后就可以开始。

⑦活动 B 和 C 都只有在活动 A 完成之后开始，活动 D 只有在活动 B 和活动 C 都完成之后开始。

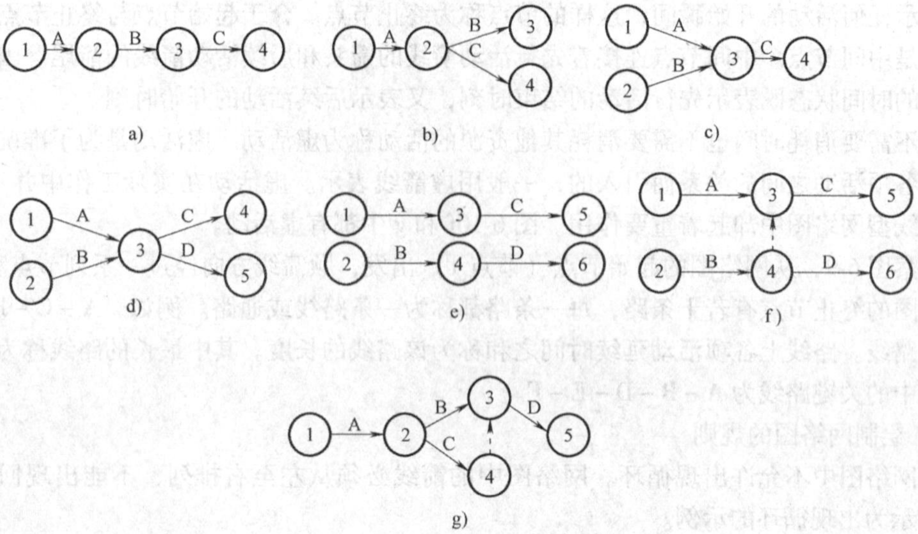

图 6-10　活动之间的典型关系

3）估计活动所需的时间。活动所需的时间是指在一定的技术组织条件下，为完成一项任务或一道工序所需要的时间，是一项活动的延续时间，活动时间以 $t(i,\ j)$ 表示，其时间单位可以是小时、日、周、月等，可按具体工作性质、项目的复杂程度以及网络图的使用对象确定。

根据活动性质的不同，活动时间有两种估计方法。

①单一时间估计法，是指对各种活动的时间，仅确定一个时间值。这种方法适用于有同类活动或类似活动时间作参考的情况，如过去进行过且偶然性因素的影响又较小的活动。采用单一时间估计法作出的网络图也称为确定型网络图。

②三点时间估计法，是对活动时间预估三个时间值，然后求出可能完成的平均值。这三个时间值是：

乐观时间是指在最有利的条件下顺利完成一项活动所需要的时间。

最可能时间是指在最正常情况下完成一项活动所需要的时间。

最悲观时间是指在最不利的情况下完成一项活动所需要的时间。

4）计算网络参数，确定关键路线。网络参数包括事件的时间参数和活动的时间参数。求出时间参数之后，就可以确定关键路线。

5）优化。包括时间优化、时间—资源优化和时间—费用优化。

6）监控。利用网络计划对项目进行监视和控制，以保证项目按期完成。

7）调整。按实际发生的情况对网络计划进行必要的调整。

（4）网络图的绘制

1）网络图的构成。如前所述，网络图用圆圈（节点）表示事件，用箭线表示活动。事件表示一项活动开始或结束的瞬间。如果一个节点只有箭线发出，没有箭线引入，即只表示某些活动的开始时刻，而不表示任何活动的结束瞬间，则该节点称为起始节点。相反，如果一个节点只有箭线引入而没有箭线引出，即只与箭头相连，则只表示某些活动的结束时刻，而不表示任何活动的开始瞬间，这样的节点称为终止节点。介于起始节点与终止节点之间的节点都是中间节点。中间节点连接着先行活动箭线的箭头和后续活动箭线的箭尾。因此，中间节点的时间状态既表示先行活动的结束时刻，又表示后续活动的开始时刻。

既不需要消耗时间也不需要消耗其他资源的活动称为虚活动。虚活动是为了准确而清楚地表达各项活动之间的关系而引入的，一般用虚箭线表示。虚活动在实际工作中并不存在，但在箭线型网络图中却起着重要作用。图 6-10f 和 g 中都有虚活动。

观察图 6-9，从网络图的起始节点（节点 1）出发，顺箭线方向经过一系列节点和箭线，到网络图的终止节点有若干条路，每一条路都称为一条路线或通路。例如，A – C – E – F 就是一条路线。路线上各项活动延续时间之和称为该路线的长度。其中最长的路线称为关键路线。图中的关键路线为 A – B – D – E – F。

2）绘制网络图的规则

①网络图中不允许出现循环。网络图中的箭线必须从左至右排列，不能出现回路。图 6-11 所示为出现循环的示例。

②两个节点之间只允许有一条箭线相连。否则，当用节点编号标识某项活动时，就会出现混乱。要消除这样的现象，就必须引入虚活动，如图 6-12 所示。

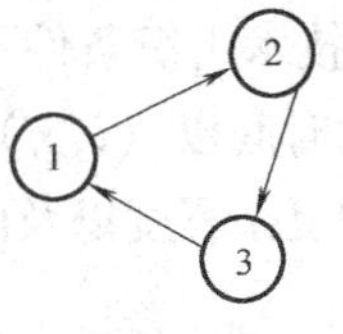

图 6-11　出现循环的错误绘制

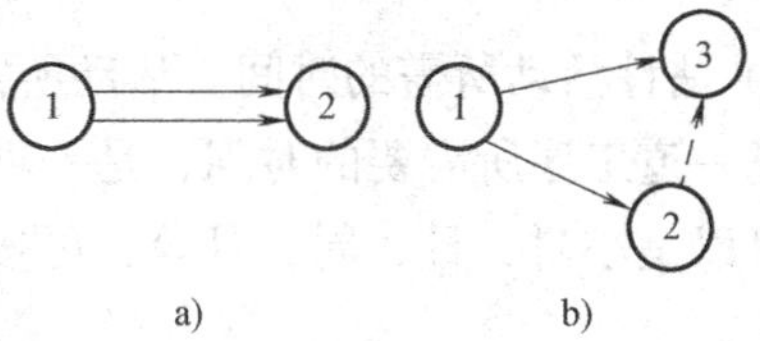

图 6-12　两个节点之间只允许有一条箭线
a）错误画法　b）正确画法

③箭头事件的编号必须大于箭尾事件的编号。编号可以不连续，而且最好是跳跃式的，以便调整。通常用 i 表示箭尾事件，用 j 表示箭头事件，$j>i$。

④一个完整的网络图必须有、也只能有一个起始节点和一个终止节点。起始节点表示项目的开始，终止节点表示项目的结束，如图 6-13 所示。

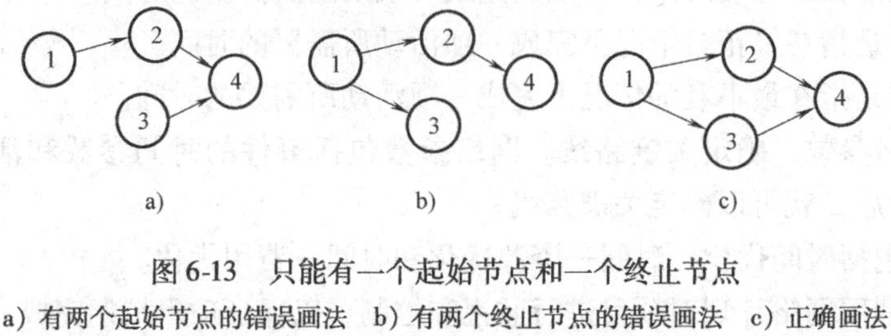

图 6-13　只能有一个起始节点和一个终止节点
a）有两个起始节点的错误画法　b）有两个终止节点的错误画法　c）正确画法

3）网络图的绘制。任务分解之后，根据在任务分解中确定的活动之间的关系，列出活动清单。在列活动清单时，可以采用事前活动或事后活动作为表示活动先后关系的依据。表

6-6 为某机械厂管理信息系统开发活动清单。现以表 6-6 中的资料为例说明网络图的绘制方法。

表 6-6　某机械厂管理信息系统开发活动清单

活动代号	活动描述	紧后活动	活动时间/周
A	系统分析和总体设计	B，C	3
B	输入和输出设计	D	4
C	模块 1 详细设计	E，F	6
D	输入和输出程序设计	G，I	8
E	模块 1 程序设计	G，I	8
F	模块 2 详细设计	H	5
G	输入和输出及模块 1 测试	J	3
H	模块 2 程序设计	I，K	6
I	模块 1 测试	J	3
J	系统总调试	L	5
K	稳当编写	无	8
L	系统测试	无	3

根据活动清单中规定的活动之间的关系，将活动代号栏中所有的活动逐项地画在网络图上。按惯例，绘制网络图应该从左至右进行。起始节点画在最左边，表示项目的开始。然后，从活动代号栏中找出事后活动栏中没有出现的活动，它是项目开始时就可以进行的活动。从起始节点发出的箭线就表示这个活动。画出最早能开始的活动之后，就要找出其事后活动，再将表示其事后活动的箭线画在事后。按这样的方式进行下去，直到没有事后的活动为止。没有事后活动的活动所对应的箭线汇集在终止节点上。草图绘出后，将序号标在节点上，将活动代号和时间标在箭线上。要根据网络图绘制规则，逐项活动进行检查，去掉不必要的虚活动。然后，按要求画出正规的网络图，如图 6-14 所示。

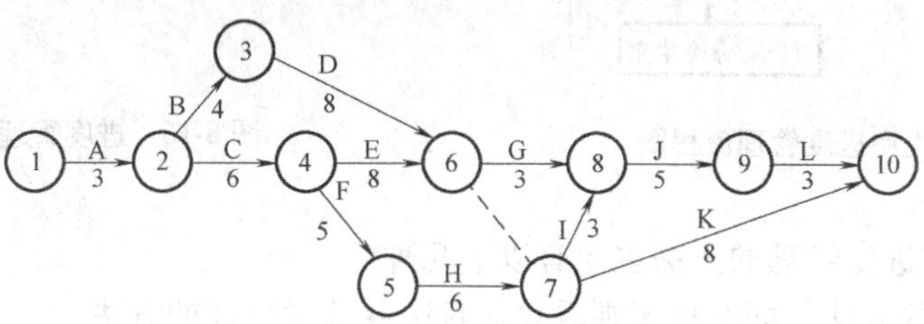

图 6-14　信息系统开发过程的网络图

（5）网络计划法在单件小批生产中的应用　在单件小批生产中，有很多都是属于中大型工程项目，其开发和制造过程非常复杂。采用网络计划法，可对开发制造过程进行有效管理，大大降低成本。网络计划法在我国各类大型工程项目的管理中已经得到普遍应用。

（四）单件小批生产运作控制

1. 单件小批生产进度控制

生产进度控制，是在生产计划执行过程中，对有关产品生产的数量和期限的控制。其主要目的是保证完成生产作业计划所规定的产品产量和交货期限指标。生产进度控制是生产管理的重要机能之一。有效的进度控制和追踪对单件小批生产的企业尤为重要。单件小批生产一般属于订货生产类型，保证产品交货期和质量是生产企业所要面对的主要挑战。

生产进度控制的基本内容主要包括：投入进度控制、工序进度控制和出产进度控制。其基本过程主要包括：分配作业、测定差距、处理差距、提出报告等。

(1) 投入进度控制　包括从原材料投入、各车间的半成品投入及装配车间的零件投入。要保证产品按计划出产，必须按其在各环节的投入提前期，保证其在各环节按计划准时投产。

(2) 工序进度控制　对各环节的加工进度进行控制，包括关键工序的进度控制。各环节能否按时完工，决定了产品最后能否准时完工交货。

(3) 出产进度控制　出产进度控制是生产进度控制的最终目的，包括：产品出产时间和数量的控制，零部件出产进度控制。

生产进度控制贯穿整个生产过程，从生产技术准备开始到产成品入库为止的全部生产活动都与生产进度有关。其流程如图 6-15 所示。进度管理的详细运作步骤如图 6-16 所示。

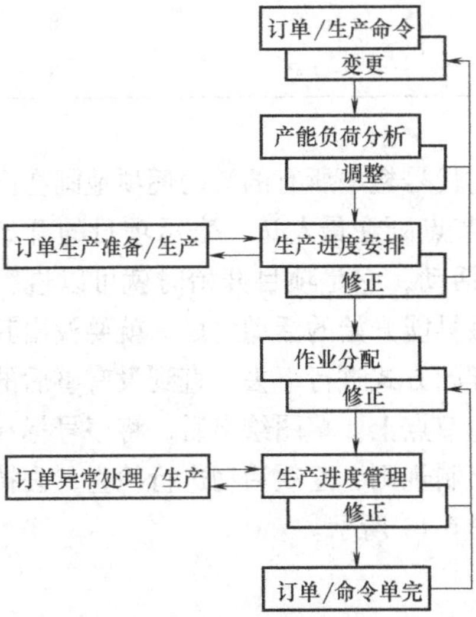

图 6-15　生产进度管理流程图

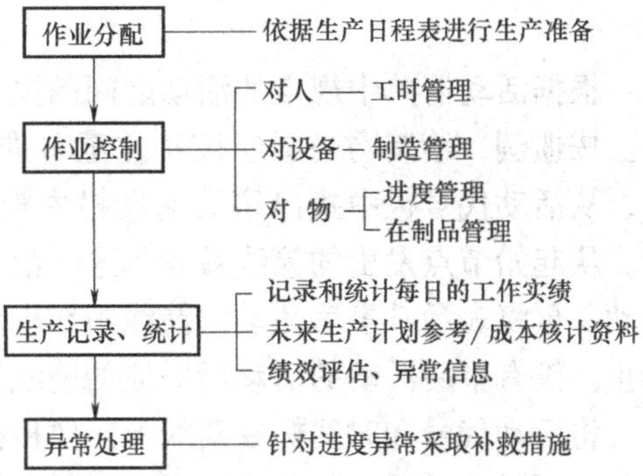

图 6-16　进度管理运作步骤

单件小批生产进度管理的方法主要有以下几种：

1) 现场观察的方法。即在现场观看作业状况并核对进度的方法。

2) 数字记录的方法。容易看出预定与实绩的差异，便于掌握进度状况。

3) 运用甘特图的方法。甘特图能使日程计划与进度管理合理且有效率，有助于降低成本，提高客户的信赖度。

2. 影响进度的原因及措施

(1) 生产中最经常碰到的进度异常问题的原因

1) 途程计划不佳或生产技术变更。

2) 日程计划不善。

3) 工作分配不适当，不合理。

4）物料或工夹具无法及时到位。

5）设备故障。

6）品质异常，不良率高。

7）停工待料。

8）作业场所纪律不良。

9）人员流失或缺勤率高。

（2）措施　发现以上问题后，通过以下步骤来解决问题：第一，掌握现况，即计划与实绩是否有差异；第二，讨论差异，探讨原因，对症下药，采取对策。

针对以上异常情况，常采取的措施主要包括：

1）设置保险库存量。设置保险库存量可有效地避免一些意外事故造成的停产。但将增加企业的流动资金占用量，占用大量的库房面积及库房管理人员，还将产生库存损耗。

2）合理安排设备维修。实行设备计划维修制，即安排在非生产时间进行设备维修和抢修，实行快速设备维修法（如部件更换法）。

3）加班加点和任务转移。在制度工作时间为非三班制的条件下，当需要加快生产进度时，可安排有关环节加班加点；当加班加点仍满足不了进度要求时，可考虑发外协作加工。这种途径简单易行，但将增加生产成本。

4）推行一岗多能制或配备适量后备工人。

四、思考与练习

1. 编制零件加工作业计划时应考虑哪些问题？收集哪些资料？
2. 生产进度与生产中的哪些因素有关？

参 考 文 献

[1] 邹青. 机械制造技术基础课程设计指导教程[M]. 北京: 机械工业出版社, 2008.
[2] 刘长青. 机械制造技术课程设计指导[M]. 武汉: 华中科技大学出版社, 2007.
[3] 孙学强. 机械加工技术[M]. 2版. 北京: 机械工业出版社, 2016.
[4] 刘登平. 机械制造工艺及机床夹具设计[M]. 北京: 北京理工大学出版社, 2008.
[5] 兰建设. 机械制造工艺与夹具[M]. 北京: 机械工业出版社, 2004.
[6] 吴雄彪. 机械制造技术课程设计[M]. 杭州: 浙江大学出版社, 2005.
[7] 黄应勇. 数控机床[M]. 北京: 北京大学出版社, 2007.
[8] 吴慧媛. 机械制造技术[M]. 西安: 西安电子科技大学出版社, 2006.
[9] 徐从清. 机械制造基础[M]. 北京: 北京大学出版社, 2008.
[10] 王明耀. 机械制造技术[M]. 2版. 北京: 机械工业出版社, 2015.
[11] 刘守勇. 机械制造工艺与机床夹具[M]. 3版. 北京: 机械工业出版社, 2013.
[12] 王先逵. 机械制造工艺学[M]. 3版. 北京: 机械工业出版社, 2013.
[13] 熊光华. 数控机床[M]. 北京: 机械工业出版社, 2004.
[14] 张普礼. 机械加工设备[M]. 北京: 机械工业出版社, 2004.
[15] 王先逵. 机械加工工艺手册[M]. 北京: 机械工业出版社, 2007.
[16] 杨叔子. 机械加工工艺师手册[M]. 2版. 北京: 机械工业出版社, 2011.
[17] 韩洪涛. 机械加工设备与工装[M]. 北京: 高等教育出版社, 2009.
[18] 吴国华. 金属切削机床[M]. 2版. 北京: 机械工业出版社, 2001.
[19] 隋秀凛. 现代制造技术[M]. 北京: 高等教育出版社, 2003.